2023年版

2級ボイラー技士試験

公表問題解答解説
【令和1年後期～令和4年前期】

目　次

4. 関係法令

※1. 本書の編集に当たり，見やすくするために問題部分をうすく着色していますが，実際の試験問題はそのようにはなっておりませんので，ご承知ください。

※2. 関係法令では，以下のような略号を用いています。

（ボ則）：ボイラー及び圧力容器安全規則

（ボ構規）：ボイラー構造規格

また，関係法令の適用条文について，わかりやすさのため，法令の条文を省略したり変えたりしています。正確には規定の条文を参照してください。

（例）第1条第2項第3号　→　1条2項③号

※3. 本文において，引用書籍は下記によっています。

最短合格：「［新版］最短合格　2級ボイラー技士試験」

教本：「2級ボイラー技士教本」

わかりやすい：「［新版］わかりやすいボイラー及び圧力容器安全規則」

本書は，令和1年後期から令和4年前期までに実施された二級ボイラー技士免許試験の問題の中から公益財団法人安全衛生技術試験協会が公表した「二級ボイラー技士免許試験」の問題に，一般社団法人日本ボイラ協会が解答・解説を行ったものです。

なお，新しい年度の解説は，過去の解説より，分かり易く記述したものがあり，表現等が異なる部分があることをご了承下さい。

二級ボイラー技士免許試験の受験について

1．受験資格

　平成24年4月1日から，二級ボイラー技士免許試験の受験資格は不要になり，国籍，性別，職業，年齢などに関係なく，誰でも受験できます。ただし，免許申請の際は，免許交付要件としてボイラー実技講習修了等の実務経験が必要となりますので，ご注意ください。

　ボイラー実技講習はこれまでどおり，免許試験の受験前に受講するほか，免許試験に合格した後に受講することができます。実務経験がない方は，都道府県労働局長の登録を受けた当協会各支部が実施するボイラー実技講習を受講することにより，免許交付要件となります。

　受験申請には申請書のほかに，本人確認証明書（氏名，生年月日及び住所を確認できる書類）として，以下の書類のいずれか一つを添付することが必要です。

　　① 住民票記載事項証明書又は住民票（写 不可）
　　② 健康保険被保険者証の写（表裏）
　　③ 労働安全衛生法関係各種免許証の写（表裏）
　　④ 自動車運転免許証の写（表裏）
　　⑤ その他氏名，生年月日及び住所が記載されている身分証明書等の写
　※この本人確認証明書に限り，写しには「原本と相違ないことを証明する」との事業者等の証明は不要です。

2．免許試験の実施と試験範囲

　二級ボイラー技士免許試験は，厚生労働大臣が指定した指定試験機関である公益財団法人安全衛生技術試験協会が毎月1〜2回，試験場となる各地の安全衛生技術センターで実施します。また，これ以外に年数回，出張特別試験も実施しています。

　二級ボイラー技士免許試験の試験科目と配点，試験時間，試験範囲は表のとおりです。また，解答は5つの選択肢から1つを選ぶマークシート方式です。

試験科目	出題数（配点）	試験時間
ボイラーの構造に関する知識	10問（100点）	
ボイラーの取扱いに関する知識	10問（100点）	
燃料及び燃焼に関する知識	10問（100点）	3時間
関係法令	10問（100点）	

試験科目	試験範囲
ボイラーの構造に関する知識	熱及び蒸気，種類及び型式，主要部分の構造，附属設備及び附属品の構造，自動制御装置
ボイラーの取扱いに関する知識	点火，使用中の留意事項，埋火，附属装置及び附属品の取扱い，ボイラー用水及びその処理，吹出し，清浄作業，点検
燃料及び燃焼に関する知識	燃料の種類，燃焼方式，通風及び通風装置
関係法令	労働安全衛生法，労働安全衛生法施行令及び労働安全衛生規則中の関係条項，ボイラー及び圧力容器安全規則，ボイラー構造規格中の附属設備及び附属品に関する条項

3．合格基準

二級ボイラー技士免許試験の合格基準は，試験科目ごとの得点が100点満点の40％以上であって，かつ，4科目の合計点が60％以上の場合が合格になります。

4．受験申請手続

受験申請書は，公益財団法人安全衛生技術試験協会本部，または各地の安全衛生技術センター，当協会各支部において無料で配布しています。

受験の申込みは，受験申請書と本人確認証明書等の必要書類，証明写真，試験手数料とともに，受験を希望する安全衛生技術センターに，受験を希望する試験日の2ヶ月前から受け付けていますので，簡易書留郵便による郵送または直接提出してください。

受付期間は，郵送の場合は試験日の14日前の消印があるものとなっています。また直接，各センター窓口に提出の場合は，休業日を除く受験希望日の2日前の16時まで（例：試験日が月曜の場合，2日前は前週の木曜日になる）となっています。いずれも，第1希望日の定員に達した場合には，第2希望日になりますので，早めに手続きをしてください。

詳細については，各センター及び公益財団法人安全衛生技術試験協会本部（「5．免許試験に関する問い合わせ」を参照）までお問い合わせください。

5．免許試験に関する問い合わせ

問い合わせ先	電話番号	問い合わせ先	電話番号
公益財団法人安全衛生技術試験協会	03-5275-1088	中部安全衛生技術センター	0562-33-1161
北海道安全衛生技術センター	0123-34-1171	近畿安全衛生技術センター	079-438-8481
東北安全衛生技術センター	0223-23-3181	中国四国安全衛生技術センター	084-954-4661
関東安全衛生技術センター	0436-75-1141	九州安全衛生技術センター	0942-43-3381

問１　熱及び蒸気について，誤っているものは次のうちどれか。

(1) 水，蒸気などの１kg当たりの全熱量を比エンタルピという。
(2) 水の温度は，沸騰を開始してから全部の水が蒸気になるまで一定である。
(3) 飽和水の比エンタルピは，圧力が高くなるほど大きくなる。
(4) 飽和蒸気の比体積は，圧力が高くなるほど大きくなる。
(5) 飽和水の潜熱は，圧力が高くなるほど小さくなり，臨界圧力に達するとゼロになる。

〔解説〕

(1), (2)　物体に熱を加えると，その熱が物体の温度上昇に費やされる場合，この熱量を顕熱といい，物体の状態変化に費やされる場合，この熱量を蒸発熱（潜熱）という。この状態変化時の水の温度は一定である。そして，飽和蒸気の比エンタルピは，飽和水の顕熱に蒸発熱（潜熱）を加えた値である（図１）。

(3), (5)　飽和蒸気の比エンタルピは，飽和水の顕熱に蒸発熱（気化熱，または潜熱）を加えた値である。この蒸発熱は圧力が高くなるほど小さくなり，臨界圧力に達すると０になる（図２）。

(4)　飽和水及び飽和蒸気の体積を表すのに，質量１kgの飽和水及び飽和蒸気の占める体積（m³）を比体積（m³/kg）という。この比体積は飽和蒸気の場合，圧力が高くなるに従って比体積は小さくなるが，飽和水の比体積は圧力が高くなると大きくなる。したがって，問の(4)の記述は誤りである。

〔答〕　(4)

〔ポイント〕　蒸気の性質について理解すること「最短合格1.5.1, 1.5.2」，「教本1.1.1, 1.1.2」。

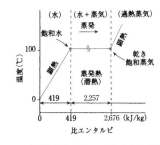

図１　標準大気圧における水の状態変化

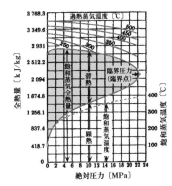

図２　水の状態変化に圧力，熱量，蒸気温度線図

蒸気圧力が高くなるほど飽和蒸気温度は高くなる。
蒸気圧力が高くなるほど蒸発熱（潜熱）は小さくなる。

問2　水管ボイラー（貫流ボイラーを除く。）と比較した丸ボイラーの特徴として，誤っているものは次のうちどれか。

(1)　蒸気使用量の変動による圧力変動が小さい。
(2)　高圧のもの及び大容量のものに適さない。
(3)　構造が簡単で，設備費が安く，取扱いが容易である。
(4)　伝熱面積当たりの保有水量が少なく，破裂の際の被害が小さい。
(5)　伝熱面の多くは，ボイラー水中に設けられているので，水の対流が容易であり，ボイラーの水循環系統を構成する必要がない。

〔解説〕　炉筒煙管ボイラーは径の大きい胴を用い，その内部に炉筒，煙管を設けたもので，主として圧力1MPa程度以下で蒸発量10 t/h程度のボイラーである。伝熱面の多くはボイラー水中に設けられているので，水の対流が容易であり，したがって，特別な水循環の系路を構成する必要はない。

炉筒煙管ボイラーは，水管ボイラーに比較して次のような特徴をもっている。

①　構造が簡単で，設備費が安く取扱いも容易である。
②　径の大きい胴を用いているので，高圧のもの及び大容量のものには適さない。
③　胴径が大きいので保有水量が多いため，起動から蒸気発生までの時間がかかるが，負荷変動による圧力及び水位の変動が小さい。
④　保有水量が多く，破裂の際の被害が大きい。

したがって，問の(4)の記述は誤りである。

〔答〕　(4)

〔ポイント〕　炉筒煙管ボイラーの構造と特徴について理解すること「最短合格1.2.2，1.2.4」，「教本1.3.1，1.3.5」。

令4前 令3後 令3前 令2後 令2前 令後

ボイラーの構造

ボイラーの取扱い

燃料及び燃焼

関係法令

令4前 令3後 令3前 令2後 令2前 令後

令4前 令3後 令3前 令2後 令2前 令後

令4前 令3後 令3前 令2後 令2前 令後

令4前 令3後 令3前 令2後 令2前 令後

問3 超臨界圧力ボイラーに一般的に採用される構造のボイラーは次のうちどれか。

(1) 貫流ボイラー
(2) 熱媒ボイラー
(3) 二胴形水管ボイラー
(4) 強制循環式水管ボイラー
(5) 流動層燃焼ボイラー

〔解説〕 超臨界圧力用ボイラーは，圧力が臨界圧力（図の臨界点）を超えて使用されるもので，水の状態から沸騰現象を伴うことなく連続的に蒸気の状態に変化するので，水の循環がなく，また，気水を分離するための蒸気ドラムを要しない貫流式の構造が採用される。

貫流ボイラーの構造は，一連の長い管系だけから構成され給水ポンプによって一端から押し込まれた水が順次，予熱，蒸発，過熱され，他端から所要の過熱蒸気となって取り出される形式である。ドラムがなく管だけからなるため，高圧用に適している。

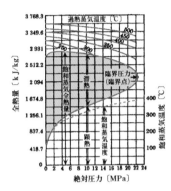

図　水の状態変化に圧力，熱量，蒸気温度線図

〔答〕 (1)

〔ポイント〕 貫流ボイラーの概要及び特徴について理解すること「最短合格1.3.4」，「教本1.4.4」。

問4　温水ボイラーの逃がし管及び逃がし弁について，誤っているものは次のうちどれか。

(1)　逃がし管は，ボイラーと高所に設けた開放型膨張タンクとを接続する管である。
(2)　逃がし管は，ボイラーが高圧になるのを防ぐ安全装置である。
(3)　逃がし管には，ボイラーに近い側に弁又はコックを取り付ける。
(4)　逃がし管は，伝熱面積に応じて最小径が定められている。
(5)　逃がし弁は，水の膨張により圧力が設定した圧力を超えると，弁体を押し上げ，水を逃がすものである。

〔解説〕　温水ボイラーの安全装置としては，一般に逃がし管（図1 開放形膨張タンク方式）が使用されるが，密閉式の場合は，逃がし管の代わりに逃がし弁（ボイラー本体に取り付ける）（図2）を使用する。なお，図1の開放形の場合の逃がし管には，途中に弁やコックを設けてはならない。
　　したがって，問の(3)の記述は誤りである。

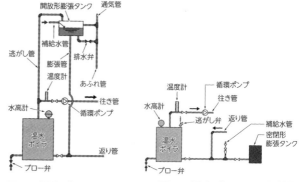

図1　温水ボイラーの配管例
（開放形膨張タンク方式）

図2　温水ボイラーの配管例
（密閉形膨脹タンク方式）

　また，内部の水が凍結するおそれがある場合には，保温その他の措置を講じること。逃がし弁は，温水ボイラーの安全装置として使用される。
　逃がし管の径は，JISにより，伝熱面積ごとに最小径が定められている。

〔答〕　(3)

〔ポイント〕　温水ボイラーの附属品及び循環装置について理解すること「最短合格1.7.6」，「教本1.8.6」。

問5 油だきボイラーの自動制御用機器とその構成（関連）部分との組合せとして，適切でないものは次のうちどれか。

　　　　　　機器　　　　　　　　　　構成（関連）部分
(1)　主安全制御器…………… 安全スイッチ
(2)　燃料油用遮断弁………… プランジャ
(3)　点火装置………………… サーモスタット
(4)　蒸気圧力調節器………… ベローズ
(5)　燃料調節弁……………… コントロールモータ

〔解説〕
(1)　主安全制御器は，燃焼安全装置の主要な制御機器であり，構成部分の安全スイッチは遅延動作形タイマー（バイメタル，電子式，モータ）が使用されている（図1）。

(2)　燃料遮断弁は，燃料配管系のバーナ近くに設けられる自動弁でボイラーの異常時に自動的に閉止し，燃料の供給を遮断するものである。中小容量のボイラーには，直動式電磁弁が使用され，要部には電磁コイル，プランジャなどが使われている。

(3)　点火装置は，自動運転のボイラーにおける点火をする装置である。そのほとんどがスパーク式点火装置によって行われている。バーナの種類や制御方法に応じ，直接主バーナに点火する直接点火方式と，ガス燃料などを用いた点火バーナを使用し，その点火炎によって主バーナに点火するパイロット点火方式とのいずれかが用いられている。点火用変圧器（トランス）によって，7000〜15000ボルト程度の高電圧に昇圧された電流が点火プラグの電極間での放電によるスパークを発し，主バーナ又は点火用バーナの燃料に着火させるものである。

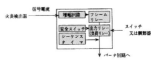

図1　主安全制御器の構成

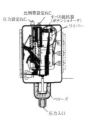

図2　比例式蒸気圧力調節器

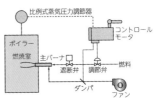

図3　比例式蒸気圧力調節器による制御

　　一方，サーモスタットは，温度のフィードバック制御に用いられる機器である。
　　したがって，問の(3)の記述は適切ではない。

(4)　ボイラーの蒸気圧力を調節するために，比例式蒸気圧力調節器とオンオフ式蒸気圧力調節器がある。その調節器の圧力検出部にベローズが使用される（図2）。

(5)　比例式蒸気圧力調節器は，燃料調節弁と燃焼用空気量を調節するダンパを作動させるために，コントロールモータを使用している（図3）。

〔答〕 (3)

〔ポイント〕　ボイラーに使用される自動制御用機器の目的とその構成部分について理解すること「最短合格1.8.4」，「教本1.9.4」。

問6　ボイラーの送気系統装置について，誤っているものは次のうちどれか。

(1)　主蒸気弁に用いられる仕切弁は，蒸気の流れが弁体内でＹ字形になるため抵抗が小さい。

(2)　主蒸気弁に用いられる玉形弁は，蒸気の流れが弁体内部でＳ字形になるため抵抗が大きい。

(3)　減圧弁は，発生蒸気の圧力と使用箇所での蒸気圧力の差が大きいとき，又は使用箇所での蒸気圧力を一定に保つときに設ける。

(4)　蒸気トラップは，蒸気の使用設備内にたまったドレンを自動的に排出する装置である。

(5)　長い主蒸気管の配置に当たっては，温度の変化による伸縮に対応するため，湾曲形，ベローズ形，すべり形などの伸縮継手を設ける。

〔解説〕

(1), (2)　主蒸気弁は，ボイラーの蒸気取り出し口又は過熱器の蒸気出口に取り付けられる弁（図1）である。主蒸気弁としてはアングル弁，玉形弁及び仕切弁が使用される。仕切弁は，蒸気が直線状に流れるため抵抗が小さい。玉形弁は，弁体内部でＳ字形になるため抵抗が大きい。

　　したがって，問の(1)の記述は誤りである。

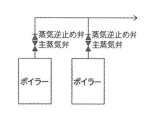

図1　同一管系に連絡されたボイラー

(3)　蒸気の送気系統に設けられる減圧装置は，発生蒸気の圧力と使用箇所での蒸気圧力の差が大きいとき，または使用箇所での蒸気圧力を一定に保つときに用いられるもので，オリフィスだけの簡単なものがあるが，一般には減圧弁が用いられる（図2）。

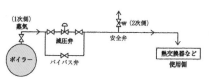

図2　減圧装置

(4)　蒸気トラップは蒸気使用設備中にたまったドレンを自動的に排出する装置で，その作動原理は，①蒸気とドレンの密度差を利用，②蒸気とドレンの温度差を利用，③蒸気とドレンの熱力学的性質の差を利用したものがある。

(5)　主蒸気管は，ボイラーから発生した蒸気を使用先に送るものである。その主蒸気管が長い場合，温度の変化による配管の伸縮を自由にするため，適切な箇所に伸縮継手（エキスパンションジョイント）を設ける。伸縮継手には，湾曲形，ベローズ形，すべり形などがある。

〔答〕　(1)

〔ポイント〕　ボイラーの送気系統装置について理解すること「最短合格1.7.3」，「教本1.8.3」。

令和3年前期と同様の問題です。(P.30参照)

問7 ボイラーに用いられるステーについて，適切でないものは次のうちどれか。

(1) 平鏡板は，圧力に対して強度が弱く変形しやすいので，大径のものや高い圧力を受けるものはステーによって補強する。
(2) 棒ステーは，棒状のステーで，胴の長手方向（両鏡板の間）に設けたものを長手ステー，斜め方向（鏡板と胴板の間）に設けたものを斜めステーという。
(3) 管ステーを火炎に触れる部分にねじ込みによって取り付ける場合には，焼損を防ぐため，管ステーの端部を板の外側へ10 mm程度突き出す。
(4) 管ステーは，煙管よりも肉厚の鋼管を管板に溶接又はねじ込みによって取り付ける。
(5) ガセットステーは，平板によって鏡板を胴で支えるもので，溶接によって取り付ける。

〔解説〕
(1) 平鏡板その他の平板部は，圧力に対して強度が小さく，かつ，変形しやすいので，他の部材によってこれを補強する必要がある。この補強に用いられる部材がステーである。
(2) 棒ステーは，棒状のステーで，胴の長手方向（両鏡板の間）に設けたものを長手ステー，斜め方向（鏡板と胴板の間）に設けたものを斜めステーという。
(3), (4) 管ステーは，煙管よりも肉厚の鋼管を管板に溶接によって取り付けるか，鋼管の両端にねじを切り，これを管板に設けたねじ穴にねじ込み，取り付けるものである。煙管ボイラー，炉筒煙管ボイラーなどのように，煙管を使用するボイラーに多く用いられ，煙管の役目もする。外だき横煙管ボイラーの後管板のように，火炎に触れる部分に管ステーを取り付ける場合には，端部を縁曲げしてこの部分の焼損を防ぐようにしなければならない。
　　したがって，問の(3)の記述は誤りである。
(5) ガセットステーは，平板(ガセット板)によって鏡板を胴で支えるものである。
　　ガセット板を胴と鏡板に直接溶接によって取り付ける場合は次による。鏡板との取付けは，全周にわたってT継手の完全溶込み溶接（K形溶接又はレ形溶接）とし，胴との取付けは，全周にわたってT継手の完全溶込み溶接（K形又はレ形溶接）又はT継手の両側すみ溶接としなければならない。
　　ガセットステーは，煙管ボイラー，炉筒煙管ボイラーなどに広く用いられている。

〔答〕　(3)

〔ポイント〕　ステーについて理解すること「最短合格1.6.4」，「教本1.7.4」。

問8 ボイラーに使用するブルドン管圧力計に関するAからDまでの記述で，誤っているもののみを全て挙げた組合せは，次のうちどれか。

A　圧力計は，原則として，胴又は蒸気ドラムの一番高い位置に取り付ける。
B　耐熱用のブルドン管圧力計は，周囲の温度が高いところでも使用できるので，ブルドン管に高温の蒸気や水が入っても差し支えない。
C　圧力計は，ブルドン管とダイヤフラムを組み合わせたもので，ブルドン管が圧力によって伸縮することを利用している。
D　圧力計のコックは，ハンドルが管軸と直角方向になったときに閉じるように取り付ける。

(1)　A，B，D
(2)　A，C
(3)　A，D
(4)　B，C
(5)　B，C，D

〔解説〕　圧力計は一般的に，ブルドン管式のものが使用される。

　　圧力計のブルドン管は扁平（図1）な管を円弧状に曲げ，その一端を固定し，他端を閉じて自由に動けるようにしたもので，その先に歯付扇形片をかみ合わせる。ブルドン管に圧力が加わると，ブルドン管の円弧が広がり歯付扇形片が動く。その結果，これにかみ合う小歯車が回転し，その軸に取り付けられている指針の動きから圧力を知るのである。その指示圧力は，大気圧との差圧のゲージ圧力を示す（図2）。

　　圧力計は，ボイラーに直接取り付けると蒸気がブルドン管に入り熱せられて温度が高くなり，狂うおそれがあるので，サイホン管を取り付け，その中に水を入れてブルドン管に蒸気や高温の水が直接入らないようにする。圧力計は，胴又は蒸気ドラムの一番高い位置に取り付けるのが原則である。また，圧力計を取り付ける場合は垂直に取り付け，圧力計のすぐ下にコック，次にサイホン管を取り付ける。コックは，ハンドルを管軸と同一方向になった場合に開くようにしておかなければならない。

　　したがって，誤った記述は，BとCである。

図1　ブルドン管断面（A-A′視図）

(a)平円形

(b)だ円形

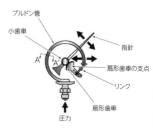

図2　ブルドン管圧力計

ブルドン管
小歯車
指針
扇形歯車の支点
リンク
扇形歯車
圧力

〔答〕　(4)

〔ポイント〕　ボイラーの圧力計の構造について理解すること「最短合格1.7.1」，「教本1.8.1」。

問9 ボイラーの容量及び効率に関するAからDまでの記述で、誤っているもののみを全て挙げた組合せは、次のうちどれか。

A 蒸気の発生に要する熱量は、蒸気圧力及び蒸気温度にかかわらず一定である。
B 換算蒸発量は、実際に給水から所要蒸気を発生させるために要した熱量を、2257 kJ/kgで除したものである。
C ボイラー効率は、実際蒸発量を全供給熱量で除したものである。
D ボイラー効率を算定するとき、燃料の発熱量は、一般に低発熱量を用いる。

(1) A、B、D
(2) A、C
(3) A、D
(4) B、C、D
(5) B、D

〔解説〕 A、B 蒸気ボイラーの容量（能力）は、最大連続負荷の状態で1時間に発生する蒸発量〔kg/h又はt/h〕で示される。ただし、蒸気の発生に要する熱量は、蒸気の圧力、温度及び給水の温度によって異なるので、ボイラー容量を、次に述べる換算蒸発量によって示す場合もある。

換算蒸発量（基準蒸発量又は相当蒸発量ともいわれる）は、実際に給水から所要蒸気を発生させるのに要した熱量を、基準状態すなわち100℃の飽和水を蒸発させて100℃の飽和蒸気とする場合の熱量2,257 kJ/kgで除したものである。すなわち、Gを実際蒸発量（kg/h）、h_1、h_2をそれぞれ給水及び発生蒸気の比エンタルピ（kJ/kg）とすると、換算蒸発量G_eは、式（1.1）で求められる。

$$G_e = \frac{G(h_2 - h_1)}{2,257} \text{ (kg/h)} \quad \cdots\cdots (1.1)$$

したがって、問のAの記述誤りである。
C、D ボイラー効率とは、全供給熱量に対する発生蒸気の吸収熱量の割合をいい、その算定方法は、式（1.2）のとおりである。その燃料の発熱量は、一般に低発熱量を用いる。

$$\text{ボイラー効率} = \frac{G(h_2 - h_1)}{(F) \times (H_l)} \times 100 \text{ (%)} \quad \cdots\cdots (1.2)$$

G、h_1、h_2は式（1.1）と同じである。
Fは燃料消費量（kg/h又はm^3_N/h）
H_lは燃料低発熱量（kJ/kg又はkJ/m^3_N）である。
したがって、問のCの記述誤りである。

〔答〕 (2)

〔ポイント〕 ボイラーの容量の算定式及び効率の算定式を理解すること「最短合格1.1.2」、「教本1.2.2」。

問10 ボイラーの水位検出器について，誤っているものは次のうちどれか。

(1) 水位検出器は，原則として，2個以上取り付け，それぞれの水位検出方式は異なるものが良い。
(2) 水位検出器の水側連絡管及び蒸気側連絡管には，原則として，バルブ又はコックを直列に2個以上設ける。
(3) 水位検出器の水側連絡管に設けるバルブ又はコックは，直流形の構造のものが良い。
(4) 水位検出器の水側連絡管は，呼び径20 A以上の管を使用する。
(5) 水位検出器の水側連絡管，蒸気側連絡管並びに排水管に設けるバルブ及びコックは，開閉状態が外部から明確に識別できるものとする。

〔解説〕

(1) ボイラーには，低水位時の警報と燃料遮断の機能とをより確実にするため，原則として，水位検出器を2個以上取り付ける。水位検出器の水位検出方式は，互いに異なるものであることが望ましい。

(2), (3) 水位検出器の水側連絡管は，他の水位検出器の水側連絡管と共用しない。水側連絡管は，スラッジ，さびなどにより閉そくしやすいため，それぞれの検出器の連絡管は独立とする（図1，図2）。また，水位検出器の水側連絡管に設けるバルブ又はコックは，直流形の構造とし，誤動作を少なくするために，バルブ又はコックを直列に2個以上設けてはならない。

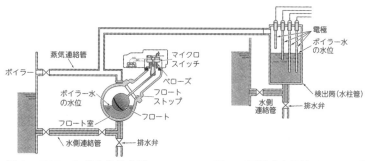

図1 フロート式水位検出器　　　**図2 電極式水位検出器**

したがって，問の(2)の記述は誤りである。

(4) 水位検出器の水側連絡管には，呼び径20 A以上の管を使用し，その曲げ部分は内部の掃除が容易にできる構造とする。
(5) 水位検出器の水側連絡管，蒸気側連絡管及び排水管に設けるバルブ又はコックは，その開閉の状態が外部から明確に識別できる構造のものとする。

〔答〕 (2)

〔ポイント〕 水位検出器の取り付け上の注意事項について理解すること「教本1.9.4 (4)」。

■ 令和３年後期：ボイラーの構造に関する知識 ■

問１ 次の文中の　　　内に入れるＡ及びＢの語句の組合せとして，正しいものは(1)～(5)のうちどれか。

「飽和水の比エンタルピは飽和水１kgの　Ａ　であり，飽和蒸気の比エンタルピはその飽和水の　Ａ　に　Ｂ　を加えた値で，単位はkJ/kgである。」

	Ａ	Ｂ
(1)	潜熱	顕熱
(2)	潜熱	蒸発熱
(3)	顕熱	蒸発熱
(4)	蒸発熱	潜熱
(5)	蒸発熱	顕熱

〔解説〕　蒸気の性質に関する問題である。物体に熱を加えると，その熱が物体の温度上昇に費やされる場合，この熱量を顕熱といい，物体の状態変化に費やされる場合，この熱量を蒸発熱（潜熱）という（図１）。

飽和蒸気の比エンタルピは，飽和水の顕熱に蒸発熱（気化熱，または潜熱）を加えた値である。この蒸発熱は圧力が高くなるほど小さくなり，臨界圧力に達すると０になる（図２）。

正しい語句の組合せは，問の(3)である。

Ａ：顕熱
Ｂ：蒸発熱

〔答〕　(3)

〔ポイント〕　蒸気の基礎事項と性質について理解すること「最短合格1.5.1，1.5.2」，「教本1.1.1，1.1.2」。

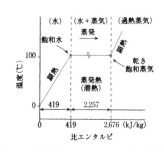

図１　標準大気圧における水の状態変化

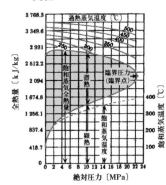

図２　水の状態変化に圧力，熱量，蒸気温度線図

蒸気圧力が高くなるほど飽和蒸気温度は高くなる。
蒸気圧力が高くなるほど蒸発熱（潜熱）は小さくなる。

ボイラーの構造

ボイラーの取扱い

燃料及び燃焼

関係法令

令4前 令3後 令3前 令2後 令2前 令1後 令4前 令3後 令3前 令2後 令2前 令1後 令4前 令3後 令3前 令2後 令2前 令1後 令4前 令3後 令3前 令2後 令2前 令1後

17

問2 ボイラーの容量及び効率について，誤っているものは次のうちどれか。

(1) 蒸気ボイラーの容量（能力）は，最大連続負荷の状態で，1時間に発生する蒸発量で示される。

(2) 蒸気の発生に要する熱量は，蒸気圧力，蒸気温度及び給水温度によって異なる。

(3) 換算蒸発量は，実際に給水から所要蒸気を発生させるために要した熱量を2257 kJ/kgで除したものである。

(4) ボイラー効率とは，全供給熱量に対する発生蒸気の吸収熱量の割合をいう。

(5) ボイラー効率を算定するとき，液体燃料の発熱量は，一般に水蒸気の蒸発熱を含む真発熱量を用いる。

〔解説〕

(1), (2), (3) 蒸気ボイラーの容量（能力）は，最大連続負荷の状態で1時間に発生する蒸発量〔kg/h又はt/h〕で示される。ただし，蒸気の発生に要する熱量は，蒸気の圧力，温度及び給水の温度によって異なるので，ボイラー容量を，次に述べる換算蒸発量によって示す場合もある。換算蒸発量（基準蒸発量又は相当蒸発量ともいわれる）は，実際に給水から所要蒸気を発生させるのに要した熱量を，基準状態すなわち100 ℃の飽和水を蒸発させて100 ℃の飽和蒸気とする場合の熱量2,257 kJ/kgで除したものである。すなわち，Gを実際蒸発量（kg/h），h_1，h_2をそれぞれ給水及び発生蒸気の比エンタルピ（kJ/kg）とすると，換算蒸発量G_eは，式（1.1）で求められる。

$$G_e = \frac{G\ (h_2 - h_1)}{2,257}\ (kg/h) \quad\cdots\cdots\cdots\cdots\cdots\cdots\cdots\cdots\cdots\cdots\cdots\cdots \quad (1.1)$$

100 ℃の飽和水を100 ℃の飽和蒸気とする熱量の2,257 kJ/kgで除したものである。

(4), (5) ボイラー効率とは，全供給熱量に対する発生蒸気の吸収熱量の割合をいい，その算定方法は，式（1.2）のとおりである。その燃料の発熱量は，一般に低発熱量を用いる。

$$ボイラー効率 = \frac{G\ (h_2 - h_1)}{(F)\ \times (H_l)} \times 100\ (\%) \quad\cdots\cdots\cdots\cdots\cdots\cdots\cdots\cdots\cdots \quad (1.2)$$

G，h_1，h_2は式（1.1）と同じである。
Fは燃料消費量（kg/h又はm^3_N/h）
H_lは燃料低発熱量（kJ/kg又はkJ/m^3_N）である。

したがって，問の(5)の記述内容で，真発熱量というのは誤りである。

〔答〕 (5)

〔ポイント〕 ボイラーの容量の算定式及び効率の算定式を理解すること「最短合格1.1.2」，「教本1.2.2」。

問3 ボイラーの水循環について，誤っているものは次のうちどれか。

(1) ボイラー内で，温度が上昇した水及び気泡を含んだ水は上昇し，その後に温度の低い水が下降して水の循環流ができる。

(2) 丸ボイラーは，伝熱面の多くがボイラー水中に設けられ，水の対流が容易なので，水循環の系路を構成する必要がない。

(3) 水管ボイラーは，水循環を良くするため，水と気泡の混合体が上昇する管と，水が下降する管を区別して設けているものが多い。

(4) 自然循環式水管ボイラーは，高圧になるほど蒸気と水との密度差が小さくなり，循環力が弱くなる。

(5) 水循環が良すぎると，熱が水に十分に伝わるので，伝熱面温度は水温より著しく高い温度となる。

〔解説〕

(1)，(5) ボイラーでは，伝熱面に接触している水及び気泡を含んだ水が上昇し，その後に温度の低い水が下降してくる。このようにボイラー内に自然に水の循環流ができ，次々に蒸気を発生する。気泡を含んだ水は水面に達し蒸気を分離した後，下降して循環する。

循環が良いと熱が水に十分伝わり，伝熱面温度も水温に近い温度に保たれるが，反対に循環が不良であると気泡が停滞したりして伝熱面の焼損，膨出などの原因となる。

問の(5)の記述において，伝熱面温度は水温より著しく高い温度となるという記述は誤りである。

(2) 丸ボイラーの伝熱面は水部中にあり，特別な水の循環系路を構成しなくても水の対流により循環する。

(3)，(4) 水管ボイラーでは，特に水の循環を良くするために，水の気泡の混合体が上昇する管（上昇管，蒸発管）と，水が下降する管（下降管，降水管）を設けて，下降管と上昇管の密度差（kg/m³）により循環するが，高圧になるにしたがって，蒸気の密度は大きくなるため，下降管と上昇管の密度差は小さくなるので水の循環力は弱くなる。

〔答〕 (5)

〔ポイント〕 ボイラーにおける蒸気の発生と水循環について理解すること「最短合格 1.3.2，1.5.3」「教本1.1.3，1.4.2」。

令和１年後期と同様の問題です。（P.63参照）

問4　ボイラーに使用される次の管類のうち，伝熱管に分類されないものはどれか。

(1)　水管
(2)　エコノマイザ管
(3)　煙管
(4)　主蒸気管
(5)　過熱管

〔**解説**〕　ボイラーに使用される伝熱管には，ボイラー本体に使われている煙管・水管及び附属設備のエコノマイザ管と過熱管がある。
　　主蒸気管は，蒸気を送るために用いられる管であって伝熱管ではない。したがって，答えは問の(4)である。

(1)　水管はボイラーの伝熱管である。
(2), (5)　は付属設備であるエコノマイザ及び過熱器の伝熱管である。
(3)　煙管は丸ボイラーの炉筒煙管ボイラーなどの伝熱管である。

〔**答**〕　(4)

〔**ポイント**〕　ボイラーの管には，伝熱管と配管がある「最短合格1.6.7」，「教本1.7.7」。

問5 鋳鉄製ボイラーについて，誤っているものは次のうちどれか。

(1) 暖房用蒸気ボイラーでは，原則として復水を循環使用する。
(2) 暖房用蒸気ボイラーでは，給水管はボイラー本体の安全低水面の位置に直接取り付ける。
(3) 暖房用蒸気ボイラーの返り管の取付けには，ハートフォード式連結法が用いられる。
(4) ウェットボトム式は，ボイラー底部にも水を循環させる構造となっている。
(5) 鋼製ボイラーに比べ，強度は低いが，腐食には強い。

〔解説〕

(1), (2), (3), (5) 暖房用に蒸気を使用するための鋳鉄製ボイラーでは，復水を循環使用するのを原則とし，返り管を備えている。鋳鉄製ボイラーは鋼よりも脆く熱による不同膨張によって割れを生じやすい。そのため，ボイラーへ送る給水はボイラー水との温度差を極力少なくするために，原則として復水を循環して使用し，給水管はボイラーに直接取り付けないで返り管に取り付ける。蒸気暖房返り管では，万一暖房配管が空の状態になったときでも，ボイラーには少なくとも安全低水面付近までボイラー水が残るように，図に示すような連結法が用いられる。これをハートフォード式連結法という。なお，この場合，返り管の取付位置は，重力循環式の場合は安全低水面と一致させなければならないが，一般に行われているポンプ循環方式の場合には，給水時のウォータハンマの発生を防止するため，安全低水面以下150 mm以内の高さにする。したがって，問の(2)の記述は誤りである。

(4) 今日ではボイラー効率を上げるために鋳鉄製ボイラーでも加圧燃焼方式が一般的で，さらに伝熱面積を増加させるためにボイラー底部にも水を循環させる構造になっている。これをウェットボトム形といい，底部が水冷されていないものをドラムボトム形という。

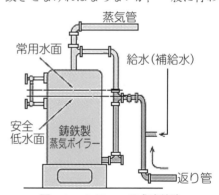

図　ハートフォード式連結法

〔答〕 (2)

〔ポイント〕 鋳鉄製ボイラーについて理解すること「最短合格1.4」，「教本1.5」。

問 6 ボイラーに使用する計測器について，適切でないものは次のうちどれか。

(1) 面積式流量計は，垂直に置かれたテーパ管内のフロートが流量の変化に応じて上下に可動し，テーパ管とフロートの間の環状面積が流量に比例することを利用している。

(2) 差圧式流量計は，流体が流れている管の中に絞りを挿入すると，入口と出口との間に流量に比例する圧力差が生じることを利用している。

(3) 容積式流量計は，ケーシングの中で，だ円形歯車を 2 個組み合わせ，これを流体の流れによって回転させると，流量が歯車の回転数に比例することを利用している。

(4) 平形反射式水面計は，ガラスの前面から見ると水部は光線が通って黒色に見え，蒸気部は光線が反射されて白色に光って見える。

(5) U字管式通風計は，計測する場所の空気又はガスの圧力と大気圧との差圧を水柱で示す。

〔解説〕

(1) 面積式流量計は，垂直に置かれたテーパ管の中を流体が下から上に向かって流れると，テーパ管内に置かれたフロートを有する可動部は流量の変化に応じて上下する。フロートが上方に移動するほどテーパ管とフロートの間の環状面積が大きくなり，流量はこの環状面積に比例する。したがって，可動部の位置により流量を知ることができる。

(2) 差圧式流量計は，オリフィス又はベンチュリ管の入口と出口との圧力差を測る。この差圧は，流体の流量の二乗に比例する（図）。

$$W^2 = C \cdot (P_1 - P_2)$$

　　W：流量
　　C：流量係数
　　$P_1 - P_2$：差圧

したがって，問の(2)の記述は適切ではない。

(3) 容積式流量計は，ケーシングの中に，だ円形歯車を 2 個組合わせたもので，流量は歯車の回転数に比例するため，この回転数を測定して流量を測る。

(4) 水面計の種類には，丸形ガラス，平形反射式，平形透視式及び二色水面計等がある。平形反射式水面計は，裏面に三角形の溝をつけた平形のガラスを組み込んだもので，光の通過と反射の作用により水部は黒色に，蒸気部は白色に光って見える。

高圧になると広い面積のガラス板では圧力に耐えにくくなるので，金属製の箱に小さな丸い窓を配列し，円形透視式ガラスをはめ込んだマルチポート水面計が使用される。

(5) U字管式通風計は，炉内又は煙風道内の通風力（ドラフト）を測る計器である。通風力は，水柱の差圧で表す。

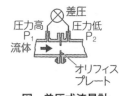

図　差圧式流量計

〔答〕 (2)

〔ポイント〕 ボイラーに使用する計測器について理解すること「最短合格1.7.1」，「教本1.8.1」。

問7 ボイラーの自動制御に関するAからDまでの記述で，誤っているもののみを全て挙げた組合せは，次のうちどれか。

A　ボイラーの状態量として設定範囲内に収めることが目標となっている量を操作量といい，そのために調節する量を制御量という。

B　ボイラーの蒸気圧力又は温水温度を一定にするように，燃料供給量及び燃焼用空気量を自動的に調節する制御を自動燃焼制御（ACC）という。

C　比例動作による制御は，オフセットが現れた場合にオフセットがなくなるように動作する制御である。

D　積分動作による制御は，偏差の時間積分値に比例して操作量を増減するように動作する制御である。

(1)　A，B，C
(2)　A，C
(3)　A，C，D
(4)　B，D
(5)　C，D

〔解説〕　制御対象であるボイラーの一定範囲内の値に抑えるべき量を制御量といい，そのために操作する量を操作量という。

したがって，問のAの記述は誤りである。

燃料量と燃焼空気量を操作して蒸気圧力を制御することを自動燃焼制御（ACC）という。したがって，問のBの記述は正しい。

フィードバック制御とは，操作の結果得られた制御量の値（圧力，水位など）を目標値と比較して，それらを一致させるような動作を繰り返す制御のことであり，以下の動作をいう。検出部から得られた制御量の値を目標値と比較し，その偏差に対する操作信号を作る調節器の制御動作を分類すれば，オンオフ動作，ハイ・ロー・オフ動作，比例動作，積分動作及び微分動作となる。

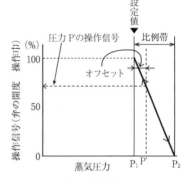

図　比例制御

① オンオフ動作は，制御偏差が設定値に対し正であるか負であるかによって制御するものであるので，動作すき間の設定が必要である。

② ハイ・ロー・オフ動作は，設定圧力を2段階に分けて，高燃焼（ハイ）と低燃焼（ロー）及び停止（オフ）の3段階の制御をするものである。

③ 比例動作は，偏差の大きさに比例して操作量を増減するように動作するものである（図）。蒸気圧力が設定値より少し異なった値P'でつり合う。これを偏差（オフセット）という。

したがって，問のCの記述は誤りである。

④ 積分動作は，制御偏差量に比例した速度で操作量を増減するように動作するもので，オフセットが現れた場合に，オフセットをなくすように動く。

したがって，問のDの記述は正しい。

⑤ 微分動作による制御は，偏差が変化する速度に比例して操作量を増減するように動作するもので，外乱（負荷の急激な変動など）が大きい場合，制御結果が大きく変動するのを防ぐことができる制御である。

〔答〕　(2)

〔ポイント〕　各調節器の制御動作について理解すること「最短合格1.8.2 ②」，「教本1.9.2」。

問8 ボイラーの給水系統装置について，適切でないものは次のうちどれか。

(1) ディフューザポンプは，羽根車の周辺に案内羽根のある遠心ポンプで，高圧の
ボイラーには多段ディフューザポンプが用いられる。
(2) 渦巻ポンプは，羽根車の周辺に案内羽根のない遠心ポンプで，一般に低圧のボ
イラーに用いられる。
(3) 給水加熱器には，一般に加熱管を隔てて給水を加熱する熱交換式が用いられ
る。
(4) 給水弁と給水逆止め弁をボイラーに取り付ける場合は，ボイラーに近い側に給
水弁を取り付ける。
(5) 給水内管は，一般に長い鋼管に多数の穴を設けたもので，胴又は蒸気ドラム内
の安全低水面よりやや上方に取り付ける。

〔解説〕
(1), (2) ボイラーに給水するポンプには，遠心ポンプ（ディフューザポンプと渦巻
ポンプ）及び渦流ポンプ（円周流ポンプ）がある。
遠心ポンプは，羽根車をケーシング内で回転させ，遠心作用によって水に圧力
及び速度エネルギーを与えるものである。羽根車の中心から吸い込まれた水は，
半径方向外向きに流れ，速度エネルギーは渦巻室（ボリュートケーシング）を通
過する間に圧力エネルギーに変換され，吐出し口から外に出る。
ディフューザポンプは，羽根車の周辺に案内羽根をもつもので，高圧・大容量
ボイラーには多段式のものが用いられる。
渦巻ポンプは，羽根車の周辺に案内羽根のないもので，一般に低圧・中小容量
のボイラーに用いられる。
特殊ポンプの渦流ポンプは，円周流ポンプとも呼ばれ，小さい吐出流量で高い
揚程が得られる。小容量のボイラーに用いられる。
(3) 給水加熱器には，加熱蒸気と給水を混合する混合式と熱交換式がある。
(4) ボイラー又はエコノマイザ入口には，給水弁及び逆止め弁を取り付けなけれ
ばならない。給水弁をボイラーに近い側に取り付ける。逆止め弁が故障の場合，
給水弁を閉止して，ボイラー水をボイラーに残したままで逆止め弁を修理するこ
とができるようにするためである。なお，給水弁はアングル弁又は玉形弁が用い
られ，給水逆止め弁には，スイング式又はリフト式が用いられる（図）。
(5) 給水内管は，ボイラー水より低い温
度の水をボイラー側の1箇所に集中し
て送り込まないようにするために，多
数の小さな穴を設け，ボイラー胴内部
の広い範囲に給水を配分する構造とし
たものである。また，給水内管の位置
は，図に示すようにボイラー水面が安
全低水面まで低下しても，水面より上
に現れないよう安全低水面よりやや下
方に置く。
したがって，問の(5)の記述は適切で
はない。

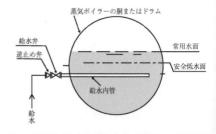

図 給水弁及び給水管内と水面との関係位置

〔答〕 (5)
〔ポイント〕 ボイラー用給水系統装置について理解すること「最短合格1.7.4」，「教本
1.8.4」。

問9 ボイラーのエコノマイザについて，誤っているものは次のうちどれか。

(1) エコノマイザ管には，平滑管やひれ付き管が用いられる。
(2) エコノマイザを設置すると，ボイラーへの給水温度が上昇する。
(3) エコノマイザには，燃焼ガスにより加熱されたエレメントが移動し，給水を予熱する再生式のものがある。
(4) エコノマイザを設置すると，通風抵抗が多少増加する。
(5) エコノマイザは，燃料の性状によっては低温腐食を起こすことがある。

〔解説〕
(1) エコノマイザに使用される伝熱管は，鋼管が多く使われるが，まれに腐食に強い鋳鉄管が使用される。
(2) エコノマイザは，ボイラーから排出されるガスの熱を回収して，ボイラーの給水を予熱する附属設備である。
(3) エコノマイザは，ボイラーの給水を予熱する附属設備である。問の(3)の記述は，再生式空気予熱器であり誤りである。
(4) エコノマイザは煙道に設けられるため，通風損失が増加する。そのため，ファンの消費動力が多少増加する。
(5) いおう分のある燃料を使用する場合，エコノマイザの伝熱面の温度が給水温度により低くなることによって，エコノマイザの低温部で低温腐食を起こすことがある。

〔答〕　(3)

〔ポイント〕　エコノマイザを設置した場合の利点と欠点と低温腐食について理解すること「最短合格1.7.7 ②」，「教本1.8.7 (2)」。

問10 温水ボイラー及び蒸気ボイラーの附属品に関するAからDまでの記述で，正しいもののみを全て挙げた組合せは，次のうちどれか。

A 凝縮水給水ポンプは，重力環水式の暖房用蒸気ボイラーで，凝縮水をボイラーに押し込むために用いられる。
B 暖房用蒸気ボイラーの逃がし弁は，発生蒸気の圧力と使用箇所での蒸気圧力の差が大きいときの調節弁として用いられる。
C 温水ボイラーの逃がし管には，ボイラーに近い側に弁又はコックを取り付ける。
D 温水ボイラーの逃がし弁は，逃がし管を設けない場合又は密閉型膨張タンクとした場合に用いられる。

(1) A，B，D
(2) A，C，D
(3) A，D
(4) B，C
(5) B，C，D

〔解説〕

A 凝縮水給水ポンプは，重力還水式の蒸気暖房装置に用いられるポンプである。

凝縮水は凝縮水槽まで自重によって自然流下し，それから先，ボイラーに押し込むのにこのポンプが用いられる。このポンプは凝縮水槽（レシーバ），モータ直結渦巻ポンプ，自動スイッチ及びレシーバ内のフロートから構成されている。問のAの記述は正しい。

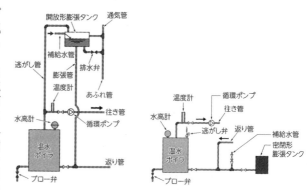

図1 温水ボイラーの配管例
（開放形膨脹タンク方式）

図2 温水ボイラーの配管例
（密閉形膨脹タンク方式）

B，C，D 温水ボイラーの安全装置としては，一般に逃がし管（図1 開放形膨張タンク方式）が使用されるが，密閉式の場合は，逃がし管の代わりに逃がし弁（ボイラー本体に取り付ける）（図2）を使用する。なお，図1の開放形の場合の逃がし管には，途中に弁やコックを設けてはならない。また，内部の水が凍結するおそれがある場合には，保温その他の措置を講じること。逃がし弁は，温水ボイラーの安全装置として使用される。したがって，問のB及びCの記述は誤りである。問のDの記述は正しい。

〔答〕 (3)

〔ポイント〕 温水ボイラーの附属品及び循環装置について理解すること「最短合格 1.7.6」，「教本1.8.6」。

■ 令和３年前期：ボイラーの構造に関する知識 ■

問1　伝熱について，誤っているものは次のうちどれか。

(1) 温度の高い部分から低い部分に熱が移動する現象を伝熱という。
(2) 伝熱作用は，熱伝導，熱伝達及び放射伝熱の三つに分けることができる。
(3) 温度が一定でない物体の内部で，温度の高い部分から低い部分へ，順次，熱が伝わる現象を熱伝達という。
(4) 空間を隔てて相対している物体間に伝わる熱の移動を放射伝熱という。
(5) 高温流体から固体壁を通して，低温流体へ熱が移動する現象を熱貫流又は熱通過という。

〔解説〕
(1) 熱は，温度の高い部分から低い部分に移動する。この現象を伝熱という。
(2) 伝熱作用は，①熱伝導，②熱伝達（対流），③放射伝熱の三つに分けることができる。
(3) 温度の一定でない物体（固体）の内部で，温度の高い部分から低い部分へ順次，熱が伝わる現象を熱伝導という（図の固体壁の部分）。
　　　したがって，問の(3)の記述は誤りである。
(4) 高温の物体から，空間を隔てて熱が移動することを放射伝熱という。
(5) 固体壁の一面に高温の流体，他面に低温の流体が接していると，固体壁を通して高温流体から低温流体への熱の移動が行われる。この現象を熱貫流又は熱通過という。
これは，熱伝達と熱伝導が総合されたものである（図参照）。

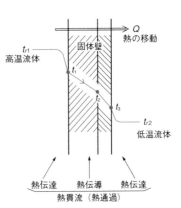

図　平板壁の熱移動

〔答〕　(3)

〔ポイント〕　ボイラーにおける伝熱について理解すること「最短合格1.5.4」，「教本1.1.4」。

令4前 令3後 令3前 令2後 令2前 令1後

ボイラーの構造

令4前 令3後 令3前 令2後 令2前 令1後

ボイラーの取扱い

令4後 令3前 令3後 令2前 令2後 令1後

燃料及び燃焼

令4前 令3後 令3前 令2後 令2前 令1後

関係法令

問 2　水管ボイラーと比較した丸ボイラーの特徴として，誤っているものは次のうちどれか。

(1)　蒸気使用量の変動による水位変動が小さい。
(2)　高圧のもの及び大容量のものには適さない。
(3)　構造が簡単で，設備費が安く，取扱いが容易である。
(4)　伝熱面積当たりの保有水量が少なく，破裂の際の被害が小さい。
(5)　起動から所要蒸気発生までの時間が長い。

〔解説〕　炉筒煙管ボイラーは径の大きい胴を用い，その内部に炉筒，煙管を設けたもので，主として圧力1MPa程度以下で蒸発量10t/h程度のボイラーである。
　　炉筒煙管ボイラーは，水管ボイラーに比較して次のような特徴をもっている。

①　構造が簡単で，設備費が安く取扱いも容易である。
②　径の大きい胴を用いているので，高圧のもの及び大容量のものには適さない。
③　胴径が大きいので保有水量が多いため，起動から蒸気発生までの時間がかかるが，負荷変動による圧力及び水位の変動が小さい。
④　保有水量が多く，破裂の際の被害が大きい。

　　したがって，問の(4)の記述は誤りである。

〔答〕　(4)

〔ポイント〕　炉筒煙管ボイラーの構造と特徴について理解すること「最短合格1.2.2，1.2.4」，「教本1.3.1，1.3.5」。

令4前 令3後 令3前 令2後 令2前 令1後
ボイラーの構造
令4前 令3後 令3前 令2後 令2前 令1後
ボイラーの取扱い
令4前 令3後 令3前 令2後 令2前 令1後
燃料及び燃焼
令4前 令3後 令3前 令2後 令2前 令1後
関係法令

問3 ボイラーに使用する計測器について，適切でないものは次のうちどれか。

(1) ブルドン管圧力計は，断面が扁平な管を円弧状に曲げたブルドン管に圧力が加わると，圧力の大きさに応じて円弧が広がることを利用している。

(2) 差圧式流量計は，流体が流れている管の中に絞りを挿入すると，入口と出口との間に流量の二乗に比例する圧力差が生じることを利用している。

(3) 容積式流量計は，ケーシングの中で，だ円形歯車を2個組み合わせ，これを流体の流れによって回転させると，流量が歯車の回転数に比例することを利用している。

(4) 二色水面計は，光線の屈折率の差を利用したもので，蒸気部は赤色に，水部は緑色に見える。

(5) マルチポート水面計は，金属製の箱に小さな丸い窓を配列し，円形透視式ガラスをはめ込んだもので，一般に使用できる圧力が平形透視式水面計より低い。

〔解説〕

(1) 圧力計は一般的に，ブルドン管式のものが使用される。

圧力計のブルドン管は扁平（図1）な管を円弧状に曲げ，その一端を固定し，他端を閉じて自由に動けるようにしたもので，その先に歯付扇形片をかみ合わせる。ブルドン管に圧力が加わると，ブルドン管の円弧が広がり歯付扇形片が動く。その結果，これにかみ合う小歯車が回転し，その軸に取り付けられている指針の動きから圧力を知るのである。その指示圧力は，大気圧との差圧のゲージ圧力を示す。

図1 ブルドン管断面

(2) 差圧式流量計は，オリフィス又はベンチュリ管の入口と出口との圧力差を測る。この差圧は，流体の流量の二乗に比例する（図2）。

図2 差圧式流量計

$$W^2 = C \cdot (P_1 - P_2)$$
W：流量
C：流量係数
$P_1 - P_2$：差圧

(3) 容積式流量計は，ケーシングの中にだ円形歯車を2個組合わせたもので，流量は歯車の回転数に比例するため，この回転数を測定して流量を測る。

(4)，(5) 水面計の種類には，丸形ガラス，平形反射式，平形透視式及び二色水面計等がある。平形反射式水面計は，裏面に三角形の溝をつけた平形のガラスを組み込んだもので，光の通過と反射の作用により水部は黒色に，蒸気部は白色に光って見える。

高圧になると広い面積のガラス板では圧力に耐えにくくなるので，金属製の箱に小さな丸い窓を配列し，円形透視式ガラスをはめ込んだマルチポート水面計が使用される。

したがって，問の(5)の記述は誤りである。

〔答〕 (5)

〔ポイント〕 ボイラーに使用する計測器について理解すること「最短合格1.7.1」，「教本1.8.1」。

問4　ボイラーに用いられるステーについて，適切でないものは次のうちどれか。

(1)　平鏡板は，圧力に対して強度が弱く変形しやすいので，大径のものや高い圧力を受けるものはステーによって補強する。

(2)　棒ステーは，棒状のステーで，胴の長手方向（両鏡板の間）に設けたものを長手ステー，斜め方向（鏡板と胴板の間）に設けたものを斜めステーという。

(3)　管ステーを火炎に触れる部分にねじ込みによって取り付ける場合には，焼損を防ぐため，管ステーの端部を板の外側へ10 mm程度突き出す。

(4)　管ステーは，煙管よりも肉厚の鋼管を管板に溶接又はねじ込みによって取り付ける。

(5)　ガセットステーは，平板によって鏡板を胴で支えるもので，溶接によって取り付ける。

〔解説〕

(1)　平鏡板その他の平板部は，圧力に対して強度が小さく，かつ，変形しやすいので，他の部材によってこれを補強する必要がある。この補強に用いられる部材がステーである。

(2)　棒ステーは，棒状のステーで，胴の長手方向（両鏡板の間）に設けたものを長手ステー，斜め方向（鏡板と胴板の間）に設けたものを斜めステーという。

(3), (4)　管ステーは，煙管よりも肉厚の鋼管を管板に溶接によって取り付けるか，鋼管の両端にねじを切り，これを管板に設けたねじ穴にねじ込み，取り付けるものである。煙管ボイラー，炉筒煙管ボイラーなどのように，煙管を使用するボイラーに多く用いられ，煙管の役目もする。外だき横煙管ボイラーの後管板のように，火炎に触れる部分に管ステーを取り付ける場合には，端部を縁曲げしてこの部分の焼損を防ぐようにしなければならない。

　　したがって，問の(3)の記述は誤りである。

(5)　ガセットステーは，平板(ガセット板)によって鏡板を胴で支えるものである。ガセット板を胴と鏡板に直接溶接によって取り付ける場合は次による。鏡板との取付けは，全周にわたってT継手の完全溶込み溶接（K形溶接又はレ形溶接）とし，胴との取付けは，全周にわたってT継手の完全溶込み溶接（K形又はレ形溶接）又はT継手の両側すみ溶接としなければならない。

　　ガセットステーは，煙管ボイラー，炉筒煙管ボイラーなどに広く用いられている。

〔答〕　(3)

〔ポイント〕　ステーについて理解すること「最短合格1.6.4」，「教本1.7.4」。

問5 次の文中の　　内に入れるAからCまでの語句の組合せとして，正しいものは(1)～(5)のうちどれか。

「ボイラーの胴の蒸気室の頂部に　A　を直接開口させると，水滴を含んだ蒸気が送気されやすいため，低圧ボイラーには，大径のパイプの　B　の多数の穴から蒸気を取り入れ，蒸気流の方向を変えて，胴内に水滴を流して分離する　C　が用いられる。」

	A	B	C
(1)	主蒸気管	上面	沸水防止管
(2)	主蒸気管	上面	蒸気トラップ
(3)	給水内管	下面	気水分離器
(4)	給水内管	下面	沸水防止管
(5)	給水内管	下面	蒸気トラップ

〔解説〕　ボイラー胴又はドラム内には蒸気と水滴を分離するために気水分離器が設けられる。

　　蒸気室の頂部に主蒸気管を直接開口させると，その直下付近の気水が搬出されやすくプライミングを起こし水滴が混じった蒸気が取り出されやすい。そのため，低圧ボイラーには気水分離器（沸水防止管ともいわれている）が用いられる。

　　これは，大径のパイプの上面だけに穴を多数あけ上部から蒸気を取り入れ，水滴は下部にあけた穴から流すようにしたものである。

　　したがって，正しいものの組み合わせは，問の(1)である。

〔答〕　(1)

〔ポイント〕　ドラム内装置について理解すること「最短合格1.7.3 ⑫」，「教本1.8.3 (3)」。

問6　鋳鉄製ボイラーについて，誤っているものは次のうちどれか。

(1)　蒸気ボイラーの場合，その使用圧力は0.1MPa以下に限られる。
(2)　暖房用蒸気ボイラーでは，重力循環式の場合，給水管はボイラー本体の安全低水面の位置に直接取り付ける。
(3)　ポンプ循環方式の蒸気ボイラーの場合，返り管は，安全低水面以下150 mm以内の高さに取り付ける。
(4)　ウェットボトム式は，ボイラー底部にも水を循環させる構造となっている。
(5)　鋼製ボイラーに比べ，熱による不同膨張によって割れが生じやすい。

〔解説〕

(1)　鋳鉄製ボイラーは，主として暖房用の低圧の蒸気発生用又は温水ボイラーとして使用されている。ただし，使用圧力は，蒸気ボイラーのときは0.1MPa以下，温水ボイラーの時は0.5MPa以下（破壊試験を行ったものは1MPaまで），温水温度120度以下に限られる。

(2), (3), (5)　暖房用に蒸気を使用するための鋳鉄製ボイラーでは，復水を循環使用するのを原則とし，返り管を備えている。鋳鉄製ボイラーは鋼よりも脆く熱による不同膨張によって割れを生じやすい。そのため，ボイラーへ送る

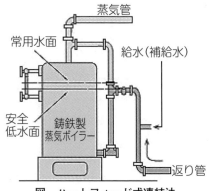

図　ハートフォード式連結法

給水はボイラー水との温度差を極力少なくするために，原則として復水を循環して使用し，給水管はボイラーに直接取り付けないで返り管に取り付ける。蒸気暖房返り管では，万一暖房配管が空の状態になったときでも，ボイラーには少なくとも安全低水面付近までボイラー水が残るように，図に示すような連結法が用いられる。これをハートフォード式連結法という。

なお，この場合，返り管の取付位置は，重力循環式の場合は安全低水面と一致させなければならないが，一般に行われているポンプ循環方式の場合には，給水時のウォータハンマの発生を防止するため，安全低水面以下150 mm以内の高さにする。

したがって，問の(2)の記述は誤りである。

(4)　今日ではボイラー効率を上げるために鋳鉄製ボイラーでも加圧燃焼方式が一般的で，さらに伝熱面積を増加させるためにボイラー底部にも水を循環させる構造になっている。これをウェットボトム形といい，底部が水冷されていないものをドラムボトム形という。

〔答〕　(2)

〔ポイント〕　鋳鉄製ボイラーについて理解すること「最短合格1.4」，「教本1.5」。

問7 ボイラーの吹出し装置について，適切でないものは次のうちどれか。

(1) 吹出し管は，ボイラー水の濃度を下げたり，沈殿物を排出するため，胴又はドラムに設けられる。

(2) 吹出し弁には，スラッジなどによる故障を避けるため，玉形弁又はアングル弁が用いられる。

(3) 最高使用圧力1MPa未満のボイラーでは，吹出し弁の代わりに吹出しコックが用いられることが多い。

(4) 大形のボイラー及び高圧のボイラーには，2個の吹出し弁を直列に設け，ボイラーに近い方に急開弁，遠い方に漸開弁を取り付ける。

(5) 連続吹出し装置は，ボイラー水の濃度を一定に保つように調節弁によって吹出し量を加減し，少量ずつ連続的に吹き出す装置である。

〔解説〕

(1)，(2)，(3)，(4) ボイラーの給水中に含まれる不純物は，ボイラー内で水の蒸発とともに次第に濃縮し，また，沈殿物となる。

ボイラー水の濃度を下げ，かつ，沈殿物を排出するため，胴又は水ドラム底部などの沈殿物のたまりやすい箇所に吹出し管及び吹出し弁を取り付ける。

吹出し弁は，スラッジなどによる故障を避けるため，玉形弁又はアングル弁を避け仕切弁又はY形弁が用いられる。1MPa未満のボイラーでは，吹出し弁の代わりに吹出しコックが用いられる。

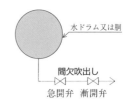

図　間欠吹出し装置の
吹出し弁の取付け方

大形及び高圧のボイラーには，2個の吹出し弁を直列に設ける（図）。

したがって，問の(2)の記述は誤りである。

(5) 連続運転中のボイラーでは，ボイラー水が濃縮し，スケールやスラッジとなり，腐食及び伝熱部の過熱の原因となる。また，キャリオーバの発生原因ともなる。このため，連続吹出し装置は蒸発残留物の濃度を下げてボイラー水の濃度を一定に保つために，胴内の水面近くに設けられた吹出し内管から調節弁によって，ボイラー水を少量ずつ連続的に吹出すものである。その吹出したボイラー水の熱は，熱交換器，フラッシュタンク等により熱回収が行われる。

この装置は，一般に大きい容量のボイラーに多く使用されている。

〔答〕 (2)

〔ポイント〕 ボイラーの吹出し装置には，胴又は水ドラム底部に設けられる間欠吹出し装置と，胴又は蒸気ドラムの水面近くに設けられる連続吹出し装置がある「最短合格1.7.5」，「教本1.8.5」。

問8 ボイラーのエコノマイザに関するAからDまでの記述で，正しいもののみを全て挙げた組合せは，次のうちどれか。

 A エコノマイザは，煙道ガスの余熱を回収して燃焼用空気の予熱に利用する装置である。
 B エコノマイザを設置すると，燃料の節約となり，ボイラー効率は向上するが，通風抵抗は増加する。
 C エコノマイザは，燃料の性状によっては低温腐食を起こすことがある。
 D エコノマイザを設置すると，乾き度の高い飽和蒸気を得ることができる。

 (1) A，B，C
 (2) A，C
 (3) A，D
 (4) B，C
 (5) B，C，D

〔解説〕 ボイラー熱損失のうち最大のものは，煙道ガスによって持ち去られる熱量である。この余熱を回収して給水の予熱に利用する装置がエコノマイザである。
 エコノマイザを設けることは，ボイラー効率を向上させ燃料の節約となる。なお，エコノマイザを設置することによって，通風抵抗が多少増加するので通風力を検討する必要がある。
 なお，燃料性状によっては，給水温度が低いと低温腐食を起こすことがある。

 したがって，正しいものの組み合わせは，問の(4)である。

〔答〕 (4)

〔ポイント〕 エコノマイザについて理解すること「最短合格1.7.7 ②」，「教本1.8.7 (2)」。

令和2年後期と同様の問題です。（P.43参照）

問9 ボイラーの自動制御について，誤っているものは次のうちどれか。

(1) オンオフ動作による蒸気圧力制御は，蒸気圧力の変動によって，燃焼又は燃焼停止のいずれかの状態をとる。

(2) ハイ・ロー・オフ動作による蒸気圧力制御は，蒸気圧力の変動によって，高燃焼，低燃焼又は燃焼停止のいずれかの状態をとる。

(3) 比例動作による制御は，オフセットが現れた場合にオフセットがなくなるように動作する制御である。

(4) 積分動作による制御は，偏差の時間積分値に比例して操作量を増減するように動作する制御である。

(5) 微分動作による制御は，偏差が変化する速度に比例して操作量を増減するように動作する制御である。

〔解説〕 ボイラーの自動制御には，シーケンス制御とフィードバック制御がある。

この問題は，フィードバック制御の動作に関する問題である。

フィードバック制御とは，操作の結果得られた制御量の値（圧力，水位など）を目標値と比較して，それらを一致させるような動作を繰り返す制御のことであり，以下の動作をいう。

検出部から得られた制御量の値を目標値と比較し，その偏差に対する操作信号を作る調節器の制御動作を分類すれば，オンオフ動作，ハイ・ロー・オフ動作，比例動作，積分動作及び微分動作となる。

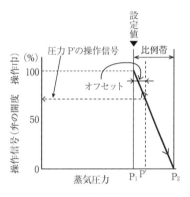

図 比例制御

① オンオフ動作は，制御偏差が設定値に対し正であるか負であるかによって制御するものであるので，動作すき間の設定が必要である。

② ハイ・ロー・オフ動作は，設定圧力を2段階に分けて，高燃焼（ハイ）と低燃焼（ロー）及び停止（オフ）の3段階の制御をするものである。

③ 比例動作は，偏差の大きさに比例して操作量を増減するように動作するものである（図）。蒸気圧力が設定値より少し異なった値P'でつり合う。これを偏差（オフセット）という。

④ 積分動作は，制御偏差量に比例した速度で操作量を増減するように動作するもので，オフセットが現れた場合に，オフセットをなくすように動く。

⑤ 微分動作による制御は，偏差が変化する速度に比例して操作量を増減するように動作するもので，外乱（負荷の急激な変動など）が大きい場合，制御結果が大きく変動するのを防ぐことができる制御である。

したがって，問の(3)の記述内容は積分動作による制御である。比例動作の制御は解説③に示すようにオフセットはなくならない。

〔答〕 (3)

〔ポイント〕 各調節器の制御動作について理解すること「最短合格1.8.2 ②」，「教本1.9.2」。

問10 ボイラーのドラム水位制御について，誤っているものは次のうちどれか。

(1) 水位制御は，負荷の変動に応じて給水量を調節するものである。
(2) 単要素式は，水位だけを検出し，その変化に応じて給水量を調節する方式である。
(3) 二要素式は，水位と蒸気流量を検出し，その変化に応じて給水量を調節する方式である。
(4) 電極式水位検出器は，蒸気の凝縮によって検出筒内部の水の純度が高くなると，正常に作動しなくなる。
(5) 熱膨張管式水位調整装置には，単要素式はあるが，二要素式はない。

〔解説〕 ボイラーの水位制御は，負荷が変動した場合に，それに応じて給水量を調節するものである。ドラム水位の制御方式には単要素式，2要素式及び3要素式がある。

単要素式はドラム水位だけを検出し，その変化に応じて給水量を調節する方式である。水位をフロートの移動や熱膨張管の伸縮などで検出し，そこに発生する機械力で直接調節弁を操作するようにした自力式のものを初めとし，水位の変化によってオン・オフ制御で給水ポンプを発停させるもの，水位の変化を偏差信号として給水調節器へ伝え，比例制御で弁の開度を変えるようにしたものなどがある。簡単な制御方式であるが，負荷変動が激しいときは良好な制御は期待できない。

2要素式は，水位の検出のほかに蒸気流量を検出し，両者の信号を総合して操作部へ伝えるようにした方式である。

3要素式は，水位，蒸気流量に加えて給水流量を検出し，蒸気流量と給水流量とに差が生ずれば制御動作を開始するようにし，水位によって更に修正するようにした方式である。

熱膨張管式水位調整装置は，金属管の温度の変化による伸縮を利用したものである。

単要素式は，ボイラーの胴又はドラムの水位の変化により給水調整弁を制御する。線膨張係数の大きな材料で作られた金属製膨張管が傾斜して取り付けられる。その下部は固定され，上部は伸縮自在で，その先端にレバーが取り付けられている。熱膨張管の上端及び下端は，ボイラーの蒸気部及び水部にそれぞれ連絡されている。

膨張管内にボイラー水が導かれると，膨張管内の水位はボイラーの胴又はドラム内の水位と等しくなり，水位の上下によって管は伸縮する。水位が下がれば蒸気部分が多くなり，膨張管は温度が上がり膨張する。これがレバーを動かし，給水調節弁の開度を増やして給水量を増加させ，水位を回復させる。水位が上がれば逆の動きをする。

2要素式は，ボイラー胴又は蒸気ドラムの水位の変化と，蒸気流量の変動を検出して給水調整弁を制御し，給水量を調整する。

したがって，問の(5)の記述は誤りである。

〔答〕 (5)

〔ポイント〕 水位制御について理解すること「最短合格1.8.4 ③」，「教本1.9.4(4)」。

■ 令和2年後期：ボイラーの構造に関する知識 ■

問1 次の文中の 内に入れるAの数値及びBの語句の組合せとして，正しいものは(1)～(5)のうちどれか。

「標準大気圧の下で，質量1kgの水の温度を1K（1℃）だけ高めるために必要な熱量は約 A kJであるから，水の B は約 A kJ/（kg・K）である。」

	A	B
(1)	2,257	潜熱
(2)	420	比熱
(3)	420	潜熱
(4)	4.2	比熱
(5)	4.2	顕熱

〔解説〕 比熱に関する問題である。

　　比熱とは，質量1kgの物体の温度を1K（1℃）だけ高めるのに要する熱量をいう。

　　物体によって比熱は異なり，標準大気圧における水の比熱は4.187 kJ/（kg・K）である。

　　したがって，正しい組合せは問の(4)である。

　　比熱はその大きさにより，同じ熱量を加えても温度の上がり方が違う。同じ熱量を加えたとき，比熱の大きいものと小さいものの物体の温度の上がり方を比較すると，

　　比熱大きい→温度の上がり方が小さい
　　比熱小さい→温度の上がり方が大きい
　　したがって，比熱の大きい物体は，温度の上がり方が小さいため温まりにくいが，いったん温まると冷えにくい。

　　A：4.2
　　B：比熱

〔答〕 (4)

〔ポイント〕 物体によって比熱は異なり，同じ熱量を加えても温度の上がり方が違う「最短合格1.5.1 ②」，「教本1.1.1 (2)」。

ボイラーの構造

ボイラーの取扱い

燃料及び燃焼

関係法令

令4前　令3後　令3前　令2後　令2前　令1前
令4前　令3後　令3前　令2後　令2前　令1後
令4前　令3後　令3前　令2後　令2前　令1後
令4前　令3後　令3前　令2後　令2前　令1後

37

問2　ボイラーの容量及び効率に関するAからDまでの記述で，正しいもののみを全て挙げた組合せは，次のうちどれか。

A　蒸気の発生に要する熱量は，蒸気圧力，蒸気温度及び給水温度によって異なる。

B　換算蒸発量は，実際に給水から所要蒸気を発生させるために要した熱量を，0℃の水を蒸発させて，100℃の飽和蒸気とする場合の熱量で除したものである。

C　蒸気ボイラーの容量(能力)は，最大連続負荷の状態で，1時間に消費する燃料量で示される。

D　ボイラー効率を算定するとき，燃料の発熱量は，一般に低発熱量を用いる。

(1)　A，B，D
(2)　A，C
(3)　A，C，D
(4)　A，D
(5)　B，C

〔解説〕

A，B，C　蒸気ボイラーの容量（能力）は，最大連続負荷の状態で1時間に発生する蒸発量〔kg/h又はt/h〕で示される。ただし，蒸気の発生に要する熱量は，蒸気の圧力，温度及び給水の温度によって異なるので，ボイラー容量を，次に述べる換算蒸発量によって示す場合もある。

換算蒸発量（基準蒸発量又は相当蒸発量ともいわれる）は，実際に給水から所要蒸気を発生させるのに要した熱量を，基準状態すなわち100℃の飽和水を蒸発させて100℃の飽和蒸気とする場合の熱量2,257 kJ/kgで除したものである。すなわち，Gを実際蒸発量（kg/h），h_1，h_2をそれぞれ給水及び発生蒸気の比エンタルピ（kJ/kg）とすると，換算蒸発量G_eは，式（1.1）で求められる。

$$G_e = \frac{G\ (h_2 - h_1)}{2,257}\ (\mathrm{kg/h}) \quad\cdots\cdots\cdots\cdots\cdots\cdots\cdots\cdots\cdots\cdots\cdots\cdots\cdots\cdots\cdots (1.1)$$

したがって，問の(3)換算蒸発量の記述内容で，0℃の水を蒸発させて100℃の飽和蒸気とする熱量で除したものというのは，誤りである。正しくは，100℃の飽和水を100℃の飽和蒸気とする熱量の2,257 kJ/kgで除したものである。

D　ボイラー効率とは，全供給熱量に対する発生蒸気の吸収熱量の割合をいい，その算定方法は，式（1.2）のとおりである。その燃料の発熱量は，一般に低発熱量を用いる。

$$ボイラー効率 = \frac{G\ (h_2 - h_1)}{(F)\ \times (H_l)} \times 100\ (\%) \quad\cdots\cdots\cdots\cdots\cdots\cdots\cdots\cdots\cdots\cdots (1.2)$$

G，h_1，h_2は式（1.1）と同じである。
Fは燃料消費量（kg/h又は$\mathrm{m^3_N/h}$）
H_lは燃料低発熱量（kJ/kg又は$\mathrm{kJ/m^3_N}$）である。

〔答〕　(4)
〔ポイント〕　ボイラーの容量の算定式及び効率の算定式を理解すること「最短合格1.1.2」，「教本1.2.2」。

問3　ボイラーの水循環について，誤っているものは次のうちどれか。

(1)　ボイラー内で，温度が上昇した水及び気泡を含んだ水は上昇し，その後に温度の低い水が下降して，水の循環流ができる。
(2)　丸ボイラーは，伝熱面の多くがボイラー水中に設けられ，水の対流が困難なので，水循環の系路を構成する必要がある。
(3)　水管ボイラーは，水循環を良くするため，水と気泡の混合体が上昇する管と，水が下降する管を区別して設けているものが多い。
(4)　自然循環式水管ボイラーは，高圧になるほど蒸気と水との密度差が小さくなり，循環力が弱くなる。
(5)　水循環が良いと熱が水に十分に伝わり，伝熱面温度は水温に近い温度に保たれる。

〔解説〕
(1), (5)　ボイラーでは，伝熱面に接触している水及び気泡を含んだ水が上昇し，その後に温度の低い水が下降してくる。このようにボイラー内に自然に水の循環流ができ，次々に蒸気を発生する。気泡を含んだ水は水面に達し蒸気を分離した後，下降して循環する。

　　循環が良いと熱が水に十分伝わり，伝熱面温度も水温に近い温度に保たれるが，反対に循環が不良であると気泡が停滞したりして伝熱面の焼損，膨出などの原因となる。
(2)　丸ボイラーの伝熱面は水部中にあり，特別な水の循環系路を構成しなくても水の対流により循環する。
(3), (4)　水管ボイラーでは，特に水の循環を良くするために，水の気泡の混合体が上昇する管（上昇管，蒸発管）と，水が下降する管（下降管，降水管）を設けて，下降管と上昇管の密度差（kg/m³）により循環するが，高圧になるにしたがって，蒸気の密度は大きくなるため，下降管と上昇管の密度差は小さくなるので水の循環力は弱くなる。

　　問の(2)の記述において，水の対流が困難なので，水循環の系路を構成する必要があるという記述は誤りである。正しくは，特別な水の循環系路を構成しなくても水の対流により循環する。

〔答〕　(2)

〔ポイント〕　ボイラーにおける蒸気の発生と水循環について理解すること「最短合格1.3.2，1.5.3」「教本1.1.3，1.4.2」。

令4前　令3後　令3後　令2後　令2前　令1後

ボイラーの構造

令4前　令3後　令3前　令2前　令2前　令1後

ボイラーの取扱い

令4前　令3後　令3前　令2前　令2前　令1後

燃料及び燃焼

令4前　令3後　令2前　令2前　令1後

関係法令

問4 ボイラーに使用される次の管類のうち，伝熱管に分類されないものはどれか。

(1) 煙管
(2) 水管
(3) 主蒸気管
(4) エコノマイザ管
(5) 過熱管

〔解説〕 ボイラーに使用される伝熱管には，ボイラー本体に使われている煙管・水管及び附属設備のエコノマイザ管と過熱管がある。
　　主蒸気管は，蒸気を送るために用いられる管であって伝熱管ではない。したがって，答えは問の(3)である。

(1) 煙管は丸ボイラーの炉筒煙管ボイラーなどの伝熱管である。
(2) 水管はボイラーの伝熱管である。
(4)，(5) は付属設備であるエコノマイザ及び過熱器の伝熱管である。

〔答〕 (3)

〔ポイント〕 ボイラーの管には，伝熱管と配管がある「最短合格1.6.7」，「教本1.7.7」。

問5 鋳鉄製ボイラーについて，誤っているものは次のうちどれか。

(1) 蒸気ボイラーの場合，その使用圧力は1MPa以下に限られる。
(2) 暖房用蒸気ボイラーでは，原則として復水を循環使用する。
(3) 暖房用蒸気ボイラーの返り管の取付けには，ハートフォード式連結法が用いられる。
(4) ウェットボトム式は，ボイラー底部にも水を循環させる構造となっている。
(5) 鋼製ボイラーに比べ，腐食には強いが強度は弱い。

〔解説〕　鋳鉄製ボイラーは，主として暖房用の低圧の蒸気発生用又は温水ボイラーとして使用されている。ただし，使用圧力は，蒸気ボイラーのときは0.1 MPa以下，温水ボイラーのときは0.5 MPa以下（破壊試験を行ったものは1 MPaまで），温水温度120℃以下に限られる。

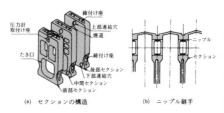

図1　セクションの構造及びニップル継手

したがって，問の(1)の記述は誤りである。

鋳鉄製ボイラーは鋼よりも脆く，熱による不同膨張によって割れが生じやすい。そのため，ボイラーへ送る給水はボイラー水との温度差を極力少なくするために，原則として復水を循環して使用する。そして，給水管はボイラー本体に直接取り付けないで返り管に取り付ける（図1）。

蒸気暖房返り管は，万一，返り管系が空の状態になったときでも，蒸気ボイラーには少なくとも安全低水面近くまでボイラー水が残るようなハートフォード式連結法（図1）が用いられる。その返り管の取付け

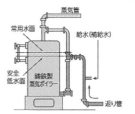

図2　ハートフォード式連結法（蒸気ボイラー）

位置は，重力循環式の場合は安全低水面に一致させるが，ポンプ循環方式では安全低水面以下の150 mm以内に取り付ける。ウォーターハンマを防止するためである（図1）。

鋳鉄製ボイラーは，鋳鉄製のセクションをいくつか前後に並べて組み合わせたもので，下部は燃焼室，上部の窓は煙道となる。各セクションは，上部に蒸気部連絡口，下部に水部連絡口をそれぞれ備えており，この穴の部分にこう配のついたニップルをはめて結合（図2）し，かつ，外部のボルトで締めつけて組み立てられる。最近，ボイラーの伝熱面積を増加させるために，ボイラー底部に水を循環させるウェット形構造のものが多く用いられている。ドライボトム形構造とは，ボイラー底部に水を循環していないものをいう。

〔答〕　(1)

〔ポイント〕　鋳鉄製ボイラーの構造・特徴及び返り管と給水管の取付け位置について理解すること「最短合格1.4.2，1.4.5」，「教本1.5」。

問6　ボイラーに使用される計測器について，誤っているものは次のうちどれか。

(1)　ブルドン管圧力計は，断面が真円形の管をU字状に曲げたブルドン管に圧力が加わると，圧力の大きさに応じて円弧が広がることを利用している。
(2)　差圧式流量計は，流体が流れている管の中に絞りを挿入すると，入口と出口との間に流量の二乗に比例する圧力差が生じることを利用している。
(3)　容積式流量計は，ケーシングの中で，だ円形歯車を2個組み合わせ，これを流体の流れによって回転させると，流量が歯車の回転数に比例することを利用している。
(4)　平形反射式水面計は，ガラスの前面から見ると水部は光線が通って黒色に見え，蒸気部は光線が反射されて白色に光って見える。
(5)　U字管式通風計は，計測する場所の空気又はガスの圧力と大気圧との差圧を水柱で示す。

〔解説〕
(1)　圧力計は一般的に，ブルドン管式のものが使用される。

　　圧力計のブルドン管は扁平（図1）な管を円弧状に曲げ，その一端を固定し，他端を閉じて自由に動けるようにしたもので，その先に歯付扇形片をかみ合わせる。ブルドン管に圧力が加わると，ブルドン管の円弧が広がり歯付扇形片が動く。その結果，これにかみ合う小歯車が回転し，その軸に取り付けられている指針の動きから圧力を知るのである。その指示圧力は，大気圧との差圧のゲージ圧力を示す。

図1　ブルドン管断面

　　したがって，問の(1)の記述内容は，断面が真円形の管であり誤りである。
(2)　差圧式流量計は，オリフィス又はベンチュリ管の入口と出口との圧力差を測る。この差圧は，流体の流量の二乗に比例する（図2）。

図2　差圧式流量計

$$W^2 = C \cdot (P_1 - P_2)$$
　　　　W：流量
　　　　C：流量係数
　　　　$P_1 - P_2$：差圧

(3)　容積式流量計は，ケーシングの中にだ円形歯車を2個組合わせたもので，流量は歯車の回転数に比例するため，この回転数を測定して流量を測る。
(4)　水面計の種類には，丸形ガラス，平形反射式，平形透視式及び二色水面計等がある。平形反射式水面計は，裏面に三角形の溝をつけた平形のガラスを組み込んだもので，光の通過と反射の作用により水部は黒色に，蒸気部は白色に光って見える。
(5)　U字管式通風計は，炉内又は煙風道内の通風力（ドラフト）を測る計器である。通風力は，水柱の差圧で表す。

〔答〕　(1)
〔ポイント〕　ボイラーに使用する計測器について理解すること「最短合格1.7.1」，「教本1.8.1」。

問7 ボイラーの自動制御について，誤っているものは次のうちどれか。

(1) オンオフ動作による蒸気圧力制御は，蒸気圧力の変動によって，燃焼又は燃焼停止のいずれかの状態をとる。
(2) ハイ・ロー・オフ動作による蒸気圧力制御は，蒸気圧力の変動によって，高燃焼，低燃焼又は燃焼停止のいずれかの状態をとる。
(3) 比例動作による制御は，オフセットが現れた場合にオフセットがなくなるように動作する制御である。
(4) 積分動作による制御は，偏差の時間積分値に比例して操作量を増減するように動作する制御である。
(5) 微分動作による制御は，偏差が変化する速度に比例して操作量を増減するように動作する制御である。

〔解説〕 ボイラーの自動制御には，シーケンス制御とフィードバック制御がある。

この問題は，フィードバック制御の動作に関する問題である。

フィードバック制御とは，操作の結果得られた制御量の値（圧力，水位など）を目標値と比較して，それらを一致させるような動作を繰り返す制御のことであり，以下の動作をいう。

検出部から得られた制御量の値を目標値と比較し，その偏差に対する操作信号を作る調節器の制御動作を分類すれば，オンオフ動作，ハイ・ロー・オフ動作，比例動作，積分動作及び微分動作となる。

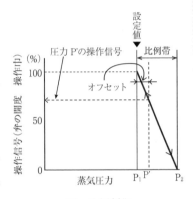

図 比例制御

① オンオフ動作は，制御偏差が設定値に対し正であるか負であるかによって制御するものであるので，動作すき間の設定が必要である。
② ハイ・ロー・オフ動作は，設定圧力を2段階に分けて，高燃焼（ハイ）と低燃焼（ロー）及び停止（オフ）の3段階の制御をするものである。
③ 比例動作は，偏差の大きさに比例して操作量を増減するように動作するものである（図）。蒸気圧力が設定値より少し異なった値P'でつり合う。これを偏差（オフセット）という。
④ 積分動作は，制御偏差量に比例した速度で操作量を増減するように動作するもので，オフセットが現れた場合に，オフセットをなくすように動く。
⑤ 微分動作による制御は，偏差が変化する速度に比例して操作量を増減するように動作するもので，外乱（負荷の急激な変動など）が大きい場合，制御結果が大きく変動するのを防ぐことができる制御である。

したがって，問の(3)の記述内容は積分動作による制御である。比例動作の制御は解説③に示すようにオフセットはなくならない。

〔答〕 (3)
〔ポイント〕 各調節器の制御動作について理解すること「最短合格1.8.2 ②」，「教本1.9.2」。

問8 ボイラーの給水系統装置について，誤っているものは次のうちどれか。

(1) ボイラーに給水する遠心ポンプは，多数の羽根を有する羽根車をケーシング内で回転させ，遠心作用により水に圧力及び速度エネルギーを与える。
(2) 遠心ポンプは，案内羽根を有するディフューザポンプと有しない渦巻ポンプに分類される。
(3) 渦流ポンプは，円周流ポンプとも呼ばれているもので，小容量の蒸気ボイラーなどに用いられる。
(4) 給水弁と給水逆止め弁をボイラーに取り付ける場合は，ボイラーに近い側に給水逆止め弁を取り付ける。
(5) 給水内管は，一般に長い鋼管に多数の穴を設けたもので，胴又は蒸気ドラム内の安全低水面よりやや下方に取り付ける。

〔解説〕

(1), (2), (3) ボイラーに給水するポンプには，遠心ポンプ（ディフューザポンプと渦巻ポンプ）及び渦流ポンプ（円周流ポンプ）がある。

遠心ポンプは，羽根車をケーシング内で回転させ，遠心作用によって水に圧力及び速度エネルギーを与えるものである。羽根車の中心から吸い込まれた水は，半径方向外向きに流れ，速度エネルギーは渦巻室（ボリュートケーシング）を通過する間に圧力エネルギーに変換され，吐出し口から外に出る。

ディフューザポンプは，羽根車の周辺に案内羽根をもつもので，高圧・大容量ボイラーには多段式のものが用いられる。

渦巻ポンプは，羽根車の周辺に案内羽根のないもので，一般に低圧・中小容量のボイラーに用いられる。

特殊ポンプの渦流ポンプは，円周流ポンプとも呼ばれ，小さい吐出流量で高い揚程が得られる。小容量のボイラーに用いられる。

(4) ボイラー又はエコノマイザ入口には，給水弁及び逆止め弁を取り付けなければならない。給水弁をボイラーに近い側に取り付ける。逆止め弁が故障の場合，給水弁を閉止して，ボイラー水をボイラーに残したままで逆止め弁を修理することができるようにするためである。なお，給水弁はアングル弁又は玉形弁が用いられ，給水逆止め弁には，スイング式又はリフト式が用いられる（図）。

したがって，問の(4)の記述内容は，弁の順序が逆であり誤りである。

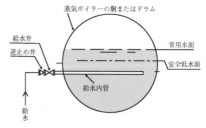

図 給水弁及び給水管内と水面との関係位置

(5) 給水内管は，ボイラー水より低い温度の水をボイラー側の1箇所に集中して送り込まないようにするために，多数の小さな穴を設け，ボイラー胴内部の広い範囲に給水を配分する構造としたものである。また，給水内管の位置は，図に示すようにボイラー水面が安全低水面まで低下しても，水面より上に現れないよう安全低水面よりやや下方に置く。

〔答〕 (4)

〔ポイント〕 ボイラー用給水系統装置について理解すること「最短合格1.7.4」，「教本1.8.4」。

令4前 令3後 令3前 令2後 令2前 令1後
ボイラーの構造

令4前 令3後 令3前 令2後 令2前 令1後
ボイラーの取扱い

令4前 令3後 令3前 令2後 令2前 令1後
燃料及び燃焼

令4前 令3後 令2後 令2前 令1後
関係法令

問9　ボイラーのエコノマイザなどについて，誤っているものは次のうちどれか。

(1)　エコノマイザは，煙道ガスの余熱を回収して給水の予熱に利用する装置である。

(2)　エコノマイザ管は，エコノマイザに給水するための給水管である。

(3)　エコノマイザを設置すると，ボイラー効率を向上させ燃料が節約できる。

(4)　エコノマイザを設置すると，通風抵抗が多少増加する。

(5)　エコノマイザは，燃料の性状によっては低温腐食を起こすことがある。

〔解説〕

(1)　エコノマイザは，ボイラーから排出されるガスの熱を回収して，ボイラーの給水を予熱する附属設備である。

(2)　エコノマイザに使用される伝熱管は，鋼管が多く使われるが，まれに腐食に強い鋳鉄管が使用される。

　　問の(2)において，エコノマイザ管は，伝熱管なので，エコノマイザに給水するための給水管である。という記述は誤りである。

(3)　ボイラー排ガスの余熱を回収することにより，排ガスによってボイラーの外へ持ち出される熱量が少なくなるので，ボイラーの熱効率が向上し燃料の節約になる。

(4)　エコノマイザは煙道に設けられるため，通風損失が増加する。そのため，ファンの消費動力が多少増加する。

(5)　いおう分のある燃料を使用する場合，エコノマイザの伝熱面の温度が給水温度により低くなることによって，エコノマイザの低温部で低温腐食を起こすことがある。

〔答〕　(2)

〔ポイント〕　エコノマイザを設置した場合の利点と欠点と低温腐食について理解すること「最短合格1.7.7 ②」，「教本1.8.7 (2)」。

問10 温水ボイラー及び蒸気ボイラーの附属品について，誤っているものは次のうちどれか。

(1) 水高計は，温水ボイラーの圧力を測る計器であり，蒸気ボイラーの圧力計に相当する。
(2) 温水ボイラーの温度計は，ボイラー水が最高温度となる箇所の見やすい位置に取り付ける。
(3) 温水ボイラーの逃がし管は，ボイラー水の膨張分を逃がすためのもので，高所に設けた開放型膨張タンクに直結させる。
(4) 逃がし弁は，暖房用蒸気ボイラーで，発生蒸気の圧力と使用箇所での蒸気圧力の差が大きいときの調節弁として用いられる。
(5) 凝縮水給水ポンプは，重力還水式の暖房用蒸気ボイラーで，凝縮水をボイラーに押し込むために用いられる。

〔解説〕

(1)，(2) 温水ボイラーの附属品として，水高計，温度計が取り付けられる。水高計は，温水ボイラーの圧力を測る計器で，蒸気ボイラーの圧力計に相当する。また，温度計は温水ボイラーの温水温度を測る計器で，温水ボイラー本体，または温水出口配管に取り付けられる。

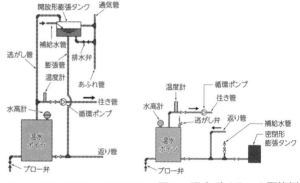

図1 温水ボイラーの配管例 図2 温水ボイラーの配管例
（開放形膨脹タンク方式） （密閉形膨脹タンク方式）

(3)，(4) 温水ボイラーの安全装置としては，一般に逃がし管（図1 開放形膨張タンク方式）が使用されるが，密閉式の場合は，逃がし管の代わりに逃がし弁（ボイラー本体に取り付ける）（図2）を使用する。なお，図1の開放形の場合の逃がし管には，途中に弁やコックを設けてはならない。また，内部の水が凍結するおそれがある場合には，保温その他の措置を講じること。

逃がし弁は，温水ボイラーの安全装置として使用される。したがって，問の(4)の記述は誤りである。

(5) 凝縮水給水ポンプは，重力還水式の蒸気暖房装置に用いられるポンプである。凝縮水は凝縮水槽まで自重によって自然流下し，それから先，ボイラーに押し込むのにこのポンプが用いられる。

このポンプは凝縮水槽（レシーバ），モータ直結渦巻ポンプ，自動スイッチ及びレシーバ内のフロートから構成されている。

〔答〕 (4)
〔ポイント〕 温水ボイラーの附属品及び循環装置について理解すること「最短合格1.7.6」，「教本1.8.6」。

問1 次の文中の　　　内に入れるＡ及びＢの語句の組合せとして，正しいものは(1)
〜(5)のうちどれか。

　「温度が一定でない物体の内部で温度の高い部分から低い部分へ，順次，熱が
伝わる現象を　Ａ　といい，高温流体から固体壁を通して，低温流体へ熱が移
動する現象を　Ｂ　という。」

	Ａ	Ｂ
(1)	熱貫流	熱伝達
(2)	熱貫流	熱伝導
(3)	熱伝達	熱伝導
(4)	熱伝導	熱貫流
(5)	熱伝導	熱伝達

〔解説〕

　　熱は，温度の高い部分から低い部分に移動す
る。この現象を伝熱といい，伝熱作用は，①熱伝
導，②熱伝達（対流），③放射伝熱の三つに分け
ることができる。

　固体壁の一面に高温の流体，他面に低温の流体
が接していると，固体壁を通して高温流体から低
温流体への熱の移動が行われる。この現象を熱貫
流又は熱通過という。これは，熱伝達と熱伝導が
総合されたものである（図参照）。

　　正しい組合せは，問の(4)である。
　Ａ：熱伝導
　Ｂ：熱貫流

図　平板壁の熱移動

〔答〕　(4)

〔ポイント〕　ボイラーにおける伝熱について理解すること「最短合格1.5.4」「教本
1.1.4」。

問2 水管ボイラーについて，誤っているものは次のうちどれか。

(1) 自然循環式水管ボイラーは，高圧になるほど蒸気と水との密度差が大きくなり，ボイラー水の循環力が強くなる。
(2) 強制循環式水管ボイラーは，ボイラー水の循環系路中に設けたポンプによって，強制的にボイラー水の循環を行わせる。
(3) 二胴形水管ボイラーは，炉壁内面に水管を配した水冷壁と，上下ドラムを連絡する水管群を組み合わせた形式のものが一般的である。
(4) 高圧大容量の水管ボイラーには，炉壁全面が水冷壁で，蒸発部の対流伝熱面が少ない放射形ボイラーが多く用いられる。
(5) 水管ボイラーは，給水及びボイラー水の処理に注意を要し，特に高圧ボイラーでは厳密な水管理を行う必要がある。

〔解説〕

(1), (3), (4) 水管ボイラーでは，特に水の循環を良くするために，水と気泡の混合体が上昇する管（上昇管，蒸発管）と，水が下降する管（下降管，降水管）を設けて，下降管と上昇管の密度差（kg/m³）により循環するが，高圧になるにしたがって，蒸気の密度は大きくなるため，下降管と上昇管の密度差は小さくなり，水の循環力は弱くなる。

① 低・中圧の水管ボイラーは，上下ドラムを連絡する水管群を組み合わせた二胴形水管ボイラー（図(a)）の形式のものが一般的である。

② 高圧大容量の水管ボイラーは，蒸発部の対流伝熱面が少ない放射形ボイラー（図(b)）が多く用いられる。

したがって，問の(1)の記述において，高圧になるほど蒸気と水との密度差が大きくなり，循環力が強くなるという記述は誤りである。

(2) 水管ボイラーの形式は，ボイラー水の流動方式により，自然に循環する自然循環式，循環ポンプにより強制的に循環する強制循環式及び給水ポンプにより管系の一端から押し込まれた水が他端から所要の蒸気となって取り出される貫流式がある。

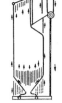

(a) 蒸気ドラムと水ド　(b) 各種の組合せ
　　ラムからなる場合　　　からなる場合

（↑印は上昇管を，↓印は降水管を示す。）

図 水管ボイラーにおける水循環

(5) 給水及びボイラー水の水処理に注意を要する。特に高圧ボイラーでは，厳密な水管理を行わなければならない。

〔答〕 (1)

〔ポイント〕 自然循環式水管ボイラーの循環力はボイラー水と蒸気との密度差である。高圧になるほど，蒸気と水との密度差が小さくなって循環力が弱くなる「最短合格1.3.2, 1.5.3」「教本1.1.3, 1.4.2, 1.4.3」。

問3　ボイラーの鏡板について，誤っているものは次のうちどれか。
(1)　鏡板は，胴又はドラムの両端を覆っている部分をいい，煙管ボイラーのように管を取り付ける鏡板は，特に管板という。
(2)　鏡板は，その形状によって，平鏡板，皿形鏡板，半だ円体形鏡板及び全半球形鏡板に分けられる。
(3)　平鏡板の大径のものや高い圧力を受けるものは，内部の圧力によって生じる曲げ応力に対して，強度を確保するためステーによって補強する。
(4)　皿形鏡板は，球面殻，環状殻及び円筒殻から成っている。
(5)　皿形鏡板は，同材質，同径及び同厚の場合，半だ円体形鏡板に比べて強度が強い。

〔解説〕
(1)　胴又はドラムの両端を覆っている部分を鏡板という。煙管ボイラー及び炉筒煙管ボイラーのように管を取り付ける鏡板は管板ともいい，一般にころ広げなど管の取り付けやすさから平鏡板が多く使用される。

(2),(5)　鏡板は，その形状によって平鏡板，皿形鏡板，半だ円体形鏡板，全半球形鏡板の4種類に分けられる（図1）。そのうち，皿形鏡板，半だ円体形鏡板，全半球形鏡板は球面の一部から成っている。

　　強度については，全半球形鏡板が最も強く，半だ円体形鏡板，皿形鏡板，平鏡板の順に弱くなる。

　　したがって，問の(5)の記述は誤りである。

　　正しくは，皿形鏡板は，半だ円体形鏡板に比べて強度は弱いである。

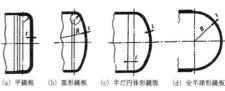

(a) 平鏡板　(b) 皿形鏡板　(c) 半だ円体形鏡版　(d) 全半球形鏡板

図1　鏡板の種類

(3)　平鏡板は，内部圧力によって曲げ応力が生じるので，大径のもの又は圧力が高いものはステーによって補強する必要がある。

(4)　皿形鏡板は図2に示すように，球面殻部（O−A），環状殻部（A−B）及び円筒殻部（B−C）から成っている。

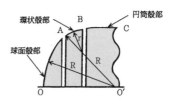

環状殻部　B　円筒殻部
A　r　C
球面殻部　R　R
O　O'

図2　皿形鏡板を構成する三つの曲線

〔答〕　(5)

〔ポイント〕　胴又はドラムに使われる鏡板の種類と強度について理解すること「最短合格1.6.2」，「教本1.7.2」。

問4　鋳鉄製蒸気ボイラーについて，誤っているものは次のうちどれか。

(1) 各セクションは，蒸気部連絡口及び水部連絡口の穴の部分にニップルをはめて結合し，セクション締付ボルトで締め付けて組み立てられている。
(2) 鋳鉄製のため，鋼製ボイラーに比べ，強度が強く，腐食にも強い。
(3) 加圧燃焼方式を採用して，ボイラー効率を高めたものがある。
(4) セクションの数は20程度までで，伝熱面積は50 m²程度までが一般的である。
(5) 多数のスタッドを取り付けたセクションによって，伝熱面積を増加させることができる。

〔解説〕

(1), (3), (4), (5) 鋳鉄製ボイラーは鋳鉄製のセクションを幾つか前後に並べて組み合わせたもので，下部は燃焼室，上部の窓は煙道となる。各セクションは，上部に蒸気部連絡口，下部に水部連絡口をそれぞれ備えており，この穴の部分にこう配のついたニップルをはめて結合（図(a), (b)）し，かつ，外部のボルトで絞めつけて組み立てられる。

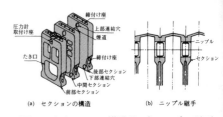

図　セクションの構造及びニップル継手

　最近の鋳鉄製ボイラーは，多数のスタッドを取り付けたセクションによって，伝熱面積を増加させて，燃焼方式は，加圧燃焼として，ボイラー効率を高めたものがある。

　また，セクションの数は20程度までで，伝熱面積50 m²程度までが一般的である。

(2) 鋼製ボイラーに比べて強度が弱いため，高圧及び大容量には適さないが腐食には強い。

　したがって，問の(2)の記述は誤りである。

〔答〕　(2)

〔ポイント〕　鋳鉄製ボイラーの構造・特徴について理解すること「最短合格1.4」，「教本1.5」。

問5 ボイラーに使用する計測器について，誤っているものは次のうちどれか。

(1) ブルドン管圧力計は，断面が扁平な管を円弧状に曲げたブルドン管に圧力が加わると，圧力の大きさに応じて円弧が広がることを利用している。

(2) 差圧式流量計は，流体が流れている管の中に絞りを挿入すると，入口と出口との間に流量の二乗に比例する圧力差が生じることを利用している。

(3) 容積式流量計は，だ円形のケーシングの中で，だ円形歯車を2個組み合わせ，これを流体の流れによって回転させると，流量が歯車の回転数に比例することを利用している。

(4) 平形反射式水面計は，光線の屈折率の差を利用したもので，蒸気部は赤色に，水部は緑色に見える。

(5) U字管式通風計は，計測する場所の空気又はガスの圧力と大気圧との差圧を水柱で示す。

〔解説〕

(1) 圧力計は一般的に，ブルドン管式のものが使用される。

　圧力計のブルドン管は扁平（図1）な管を円弧状に曲げ，その一端を固定し，他端を閉じて自由に動けるようにしたもので，その先に歯付扇形片をかみ合わせる。ブルドン管に圧力が加わると，ブルドン管の円弧が広がり歯付扇形片が動く。その結果，これにかみ合う小歯車が回転し，その軸に取り付けられている指針の動きから圧力を知るのである。その指示圧力は，大気圧との差圧のゲージ圧力を示す。

図1　ブルドン管断面

(2) 差圧式流量計は，オリフィス又はベンチュリ管の入口と出口との圧力差を測る。この差圧は，流体の流量の二乗に比例する（図2）。

図2　差圧式流量計

$$W^2 = C \cdot (P_1 - P_2)$$

　　W：流量

　　C：流量係数

　　$P_1 - P_2$：差圧

(3) 容積式流量計は，ケーシングの中にだ円形歯車を2個組合わせたもので，流量は歯車の回転数に比例するため，この回転数を測定して流量を測る。

(4) 水面計の種類には，丸形ガラス，平形反射式，平形透視式及び二色水面計等がある。平形反射式水面計は，裏面に三角形の溝をつけた平形のガラスを組み込んだもので，光の通過と反射の作用により水部は黒色に，蒸気部は白色に光って見える。

　したがって，問の(4)の記述内容は，二色式水面計であり誤りである。

(5) U字管式通風計は，炉内又は煙風道内の通風力（ドラフト）を測る計器である。通風力は，水柱の差圧である。

〔答〕　(4)

〔ポイント〕　ボイラーに使用する計測器について理解すること「最短合格1.7.1」，「教本1.8.1」。

問6 ボイラーの燃焼装置及び燃焼安全装置に求められる要件について，誤っているものは次のうちどれか。

(1) 燃焼装置は，燃焼が停止した後に，燃料が燃焼室内に流入しない構造のものであること。
(2) 燃焼装置は，燃料漏れの点検・保守が容易な構造のものであること。
(3) 燃焼安全装置は，ファンが異常停止した場合に，主バーナへの燃料の供給を直ちに遮断する機能を有するものであること。
(4) 燃焼安全装置は，異常消火の場合に，主バーナへの燃料の供給を直ちに遮断し，修復後は手動又は自動で再起動する機能を有するものであること。
(5) 燃焼装置には，主安全制御器，火炎検出器，燃料遮断弁などで構成される信頼性の高い燃焼安全装置が設けられていること。

〔解説〕
(1)，(2)，(3)，(4)，(5)　燃焼安全装置は，火炎検出器からの火炎の状況，各種の制限器からの情報を取り入れて燃料遮断弁を閉止して，ボイラーの運転を停止し，ボイラーの事故を未然に防ぐためのものである（図1，2）。

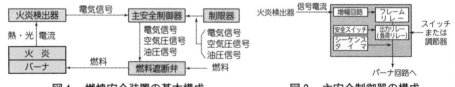

図1　燃焼安全装置の基本構成　　　　図2　主安全制御器の構成

燃焼安全装置に，求められる主な要件
① 燃焼装置は燃焼が停止した後，燃料が燃焼室内に流入しない構造で点検保守が容易な構造であること。
② 燃焼安全装置は，ファンが異常停止及び異常消火の場合，主バーナへの燃料の供給を直ちに遮断すること。
　また，遮断した場合，手動による操作をしない限り，再起動できない機能を有する。

したがって，問の(4)において，燃料遮断し，修復後は手動又は自動で再起動する機能を有するという記述は誤りである。

〔答〕　(4)

〔ポイント〕　燃焼安全装置について理解すること「最短合格1.8.4 ④」，「教本1.9.4 (5)」。

問7 ボイラーの吹出し装置について，誤っているものは次のうちどれか。

(1) 吹出し弁には，スラッジなどによる故障を避けるため，玉形弁又はアングル弁が用いられる。

(2) 最高使用圧力1 MPa未満のボイラーでは，吹出し弁の代わりに吹出しコックが用いられることが多い。

(3) 大形のボイラー及び高圧のボイラーには，2個の吹出し弁を直列に設け，第一吹出し弁に急開弁，第二吹出し弁に漸開弁を取り付ける。

(4) 連続運転するボイラーでは，ボイラー水の不純物濃度を一定に保つため，連続吹出し装置が用いられる。

(5) 連続吹出し装置の吹出し管は，胴や蒸気ドラムの水面近くに取り付ける。

〔解説〕

(1)，(2)，(3) ボイラーの給水中に含まれる不純物は，ボイラー内で水の蒸発とともに次第に濃縮し，また，沈殿物となる。

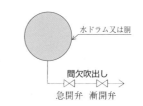

図 間欠吹出し装置の吹出し弁の取付け方

ボイラー水の濃度を下げ，かつ，沈殿物を排出するため，胴又は水ドラム底部などの沈殿物のたまりやすい箇所に吹出し管及び吹出し弁を取り付ける。

吹出し弁は，スラッジなどによる故障を避けるため，玉形弁又はアングル弁を避け仕切弁又はY形弁が用いられる。1 MPa未満のボイラーでは，吹出し弁の代わりに吹出しコックが用いられる。

大形及び高圧のボイラーには，2個の吹出し弁を直列に設ける（図）。

したがって，問の(1)において，吹出し弁に玉形弁又はアングル弁が用いられるという記述は誤りである。

(4)，(5) 連続運転中のボイラーでは，ボイラー水が濃縮し，スケールやスラッジとなり，腐食及び伝熱部の過熱の原因となる。また，キャリオーバの発生原因ともなる。このため，連続吹出し装置は蒸発残留物の濃度を下げてボイラー水の濃度を一定に保つために，胴内の水面近くに設けられた吹出し内管から調節弁によって，ボイラー水を少量ずつ連続的に吹出すものである。その吹出したボイラー水の熱は，熱交換器，フラッシュタンク等により熱回収が行われる。

この装置は，一般に大きい容量のボイラーに多く使用されている。

〔答〕 (1)

〔ポイント〕 ボイラーの吹出し装置には，胴又は水ドラム底部に設けられる間欠吹出し装置と，胴又は蒸気ドラムの水面近くに設けられる連続吹出し装置がある「最短合格1.7.5」，「教本1.8.5」。

問 8 ボイラーの給水系統装置について，誤っているものは次のうちどれか。

(1) ボイラーに給水する遠心ポンプは，多数の羽根を有する羽根車をケーシング内で回転させ，遠心作用により水に水圧及び速度エネルギーを与える。
(2) 遠心ポンプは，案内羽根を有するディフューザポンプと有しない渦巻ポンプに分類される。
(3) 渦流ポンプは，円周流ポンプとも呼ばれているもので，小容量の蒸気ボイラーなどに用いられる。
(4) ボイラー又はエコノマイザの入口近くには，給水弁と給水逆止め弁を設ける。
(5) 給水内管は，一般に長い鋼管に多数の穴を設けたもので，胴又は蒸気ドラム内の安全低水面よりやや上方に取り付ける。

〔解説〕

(1), (2), (3) ボイラーに給水するポンプには，遠心ポンプ（ディフューザポンプと渦巻ポンプ）及び渦流ポンプ（円周流ポンプ）がある。

遠心ポンプは，羽根車をケーシング内で回転させ，遠心作用によって水に圧力及び速度エネルギーを与えるものである。羽根車の中心から吸い込まれた水は，半径方向外向きに流れ，速度エネルギーは渦巻室（ボリュートケーシング）を通過する間に圧力エネルギーに変換され，吐出し口から外に出る。

ディフューザポンプは，羽根車の周辺に案内羽根をもつもので，高圧・大容量ボイラーには多段式のものが用いられる。

渦巻ポンプは，羽根車の周辺に案内羽根のないもので，一般に低圧・中小容量のボイラーに用いられる。

特殊ポンプの渦流ポンプは，円周流ポンプとも呼ばれ，小さい吐出流量で高い揚程が得られる。小容量のボイラーに用いられる。

(4) ボイラー又はエコノマイザ入口には，給水弁及び逆止め弁を取り付けなければならない。給水弁をボイラーに近い側に取り付ける。逆止め弁が故障の場合，給水弁を閉止して，ボイラー水をボイラーに残したままで逆止め弁を修理することができるようにするためである。なお，給水弁はアングル弁又は玉形弁が用いられ，給水逆止め弁には，スイング式又はリフト式が用いられる（図）。

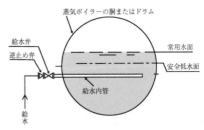

図 給水弁及び給水管内と水面との関係位置

(5) 給水内管は，ボイラー水より低い温度の水をボイラー側の1箇所に集中して送り込まないようにするために，多数の小さな穴を設け，ボイラー胴内部の広い範囲に給水を配分する構造としたものである。また，給水内管の位置は，図に示すようにボイラー水面が安全低水面まで低下しても，水面より上に現れないよう安全低水面よりやや下方に置く。

問の(5)において，給水内管は安全低水面よりやや上方に取り付けるという記述は誤りで，正しくは，やや下方に取り付けるである。

〔答〕 (5)

〔ポイント〕 ボイラー用給水系統装置について理解すること「最短合格1.7.4」，「教本1.8.4」。

54

令4前 令3後 令3前 令2後 令2前 令1後

ボイラーの構造

ボイラーの取扱い

燃料及び燃焼

関係法令

令4前 令3後 令3前 令2前 令1後 令4前 令3後 令3前 令2前 令1後 令4前 令3後 令3前 令2前 令1後

問9 ボイラーのシーケンス制御回路に使用される電気部品について，誤っているものは次のうちどれか。

(1) 電磁継電器は，コイルに電流が流れて鉄心が励磁され，吸着片を引き付けることによって接点を切り替える。

(2) 電磁継電器のブレーク接点（b接点）は，コイルに電流が流れると閉となり，電流が流れないと開となる。

(3) 電磁継電器のブレーク接点（b接点）を用いることによって，入力信号に対して出力信号を反転させることができる。

(4) タイマは，適当な時間の遅れをとって接点を開閉するリレーで，シーケンス回路によって行う自動制御回路に多く利用される。

(5) リミットスイッチは，物体の位置を検出し，その位置に応じた制御動作を行うために用いられるもので，マイクロスイッチや近接スイッチがある。

〔解説〕

　　シーケンス制御回路に使用される電気部品の問題である。

(1), (2), (3)　電磁継電器は，鉄心に巻かれたソレノイド（円筒状コイル）に電流を流すと，鉄心を通して磁力線が発生し，鉄心には電磁石の作用が生じる。

　　電磁継電器は，鉄心に巻かれたコイルと，一組又は数組（2組～8組）の可動接点及び固定接点を備えている。入力を与える（電流を通す）と鉄心が励磁され，吸着片を引きつけることによって接点を切り替える。

　　接点には，次の二つがある。

①　メーク接点（a接点）：コイルに電流が流れてリレーが励磁した場合に閉となり接点に電流が流れ，コイルに電流が流れないでリレーが非励磁のときに開となって接点に電流が流れなくなる接点。

②　ブレーク接点（b接点）：コイルに電流が流れた場合に開となり接点に電流が流れなくなり，コイルに電流が流れない場合に閉となり接点に電流が流れる接点。

　　したがって，問の(2)の記述内容はメーク接点（a接点）であり，誤りである。

(4)　タイマ（限時，時延，遅延継電器）は，適当な時間遅れをとって接点の開閉をするリレーで，シーケンス回路によって行う自動制御回路に多く利用される。

(5)　リミットスイッチは，物体の位置を検出し，その位置に応じた制御動作を行うために用いられるスイッチで機械的変位を利用するマイクロスイッチと，直接物体に接触しないで電磁界の変化によって位置を検出する近接スイッチがある。

〔答〕　(2)

〔ポイント〕　シーケンス制御回路に使用される電気部品について理解すること「教本1.9.3 (2)」。

問10 ボイラーに空気予熱器を設置した場合の利点に該当しないものは次のうちどれか。

(1) ボイラー効率が上昇する。
(2) 燃焼状態が良好になる。
(3) 過剰空気量を小さくできる。
(4) 燃焼用空気の温度が上昇し，水分の多い低品位燃料の燃焼に有効である。
(5) 通風抵抗が増加する。

〔解説〕 空気予熱器は，燃焼用の空気を煙道ガスの余熱を熱源として予熱し燃焼室に導入するものであり，特徴は次のとおりである。また，空気予熱器には，蒸気で空気を予熱する蒸気式空気予熱器もある。

① ボイラー出口の排ガス温度が下がり，過剰空気量を小さくできるので，煙道ガスがボイラーから持ち去る熱量が減少する。また，燃焼状態が良好になることにより，燃焼による未燃分も減少するのでボイラーの効率は上昇する。しかし，ボイラー出口の排ガス温度が下がることにより，硫黄分を含んだ排ガスにおいては，低温腐食を起こすおそれがある。この場合，ガス式空気予熱器（GAH）の低温腐食を防止するためGAH入口空気側に蒸気式空気予熱器（SAH）を設置して，GAH入口の空気を予熱することがある。

② 燃焼用空気温度が上昇するので，燃料の燃焼状態が良好になる。

③ 燃焼室内の燃焼温度が上昇し，燃焼室における放射伝熱も増大するので炉内伝熱管の熱吸収量が多くなる。

④ 空気予熱器の設置により燃焼用空気温度が上昇するので，水分の多い低品位の燃料の燃焼にも有効である。

⑤ 燃焼用空気温度が上昇することにより，窒素酸化物（NO_X）の発生量が増加することがある。

⑥ 空気予熱器を設置することにより，空気側及びガス側の通風の抵抗損失が増大する。

したがって，問の(5)の記述は空気予熱器を設置した場合の欠点となる。

〔答〕 (5)

〔ポイント〕 煙道ガスの余熱を回収する設備には，空気予熱器とエコノマイザがあり，それぞれの特徴について理解すること「最短合格1.7.7 ②，③」，「教本1.8.7 (2)，(3)」。

問1 温度及び圧力について，誤っているものは次のうちどれか。

(1) セルシウス（摂氏）温度は標準大気圧の下で，水の氷点を0℃，沸点を100℃と定め，この間を100等分したものを1℃としたものである。

(2) セルシウス（摂氏）温度 t [℃] と絶対温度 T [K] との間には，$t = T + 273.15$ の関係がある。

(3) 760 mmの高さの水銀柱がその底面に及ぼす圧力を標準大気圧といい，1,013 hPaに相当する。

(4) 圧力計に表れる圧力をゲージ圧力といい，その値に大気圧を加えたものを絶対圧力という。

(5) 蒸気の重要な諸性質を表示した蒸気表中の圧力は，絶対圧力で示される。

〔解説〕 温度及び圧力に関する問題である。

(1), (2) 温度は熱さ，冷たさの度合いを示すもので，セルシウス温度（℃）と最低温度 −273.15℃を0℃とした絶対温度（K）がある。

　　したがって，セルシウス温度 t ℃と絶対温度 T（K）との間には次の関係がある。

$$T = t + 273.15$$

　　その使い分けは，一般の温度表示は℃，温度による気体の体積変化（熱力学温度）などには絶対温度Kを使う。また，温度差を表わす場合にはケルビン（K）を使う。

　　したがって，問の(2)の関係式は誤りである。

(3), (4), (5) 圧力は単位面積上に作用する力で，760 mmの高さの水銀柱がその底面に及ぼす圧力を標準大気圧〔1 atm〕といい，1,013 hPaに相当する。その圧力を表わすのに圧力計に表われるゲージ圧力（大気圧を基準としたもの）と大気圧を加えた絶対圧力がある。

・絶対圧力 = ゲージ圧力 + 大気圧（1,013 hPa）

・大気圧（1,013 hPa）= 760 mmHg

　　また，蒸気の諸性質などを表示したものが蒸気表であり，その蒸気表に記載された圧力は絶対圧力である。

〔答〕 (2)

〔ポイント〕 温度及び圧力の基礎事項について理解すること「最短合格1.5.1 [1]」，「教本1.1.1 (1)」。

問2 伝熱について，誤っているものは次のうちどれか。

(1) 伝熱作用は，熱伝導，熱伝達及び放射伝熱の三つに分けることができる。
(2) 液体又は気体が固体壁に接触して，固体壁との間で熱が移動する現象を熱伝達という。
(3) 温度が一定でない物体の内部で，温度の高い部分から低い部分へ，順次，熱が伝わる現象を熱伝導という。
(4) 空間を隔てて相対している物体間に伝わる熱の移動を放射伝熱という。
(5) 熱貫流は，一般に熱伝達，熱伝導及び放射伝熱が総合されたものである。

〔解説〕

(1) 熱は，温度の高い部分から低い部分に移動する。この現象を伝熱といい，伝熱作用は，①熱伝導，②熱伝達（対流），③放射伝熱の三つに分けることができる。

(2) 流体の流れが固体壁に接触して，固体壁と流体の間で熱が移動することを，熱伝達又は対流伝熱という（図）。

(3) 温度の一定でない物体の内部で，温度の高い部分から低い部分へ順次，熱が伝わる現象を熱伝導という（図）。

(4) 高温の物体から，空間を隔てて熱が移動することを放射伝熱という。

(5) 固体壁の一面に高温の流体，他面に低温の流体が接していると，固体壁を通して高温流体から低温流体への熱の移動が行われる。こ

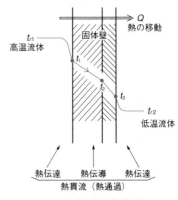

図　平板壁の熱移動

の現象を熱貫流又は熱通過という。これは，熱伝達と熱伝導が総合されたものである（図参照）。

　したがって，問の(5)の記述は誤りである。正しくは，図に示すように熱伝達と熱伝導が総合されたものである。

〔答〕 (5)

〔ポイント〕 ボイラーにおける伝熱について理解すること「最短合格1.5.4」，「教本1.1.4」。

58

問3 炉筒煙管ボイラーについて，誤っているものは次のうちどれか。

(1) 水管ボイラーに比べ，一般に製作及び取扱いが容易である。

(2) 水管ボイラーに比べ，蒸気使用量の変動による圧力変動が大きいが，水位変動は小さい。

(3) 加圧燃焼方式を採用し，燃焼室熱負荷を高くして燃焼効率を高めたものがある。

(4) 戻り燃焼方式を採用し，燃焼効率を高めたものがある。

(5) 煙管には，伝熱効果の高いスパイラル管を使用しているものが多い。

〔解説〕 炉筒煙管ボイラーの特徴に関する問題である。

(1), (2) 炉筒煙管ボイラーは径の大きい胴を用い，その内部に炉筒，煙管を設けたもので，主として圧力1 MPa程度以下で蒸発量10 t/h程度のボイラーである。

炉筒煙管ボイラーは，水管ボイラーに比較して次のような特徴をもっている。

① 構造が簡単で，設備費が安く取扱いも容易である。

② 径の大きい胴を用いているので，高圧のもの及び大容量のものには適さない。

③ 胴径が大きいので保有水量が多いため，起動から蒸気発生までの時間がかかるが，負荷変動による圧力及び水位の変動が小さい。

④ 保有水量が多く，破裂の際の被害が大きい。

したがって，問の(2)において，負荷変動によって圧力変動が大きいという記述は誤りで，正しくは，圧力変動は小さいである。

(3) 炉筒煙管ボイラーは，燃焼室（炉筒）内の圧力を大気圧以上に高くした加圧燃焼方式を採用して，燃焼室熱負荷を高くして燃焼効率を高めている。

(4) 炉筒煙管ボイラーには，燃焼室に供給された燃料の燃焼火炎が終端で反転して前方に戻る戻り燃焼方式（図）のものもあり，この方式を採用することにより燃焼効率を高めることができる。

(5) 炉筒煙管ボイラーの煙管は，らせん状の溝を設けたスパイラル管を使用して，熱伝達効果を高めているものが多い。

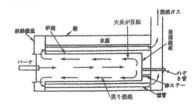

図1 内だき戻り燃焼式炉筒煙管ボイラー

〔答〕 (2)

〔ポイント〕 炉筒煙管ボイラーの構造と特徴について理解すること「最短合格1.2.2，1.2.4」，「教本1.3.1，1.3.5」。

問4 超臨界圧力ボイラーに採用される構造のボイラーは次のうちどれか。

(1) 廃熱ボイラー
(2) 熱媒ボイラー
(3) 貫流ボイラー
(4) 流動層燃焼ボイラー
(5) 強制循環式水管ボイラー

〔解説〕 超臨界圧力用ボイラーは，圧力が臨界圧力（図の臨界点）を超えて使用されるもので，水の状態から沸騰現象を伴うことなく連続的に蒸気の状態に変化するので，水の循環がなく，また，気水を分離するための蒸気ドラムを要しない貫流式の構造が採用される。

貫流ボイラーの構造は，一連の長い管系だけから構成され給水ポンプによって一端から押し込まれた水が順次，予熱，蒸発，過熱され，他端から所要の過熱蒸気となって取り出される形式である。ドラムがなく管だけからなるため，高圧用に適している。

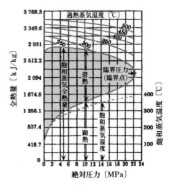

図　水の状態変化に圧力，熱量，蒸気温度線図

〔答〕 (3)

〔ポイント〕 貫流ボイラーの概要及び特徴について理解すること「最短合格1.3.4」，「教本1.4.4」。

問5 ボイラーに使用される計測器について，誤っているものは次のうちどれか。

(1) ブルドン管圧力計は，断面が真円形の管をU字状に曲げたブルドン管に圧力が加わると，圧力の大きさに応じて円弧が広がることを利用している。
(2) 差圧式流量計は，流体が流れている管の中に絞りを挿入すると，入口と出口との間に流量の二乗に比例する圧力差が生じることを利用している。
(3) 容積式流量計は，だ円形のケーシングの中で，だ円形歯車を2個組み合わせ，これを流体の流れによって回転させると，流量が歯車の回転数に比例することを利用している。
(4) 平形反射式水面計は，ガラスの前面から見ると水部は光線が通って黒色に見え，蒸気部は光線が反射されて白色に光って見える。
(5) U字管式通風計は，計測する場所の空気又はガスの圧力と大気圧との差圧を水柱で示す。

〔解説〕
(1) 圧力計は一般的に，ブルドン管式のものが使用される。
　　圧力計のブルドン管は扁平（図1）な管を円弧状に曲げ，その一端を固定し，他端を閉じて自由に動けるようにしたもので，その先の歯付扇形片をかみ合わせる。ブルドン管に圧力が加わると，ブルドン管の円弧が広がり歯付扇形片が動く。その結果，これにかみ合う小歯車が回転し，その軸に取り付けられている指針の動きから圧力を知るのである。その指示圧力は，大気圧との差圧のゲージ圧力を示す。

図1　ブルドン管断面

　　問の(1)で，ブルドン管の断面が真円形であるという記述は誤りで，正しくは，図1に示す通りだ円形か平円形である。
(2) 差圧式流量計は，オリフィス又はベンチュリ管の入口と出口との圧力差を測る。この差圧は，流体の流量の二乗に比例する（図2）。

$$W^2 = C \cdot (P_1 - P_2)$$

　　W：流量
　　C：流量係数
　　$P_1 - P_2$：差圧

図2　差圧式流量計

(3) 容積式流量計は，ケーシングの中にだ円形歯車を2個組合わせたもので，流量は歯車の回転数に比例するため，この回転数を測定して流量を測る。
(4) 水面計の種類には，丸形ガラス，平形反射式，平形透視式及び二色水面計等がある。
　　平形反射式水面計は，裏面に三角形の溝をつけた平形のガラスを組み込んだもので，光の通過と反射の作用により水部は黒色に，蒸気部は白色に光って見える。
(5) U字管式通風計は，炉内又は煙風道内の通風力（ドラフト）を測る計器である。通風力は，水柱の差圧である。

〔答〕 (1)
〔ポイント〕 ボイラーに使用する計測器について理解すること「最短合格1.7.1」，「教本1.8.1」。

問6　ボイラーの送気系統装置について，誤っているものは次のうちどれか。

(1)　主蒸気弁に用いられる玉形弁は，蒸気の流れが弁体内部でS字形になるため抵抗が大きい。

(2)　バイパス弁は，発生蒸気の圧力と使用箇所での蒸気圧力の差が大きいとき，又は使用箇所での蒸気圧力を一定に保つときに設ける。

(3)　沸水防止管は，大径のパイプの上面の多数の穴から蒸気を取り入れ，蒸気流の方向を変えることによって水滴を分離するものである。

(4)　バケット式蒸気トラップは，ドレンの存在が直接トラップ弁を駆動するので，作動が迅速かつ確実で，信頼性が高い。

(5)　長い主蒸気管の配置に当たっては，温度の変化による伸縮に対応するため，湾曲形，ベローズ形，すべり形などの伸縮継手を設ける。

〔解説〕

(1)　主蒸気弁は，ボイラーの蒸気取り出し口又は過熱器の蒸気出口に取り付けられる弁（図1）である。主蒸気弁としてはアングル弁，玉形弁及び仕切弁が使用される。仕切弁は，蒸気が直線状に流れるため抵抗が小さい。

玉形弁は，弁体内部でS字形になるため抵抗が大きい。

(2)　蒸気の送気系統に設けられる減圧装置は，発生蒸気の圧力と使用箇所での蒸気圧力の差が大きいとき，または使用箇所での蒸気圧力を一定に保つときに用いられるもので，オリフィスだけの簡単なものがあるが，一般には減圧弁が用いられる（図2）。

問の(2)のバイパス弁の記述は誤りである。バイパス弁は，減圧弁故障時などの時，蒸気をバイパスさせるために使用される。

(3)　ボイラー胴又はドラム内には，蒸気と水滴を分離するために気水分離器（沸水防止管）が設けられる（図3）。

(4)　蒸気トラップは蒸気使用設備中にたまったドレンを自動的に排出する装置で，その作動原理は，①蒸気とドレンの密度差を利用，②蒸気とドレンの温度差を利用，③蒸気とドレンの熱力学的性質の差を利用したものがある。

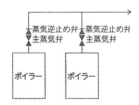

図1　同一管系に連絡されたボイラー

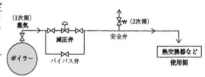

図2　減圧装置

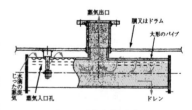

図3　沸水防止管

(5)　主蒸気管は，ボイラーから発生した蒸気を使用先に送るものである。その主蒸気管が長い場合，温度の変化による配管の伸縮を自由にするため，適切な箇所に伸縮継手（エキスパンションジョイント）を設ける。伸縮継手には，湾曲形，ベローズ形，すべり形などがある。

〔答〕　(2)

〔ポイント〕　ボイラーの送気系統装置について理解すること「最短合格1.7.3」，「教本1.8.3」。

問7 ボイラーに使用される次の管類のうち，伝熱管に分類されないものはどれか。

(1) 水管
(2) エコノマイザ管
(3) 煙管
(4) 主蒸気管
(5) 過熱管

〔解説〕 ボイラーに使用される伝熱管には，ボイラー本体に使われている煙管・水管及び附属設備のエコノマイザ管と過熱管がある。

主蒸気管は，蒸気を送るために用いられる管であって伝熱管ではない。したがって，答えは問の(4)である。

(1) 水管はボイラーの伝熱管である。
(2)，(5) は付属設備であるエコノマイザ及び過熱器の伝熱管である。
(3) 煙管は丸ボイラーの炉筒煙管ボイラーなどの伝熱管である。

〔答〕 (4)

〔ポイント〕 ボイラーの管には，伝熱管と配管がある「最短合格1.6.7」，「教本1.7.7」。

ボイラーの構造

ボイラーの取扱い

燃料及び燃焼

関係法令

63

問8 ボイラーの給水系統装置について，誤っているものは次のうちどれか。

(1) ディフューザポンプは，羽根車の周辺に案内羽根のある遠心ポンプで，高圧の
ボイラーには多段ディフューザポンプが用いられる。
(2) 渦巻ポンプは，羽根車の周辺に案内羽根のない遠心ポンプで，一般に低圧のボ
イラーに用いられる。
(3) インゼクタは，蒸気の噴射力を利用して給水するものである。
(4) 給水逆止め弁には，アングル弁又は玉形弁が用いられる。
(5) 給水内管は，一般に長い鋼管に多数の穴を設けたもので，胴又は蒸気ドラム内
の安全低水面よりやや下方に取り付ける。

〔解説〕
(1), (2) ボイラーに給水するポンプには，遠心ポンプ（ディフューザポンプと渦巻
ポンプ）及び渦流ポンプ（円周流ポンプ）がある。
　遠心ポンプは，羽根車をケーシング内で回転させ，遠心作用によって水に圧力
及び速度エネルギーを与えるものである。羽根車の中心から吸い込まれた水は，
半径方向外向きに流れ，速度エネルギーは渦巻室（ボリュートケーシング）を通
過する間に圧力エネルギーに変換され，吐出し口から外に出る。
　ディフューザポンプは，羽根車の周辺に案内羽根をもつもので，高圧・大容量
ボイラーには多段式のものが用いられる。
　渦巻ポンプは，羽根車の周辺に案内羽根のないもので，一般に低圧・中小容量
のボイラーに用いられる。
　その他の，特殊ポンプの渦流ポンプは，円周流ポンプとも呼ばれ，小さい吐出
流量で高い揚程が得られる。小容量のボイラーに用いられる。
(3) インゼクタは，給水装置の一種で蒸発の噴射力を利用して給水するもので，比
較的圧力の低いボイラーの予備給水用として使用される。
(4) ボイラー又はエコノマイザ入口に
は，給水弁及び逆止め弁を取り付け
なければならない。給水弁をボイ
ラーに近い側に取り付ける。逆止め
弁が故障の場合，給水弁を閉止して，
ボイラー水をボイラーに残したまま
で逆止め弁を修理することができる
ようにするためである。なお，給水
弁はアングル弁又は玉形弁が用いら
れ，給水逆止め弁には，スイング式
又はリフト式が用いられる（図）。

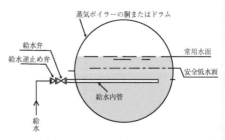

図　給水弁及び給水管内と水面との関係位置

　問の(4)の記述は誤りである。正し
くは，給水逆止め弁には，スイング式又はリフト式が用いられる。
(5) 給水内管は，ボイラー水より低い温度の水をボイラー側の1箇所に集中して送
り込まないようにするために，多数の小さな穴を設け，ボイラー胴内部の広い範
囲に給水を配分する構造としたものである。また，給水内管の位置は，図に示す
ようにボイラー水面が安全低水面まで低下しても，水面より上に現れないよう安
全低水面よりやや下方に置く。

〔答〕 (4)
〔ポイント〕 ボイラー用給水系統装置について理解すること「最短合格1.7.4」，「教本
1.8.4」。

令4前 令3後 令3前 令1後

ボイラーの構造

令4前 令3後 令3前 令1前 令1後

ボイラーの取扱い

令4前 令3後 令3前 令1前

燃料及び燃焼

令4前 令3後 令3前 令1前 令1後

関係法令

問9　温水ボイラーの温度制御に用いるオンオフ式温度調節器（電気式）について，誤っているものは次のうちどれか。

(1)　温度調節器は，調節器本体，感温体及びこれらを連結する導管で構成される。
(2)　感温体内の液体は，温度の上昇・下降によって膨張・収縮し，ベローズやダイヤフラムの変位により，マイクロスイッチを開閉させる。
(3)　感温体は，ボイラー本体に直接取り付けるか，又は保護管を用いて取り付ける。
(4)　保護管を用いて感温体を取り付ける場合は，保護管内にシリコングリスを挿入してはならない。
(5)　温度調節器は，一般に，調節温度及び動作すき間の設定を行う。

〔解説〕
(1)，(2)　温水ボイラーの温度制御に用いられるオンオフ式温度調節器（図1）は調節器本体，感温体及び導管で構成されている。温度を検出する感温体内の溶液には，通常，トルエン，エーテル，アルコールなどが使用される。すなわち，温度の上昇，下降によって溶液が膨張，収縮し，調節器内に設けられたベローズ又はダイヤフラムが伸縮してマイクロスイッチを開閉させる。
(3)，(4)　感温体の取り付けは，ボイラー本体に直接取り付けるか又はは保護管（図1(b)）を用いて取り付ける。保護管を用いた場合は，温度変化に対して応答感度を良くするために保護管の管内にはシリコングリスなどを挿入する。
　　したがって，問の(4)の記述は誤りである。感温体の取り付けは，保護管内にシリコングリスを挿入して感度を良くする。
(5)　オンオフ動作による温度制御には，動作すき間（図2）の設定が必要である。

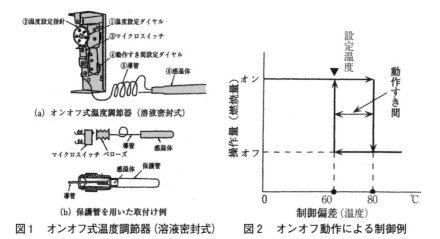

図1　オンオフ式温度調節器（溶液密封式）　　　図2　オンオフ動作による制御例

〔答〕　(4)
〔ポイント〕　温水ボイラーの温度調節器について理解すること「最短合格1.8.4 ②」，「教本1.9.2 (2)」。

問10 温水ボイラー及び蒸気ボイラーの附属品について，誤っているものは次のうちどれか。

(1) 水高計は，温水ボイラーの水面を測定する計器で，蒸気ボイラーの水面計に相当する。
(2) 温水ボイラーの温度計は，ボイラー水が最高温度となる箇所の見やすい位置に取り付ける。
(3) 逃がし管には，途中に弁やコックを取り付けてはならない。
(4) 逃がし弁は，水の温度が120 ℃以下の温水ボイラーで，膨脹タンクを密閉型にした場合に用いられる。
(5) 温水暖房ボイラーの温水循環ポンプは，ボイラーで加熱された水を放熱器に送り，再びボイラーに戻すために用いられる。

〔解説〕　温水ボイラーは，ボイラー及び循環系統内の水が加熱されると，水の体積は膨脹して圧力が上昇するので，これを外部に逃がさないとボイラー及び系統内は，非常に高圧となりボイラーなどが破裂するおそれがある。

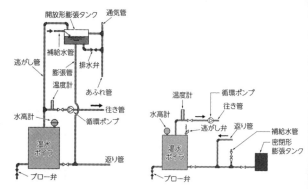

図1　温水ボイラーの配管例　図2　温水ボイラーの配管例
（開放形膨脹タンク方式）　　（密閉形膨脹タンク方式）

　このボイラー水の膨脹分を逃がす安全装置が，逃がし管又は逃がし弁である。

　温水ボイラーの安全装置としては一般に逃がし管（図1　膨脹タンク方式）が使用されるが，密閉式の場合は，逃がし管の代わりに逃がし弁（ボイラー本体に取り付ける）（図2）を使用する。

(1) 水高計は，温水ボイラーの圧力を測る計器である。
　　問の(1)の記述は誤りである。
(2) 温水ボイラーの温度計は，温水を測る計器で見やすい位置に取付ける。
(3) 開放形膨脹タンク方式の温水ボイラーの安全装置として，逃がし管が使用される（図1）。逃がし管には，途中に弁やコックを設けてはならない。
　　また，内部の水が凍結するおそれがある場合には，保温その他の措置を講じること。
(4) 密閉形膨脹タンク方式の温水ボイラーの安全装置として，逃がし弁が使用される（図2）。温水温度が120 ℃以下の温水ボイラーには逃がし弁が用いられ，120 ℃を超えたら安全弁が用いられる。
(5) 温水循環ポンプは，温水を循環するために使用される（図2）。

〔答〕　(1)
〔ポイント〕　温水ボイラーの安全装置（逃がし管及び逃がし弁）について理解すること「最短合格1.7.6」，「教本1.8.6」。

問１ ガスだきボイラーの手動操作による点火などについて，適切でないものは次のうちどれか。

(1) ガス圧力が加わっている継手，コック及び弁は，ガス漏れ検出器の使用又は検出液の塗布によりガス漏れの有無を点検する。

(2) 通風装置により，炉内及び煙道を十分な空気量でプレパージする。

(3) バーナが２基以上ある場合の点火は，初めに１基のバーナに点火し，その後，直ちに他のバーナにも点火して燃焼を速やかに安定させる。

(4) 燃料弁を開いてから点火制限時間内に着火しないときは，直ちに燃料弁を閉じ，炉内を換気する。

(5) 着火後，燃焼が不安定なときは，直ちに燃料の供給を止める。

〔解説〕

(1) ガス圧力が加わっているガス配管及び弁・コックなどは，ガス漏れ検出器又は石けん等の検出液でガス漏れの有無を点検する。また，ガス圧力が適正で安定していることを確認する。点火用ガス圧力が低下していると，短炎となり未点火及び逆火を引き起こすおそれがある。

(2) 通風装置，煙風道の各ダンパの機能を点検して全開とし，炉内及び煙道内の換気（プレパージ）を行う。

(3) バーナが２基以上ある場合の点火操作は，初めに１基のバーナに点火し，燃焼が安定してから他のバーナに点火する。バーナが上下に配置されている場合は，下方のバーナから点火する。

したがって，問の(3)の記述内容は誤りである。

(4)，(5) 制限時間内に点火，着火しないとき及び着火してからも燃焼状態が不安定のときは，直ちに燃料弁を閉じ点火操作を打ち切って，ダンパを全開し炉内を完全に換気したのち不着火や燃焼不良の原因を調べ，それを修復してから再び点火操作を行う。

〔答〕 (3)

〔ポイント〕 ガスだきボイラーの点火前の準備および点火方法について理解すること「最短合格2.1.4」，「教本2.1.4」。

問2　ボイラーの水位検出器の点検及び整備に関するAからDまでの記述で，適切なもののみを全て挙げた組合せは，次のうちどれか。

A　電極式では，1日に1回以上，水の純度の低下による電気伝導率の上昇を防ぐため，検出筒内のブローを行う。

B　電極式では，1日に1回以上，ボイラー水の水位を上下させ，水位検出器の機能を確認する。

C　フロート式では，1年に2回程度，フロート室を分解し，フロート室内のスラッジやスケールを除去するとともに，フロートの破れ，シャフトの曲がりなどがあれば補修する。

D　フロート式のマイクロスイッチ端子間の電気抵抗をテスターでチェックする場合，抵抗がスイッチが開のときは無限大で，閉のときは導通があることを確認する。

(1)　A，B　　　　　(4)　B，C，D
(2)　A，B，C　　　(5)　C，D
(3)　B，C

〔解説〕

A　電極式水位検出器の検出筒の水が，蒸気の凝縮により純度が高くならないように（水の導電性が低下しないように），検出筒の水を1日に1回以上ブローする（図）。

　　したがって，問のAの記述は適切ではない。

B　電極式水位検出器は1日に1回以上，実際にボイラー水の水位を上下させ，検出器の作動状況（水位の警報，燃料の遮断及び給水の制御など）の確認をする。

　　したがって，問のBの記述は適切である。

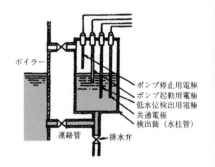

図　電極式水位検出器取付図

C，D　フロート式水位検出器は，フロート室及び連絡配管の汚れ，つまりを防ぐため，1日に1回以上はブローを行い水位検出器の作動確認を行う。また，フロート式は，6ヶ月に1回程度フロート室内を解体し，ベローズ破損の有無，内部の鉄さびの発生及び水分の付着などの点検をして，整備・補修を行う。

　　また，マイクロスイッチはしっかり固定されているかよく点検する。スイッチの電気抵抗をテスターでチェックした場合，スイッチ開の場合は抵抗が無限大なので電流は0となり，閉の場合は抵抗が0Ωなので電流は最大となる。

　　したがって，問のC，Dの記述は適切である。

〔答〕　(4)

〔ポイント〕　水位検出器（電極式とフロート式）の点検・整備の目的と要領について理解すること「最短合格1.8.4 ③」，「教本1.9.4 (4)，2.2.6 (4)」。

問3 ボイラーのばね安全弁に蒸気漏れが生じた場合の原因に関するAからDまでの記述で，正しいもののみを全て挙げた組合せは，次のうちどれか。

A 弁体円筒部と弁体ガイド部の隙間が少なく，熱膨張などにより弁体円筒部が密着している。
B 弁棒に曲がりがあり，弁棒貫通部に弁棒が接触している。
C 弁体と弁座の中心がずれて，当たり面の接触圧力が不均一になっている。
D 弁体と弁座のすり合わせの状態が悪い。

(1) A，B
(2) A，C，D
(3) A，D
(4) B，C，D
(5) C，D

〔解説〕
 A，B，C 安全弁のばねが腐食して，弁体を押し下げる力が弱くなり，また弁棒の押す力がずれて，弁体と弁座の当たり面が不均一になっていると蒸気漏れの原因となるので，安全弁を分解して修理すること。また，熱膨張により，弁体円筒部と弁体ガイドが密着している。また弁棒が曲がっていると，弁棒がスムースに動かないので，安全弁が作動しないことがある。
  したがって，問のCの記述は正しい。
 D 弁体と弁座の間に，ごみなどの異物が付着して蒸気漏れが生じている場合は，試験用レバーで一度安全弁を吹かすと，弁体と弁座間のごみが吹き飛んで漏れが止まることがある。また，弁体と弁座に対する当たりが変わって漏れが止まることがある。漏れが止まらない場合は，弁体と弁座に，きずが，発生したり，すり合わせが悪くなっていると思われるので，安全弁を分解してその原因を調べ，弁体，弁座の修理をする。

  したがって，問のDの記述は正しい。

〔答〕 (5)

〔ポイント〕 安全弁の故障の原因を理解すること「最短合格2.2.3」，「教本2.2.3」。

問 4　ボイラーをたき始めるときの，各種の弁又はコックとその開閉の組合せとして，誤っているものは次のうちどれか。

(1)　主蒸気弁···　閉
(2)　水面計とボイラー間の連絡管の弁又はコック········　開
(3)　胴の空気抜弁···　閉
(4)　吹出し弁又は吹出しコック·······························　閉
(5)　給水管路の弁··　開

〔解説〕
(1)　ボイラーをたき始めるときに閉止している主蒸気弁を送気始めで，初めて開くときは，ウォータハンマを起こさないように行う。
(2)　水面計とボイラー間の連絡管の弁又はコックを開くことにより，ボイラー内の水位を水面計で確認することができるようになる。水面計によって，水位が常用水位であるか確認する。水位が常用水位より低い場合は給水を行い，高い場合は吹出しを行うことにより，水位の調整をする。また，水面計または験水コックの作動・機能の確認を行う。
(3)　空気抜き弁は，蒸気が発生し始めるまで開いておく。
　　したがって，問の(3)の記述は誤りである。
(4)　吹出しを行い，弁の機能が正常であるか確認し，確実に閉止しておく。
(5)　給水管路の弁が確実に開いていること。また，水位を上下して水位検出器の機能と給水ポンプが正しく起動・停止が行われているか確認する。

〔答〕　(3)

〔ポイント〕　点火前の点検・準備について理解すること「最短合格2.1.3」，「教本2.1.3 (1)～(8)」。

問5 ボイラーの給水中の溶存気体の除去について，誤っているものは次のうちどれか。

(1) 脱気は，給水中に溶存しているO_2などを除去するものである。
(2) 脱気法には，化学的脱気法と物理的脱気法がある。
(3) 加熱脱気法は，水を加熱し，溶存気体の溶解度を下げることにより，溶存気体を除去する方法である。
(4) 真空脱気法は，水を真空雰囲気にさらすことによって，溶存気体を除去する方法である。
(5) 膜脱気法は，高分子気体透過膜の片側に水を供給し，反対側を加圧して溶存気体を除去する方法である。

〔解説〕
(1)，(2) 脱気は給水中に溶存している酸素（O_2），二酸化炭素（CO_2）を除去するものである。脱気法には，物理的脱気法(機械的脱気法) と化学的脱気法がある。脱酸素剤で給水中の溶存酸素を除去する化学的脱気や，ボイラ給水の物理的脱気はボイラー系統内処理に含まれる。
(3) 加熱脱気法は，水を加熱して，溶存気体の溶解度を減少させて除去する方法で，酸素，二酸化炭素などが除去できる。
(4) 真空脱気法は，水を真空雰囲気にさらすことによって溶存気体を除去する方法で，加熱脱気法と同様，酸素や二酸化炭素などが除去できる。
(5) 膜脱気法は，高分子気体透過膜を介して，水中から溶存気体を除去する方法で，シリコーン系，四塩化ふっ素系などの気体透過膜の片側に水を供給し，反対側を真空にすることによって水中の溶存酸素などを除去する。

したがって，問の(5)の記述は誤りである。

〔答〕 (5)

〔ポイント〕 溶存気体の除去について理解すること「最短合格2.4.6」，「教本2.4.6 (1)」。

問6 ボイラー水の間欠吹出しについて，誤っているものは次のうちどれか。

(1) 炉筒煙管ボイラーの吹出しは，ボイラーを運転する前，運転を停止したとき又は負荷が低いときに行う。
(2) 鋳鉄製蒸気ボイラーの吹出しは，燃焼をしばらく停止して，ボイラー水の一部を入れ替えるときに行う。
(3) 水冷壁の吹出しは，いかなる場合でも運転中に行ってはならない。
(4) 直列に設けられている2個の吹出し弁を閉じるときは，急開弁を先に閉じ，次に漸開弁を閉じる。
(5) 1人で2基以上のボイラーの吹出しを同時に行ってはならない。

〔解説〕
(1) 炉筒煙管ボイラーの吹出しは，ボイラーを運転する前，運転を停止した時，またはボイラー運転の負荷が低い時に行う。この時期，スラッジがボイラー底部に沈殿して排出するのに最も効果があるためである。
(2) 鋳鉄製蒸気ボイラーは，復水を循環使用するのを原則としているので，運転中のブローは必要ない。また，保有水量が少ないので，運転中は吹出しを行ってはならない。運転中に吹出しを行うと，補給水によりボイラー本体が急冷されて，不同膨張により割れを生じることがある。ブローする場合は，燃焼をしばらく停止して，ボイラーが冷えてから行う。
(3) 水冷壁の吹出し（図）は，スラッジの吹出しが目的ではなく，ボイラー停止時に操作する排水用である。したがって，運転中に操作を行わないこと。
(4) 吹出し弁が直列に2個設けられている場合の操作順序は，先に急開弁を開き，次に漸開弁を徐々に開く。閉止するときの順序は，漸開弁を閉じてから急開弁を閉じる（図）。
   したがって，問の(4)の記述は誤りである。
(5) 1人で2基以上のボイラーの吹出しを同時に行ってはならない。また，吹出しを行っている間は，他の作業を行ってはならない。他の作業を行う必要が生じたときは，吹出し作業を中止して，吹出し弁を閉止してから行う。

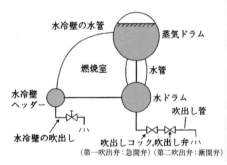

図　ボイラーからの吹出し

〔答〕 (4)

〔ポイント〕 吹出し装置の操作方法，取扱いに注意すること「最短合格2.2.4」，「教本2.2.4」。

問7　ボイラー水中の不純物について，誤っているものは次のうちどれか。

(1)　スラッジは，溶解性蒸発残留物が濃縮されて析出し，管壁などの伝熱面に固着したものである。
(2)　懸濁物には，りん酸カルシウムなどの不溶物質，エマルジョン化された鉱物油などがある。
(3)　溶存しているO_2は，鋼材の腐食の原因となる。
(4)　溶存しているCO_2は，鋼材の腐食の原因となる。
(5)　スケールの熱伝導率は，炭素鋼の熱伝導率より著しく低い。

〔解説〕
(1)　スラッジは，主としてカルシウム，マグネシウムの炭酸水素塩が加熱（80〜100 ℃）により分解して生じた炭酸カルシウムや水酸化マグネシウム，及び軟化を目的とした清缶剤を添加した場合に生ずるりん酸カルシウムや，りん酸マグネシウムなどの軟質沈殿物である。
　　したがって，問の(1)の記述は誤りである。
(2)　懸濁物には，りん酸カルシウムなどの不溶物質，微細なじんあい，エマルジョン化された鉱物油などがあり，キャリオーバの原因となる。
(3)，(4)　溶存気体には，酸素（O_2），二酸化炭素（CO_2）などがある。これらの溶存気体は，鋼材の腐食の原因となる。酸素は直接腐食作用をもっているほか，他の物質との化学作用により腐食を助長させる。二酸化炭素は酸素ほどではないが，この二つが共存すると助長しあって，腐食作用を繰り返し進行させる。
(5)　スケールの熱伝導率は炭素鋼に比較して著しく低く，一般に炭素鋼の1/20〜1/100程度である。したがって，ボイラーの伝熱面にスケールが付着すると，燃焼ガスとボイラー水との間に断熱材を置いたような結果となり，ボイラーの過熱や熱効率が低下することになる。

〔答〕　(1)

〔ポイント〕　不純物の種類について理解すること「最短合格2.4.4」，「教本2.4.4 (1)」。

令4前　令3後　令3前　令2後　令2前　令1後

ボイラーの構造

令4前　ボイラーの取扱い

令3後　令3前　令2後　令2前

燃料及び燃焼　令4前　令3後　令3後　令2前　令1後

関係法令　令4前　令3後　令2後　令2前　令1後

問8 ボイラーの水管理について，誤っているものは次のうちどれか。

(1) 水溶液が酸性かアルカリ性かは，水中の水素イオンと水酸化物イオンの量により定まる。
(2) 常温（25℃）でpHが7未満は酸性，7は中性である。
(3) 酸消費量は，水中に含まれる水酸化物，炭酸塩，炭酸水素塩などのアルカリ分の量を示すものである。
(4) 酸消費量（pH4.8）を滴定する場合は，フェノールフタレイン溶液を指示薬として用いる。
(5) 全硬度は，水中のカルシウムイオン及びマグネシウムイオンの量を，これに対応する炭酸カルシウムの量に換算し，試料1リットル中のmg数で表す。

〔解説〕
(1), (2) 水（水溶液）が酸性か，アルカリ性かは水中の水素イオン（H^+）と，水酸化物イオン（OH^-）の量により定まるが，これを表示する方法として水素イオン指数pH（ピーエイチ）が用いられる。図は，pHと水の性質との関係を示す。
　すなわち，常温（25℃）でpHが7未満は酸性，7は中性，7を超えるものはアルカリ性である。

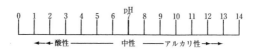

図　pHと水の性質

(3), (4) 酸消費量は，水中に含まれる水酸化物，炭酸塩，炭酸水素塩などのアルカリ分を示すものであり，炭酸カルシウム（$CaCO_3$）に換算して試料1リットル中のmg数で表される。
　① アルカリ分をpH4.8まで中和するのに要する「酸消費量（pH4.8）」，アルカリ分をpH8.3まで中和するのに要する「酸消費量（pH8.3）」がある。
　② 酸消費量（pH4.8）を滴定する場合はメチルレッド溶液を指示薬として用いる。酸消費量（pH8.3）の場合はフェノールフタレイン溶液を用いる。
　　したがって，問の(4)の記述は誤りである。
(5) 全硬度は，水中のカルシウムイオン及びマグネシウムイオンの量を，これに対応する炭酸カルシウム（$CaCO_3$）の量に換算して試料1リットル中のmg数で表したものの合計である。
　　全硬度＝カルシウム硬度＋マグネシウム硬度

〔答〕 (4)

〔ポイント〕 ボイラーに関する用語と単位を理解すること「最短合格2.4.3 1～4」，「教本2.4.3 (a)～(d)」。

問9 油だきボイラーの燃焼の維持及び調節について，誤っているものは次のうちどれか。

(1) 燃焼室の温度は，原則として燃料を完全燃焼させるため，高温に保つ。
(2) 蒸気圧力又は温水温度を一定に保つように，負荷の変動に応じて燃焼量を増減する。
(3) 燃焼量を増すときは，燃料供給量を先に増してから燃焼用空気量を増す。
(4) 燃焼用空気量の過不足は，計測して得た燃焼ガス中のCO_2，CO又はO_2の濃度により判断する。
(5) 燃焼用空気量が多い場合には，炎は短い輝白色で，炉内が明るい。

〔解説〕
(1), (2) ボイラーは，常に蒸気圧力又は温水温度を一定に保つように負荷の変動に応じて，燃焼量を増減することが必要となる。

　　燃焼量を増減する場合には，それに適応した空気量に変える必要があり，通風を調節しなければならない。この調節が適切でないと不完全燃焼となって，ばい煙を発生させ大気汚染の原因となったり，空気過剰となってボイラー効率を低下させる。

　　炉（燃焼室）の温度は，特別な場合を除きできるだけ高温に保つこと。
(3) 燃焼量を急激に増減しないこと。燃焼量を増すときは空気量を先に増し，燃焼量を減ずるときは燃料の供給量を先に減少させることが重要であり，これを逆に行ってはならない。

　　したがって，問の(3)の記述は誤りである。
(4), (5) 常に燃焼用空気量の過不足に注意し，効率の高い燃焼を行うようにしなければならない。空気量の過不足は，燃焼ガス計測器によりCO_2，CO，又はO_2の値を知り判断する。また，炎の形及び色によっても知ることができる。

　　空気量が多い場合には，炎は短く，輝白色を呈し炉内は明るい。

〔答〕 (3)

〔ポイント〕 燃焼の維持，調整について理解すること「最短合格2.4.3 1〜4」，「教本2.1.6 (3)」。

問10 ボイラーの運転を終了するときの一般的な操作順序として，適切なものは(1)～(5)のうちどれか。

ただし，A～Eは，それぞれ次の操作をいうものとする。

A 給水を行い，圧力を下げた後，給水弁を閉じ，給水ポンプを止める。
B 蒸気弁を閉じ，ドレン弁を開く。
C 空気を送入し，炉内及び煙道の換気を行う。
D 燃料の供給を停止する。
E ダンパを閉じる。

(1) B→A→D→C→E
(2) B→D→A→C→E
(3) C→D→A→B→E
(4) D→B→A→C→E
(5) D→C→A→B→E

〔解説〕 ボイラーの運転を終了するときの操作順序は次による。
① 燃料の供給を停止する。
② 炉内及び煙道の換気（パージ）を行う。
③ 給水を行い常用水位よりやや高めにして，給水弁を閉じ給水ポンプを止める。
④ 主蒸気弁を閉じ，主蒸気管などのドレン弁を開く。
⑤ 煙道ダンパを閉じる。

正しい操作順序は，問の(5)である。

〔答〕 (5)

〔ポイント〕 ボイラーの運転作業を終了するときの操作手順を理解すること「最短合格2.1.8 ①」，「教本2.1.8 (2)」。

問1 ボイラーに給水するディフューザポンプの取扱いについて，誤っているものは次のうちどれか。

(1) 運転前に，ポンプ内及びポンプ前後の配管内の空気を十分に抜く。

(2) 起動は，吐出し弁を全閉，吸込み弁を全開にした状態でポンプ駆動用電動機を起動し，ポンプの回転と水圧が正常になったら吐出し弁を徐々に開き，全開にする。

(3) 運転中は，ポンプの吐出し圧力，流量及び負荷電流が適正であることを確認する。

(4) メカニカルシール式の軸については，運転中，軸冷却のため，少量の水が連続して滴下していることを確認する。

(5) 運転を停止するときは，吐出し弁を徐々に閉め，全閉にしてからポンプ駆動用電動機を止める。

〔解説〕

(1) ポンプを起動する前は，ポンプ内及び前後の配管内の空気を十分に抜く。

　　ポンプ内に空気が入っていると，ポンプを運転しても規定圧力まで上昇しないことがある。

(2), (5) ポンプの起動・停止時における弁は，電動機に過負荷電流が流れないように次に示す順序で操作すること。

	吸込み弁	吐出し弁
起動時	全開	全閉・電動機起動後に全開
停止時	全開	電動機停止前に全閉

(3) ポンプの起動時及び運転中は，吐出し圧力及び流量が適正であり，そのポンプの状態に対応する負荷電流値が適正であることを確認する。また，運転中は，振動，異音，偏心などの異常の有無及び軸受の過熱，油漏れなどの有無を点検する。

(4) ポンプの軸をシールする方式にメカニカルシール式とグランドパッキンシール式がある。グランドパッキンシール式では，運転中少量の水が滴下する程度にパッキンを締めるが，メカニカルシール式の軸については水漏れがないことを確認する（図）。

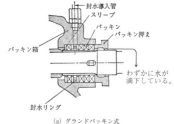

(a) グランドパッキン式

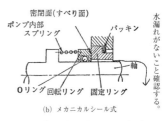

(b) メカニカルシール式

図 ポンプの軸シール方式

　したがって，問の(4)の記述は誤りである。

〔答〕 (4)

〔ポイント〕 給水装置の取扱いを理解すること「最短合格2.2.5」，「教本2.2.5」。

問2 ボイラーのスートブローについて，誤っているものは次のうちどれか。

(1) スートブローは，主としてボイラーの水管外面などに付着したすすの除去を目的として行う。

(2) スートブローの蒸気は，ドレンを抜き乾燥したものを用いる。

(3) スートブローは，安定した燃焼状態を保持するため，一般に最大負荷の50%以下で行う。

(4) スートブローが終了したら蒸気の元弁を確実に閉止し，ドレン弁は開放する。

(5) スートブローを行ったときは，煙道ガスの温度や通風損失を測定して，その効果を確かめる。

〔解説〕

(1) ボイラーの燃料として，重質油及び石炭等を使用した時，また低負荷運転が長く続いた場合などには，ボイラー外部伝熱面に多くの，すすが，付着する。スートブローは，付着した，すすを，除去するために行われる。スートブローの回数は，燃料の種類，負荷の程度などの条件により決められる。

(2), (4) スートブローの噴射流体には蒸気又は圧縮空気が用いられるが，両流体中に含まれているドレンをよく切ることが必要である。ドレンが含まれている状態で噴射すると，すすに含まれている硫黄分などと反応して伝熱面を腐食させたり，ドレンによる衝撃力によって伝熱面を浸食したりする。そのため，スートブローが終了したら，蒸気の元弁を閉止し，ドレン弁は開放する。

(3) ボイラー運転中において燃焼量の低い状態では，通風量（通風力）が減少しており，このとき，スートブローを行うと通風量に影響し火炎が消失することがあり，燃焼ガスの流れを乱し，また，すすが排出されにくく，ボイラー底部にたまるおそれがあるので，ボイラー負荷が低く燃焼量の低い状態においてはスートブローを行わない。最大負荷よりやや低いところで行うこと。また，ボイラーを消火した直後の高温炉内では，除去された，すすが，ボイラー外に排出されないで，再び燃焼を起こすことなどがあるので，この状態ではスートブローを行わないこと。

したがって，問の(3)において，一般に最大負荷の50%以下で行うという記述は誤りである。

(5) スートブローは，付着した，すすを，除去するために行われる。したがって，スートブローの回数は，燃料の種類，負荷の程度などの条件によって決められる。スートブローを行ったときは，煙道ガスの温度や通風損失を測定して効果を調べる。

〔答〕 (3)

〔ポイント〕 伝熱面の，すす掃除をする時期，状態について理解すること「最短合格2.1.6 ③」，「教本2.1.6 (5)」。

問3 次のうち，ボイラー給水の脱酸素剤として使用される薬剤のみの組合せはどれか。

(1) りん酸ナトリウム　　　ヒドラジン
(2) りん酸ナトリウム　　　タンニン
(3) 亜硫酸ナトリウム　　　炭酸ナトリウム
(4) タンニン　　　　　　　ヒドラジン
(5) 炭酸ナトリウム　　　　りん酸ナトリウム

〔解説〕　ボイラー給水の脱酸素剤として使用される薬剤には，亜硫酸ナトリウム，ヒドラジン及びタンニンがある。清缶剤の作用による分類を次の表に示す。
　　ボイラー給水の脱酸素剤として使用される薬剤は問の(4)である。

表　清缶剤の作用による分類

作用分類	主な作用（効果）	主な薬品名
pH及び酸消費量の調節剤	ボイラー水に適度の酸消費量を与え腐食を防止する。	・水酸化ナトリウム（NaOH） ・炭酸ナトリウム（Na_2CO_3）
軟化剤	硬度成分をスラッジに変えてスケール付着を防止する。	・炭酸ナトリウム（Na_2CO_3） ・りん酸ナトリウム（Na_3PO_4）
スラッジ分散剤	スラッジが伝熱面に焼きついてスケールとして固まらないようにする。	・タンニン
脱酸素剤	ボイラー水中の酸素を除去して溶存気体による腐食を防止する。	・亜硫酸ナトリウム（Na_2SO_3） ・ヒドラジン（N_2H_4） ・タンニン
給水・復水系統の防食剤	給水・復水系統の配管等が（O_2），（CO_2）によって腐食されるのを防止する。	・pH調節剤（防食） ・被膜性防食剤

〔答〕　(4)

〔ポイント〕　清缶剤の使用目的と薬品名を理解すること「最短合格 2.4.6 [2]」，「教本 2.4.6 (2), (3)」。

問4 ボイラー水の吹出しに関するAからDまでの記述で，正しいもののみを全て挙げた組合せは，次のうちどれか。

A 炉筒煙管ボイラーの吹出しは，最大負荷よりやや低いときに行う。
B 水冷壁の吹出しは，スラッジなどの沈殿を考慮して，運転中に適宜行う。
C 吹出しを行っている間は，他の作業を行ってはならない。
D 吹出し弁が直列に2個設けられている場合は，急開弁を締切り用とする。

(1) A，B
(2) A，C
(3) A，C，D
(4) B，C，D
(5) C，D

〔解説〕

A 炉筒煙管ボイラーの吹出しは，ボイラーを運転する前，運転を停止した時，またはボイラー運転の負荷が低い時に行う。この時期，スラッジがボイラー底部に沈殿して排出するのに最も効果があるためである。したがって，問のAの記述は誤りである。

B 水冷壁の吹出し（図）は，スラッジの吹出しが目的ではなく，ボイラー停止時に操作する排水用である。したがって，運転中に操作を行わないこと。したがって，問のBの記述は誤りである。

C 1人で2基以上のボイラーの吹出しを同時に行ってはならない。また，吹出しを行っている間は，他の作業を行ってはならない。他の作業を行う必要が生じたときは，吹出し作業を中止して，吹出し弁を閉止してから行う。したがって，問のCの記述は正しい。

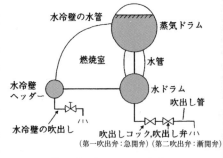

図 ボイラーからの吹出し

D 吹出し弁が直列に2個設けられている場合の操作順序は，先に急開弁を開き，これを締切り用とする。次に漸開弁を徐々に開き，これを吹出し用とする。閉止するときの順序は，漸開弁を閉じてから急開弁を閉じる（図）。したがって，問のDの記述は正しい。

〔答〕 (5)

〔ポイント〕 吹出し装置の操作方法，取扱いに注意すること「最短合格2.2.4」，「教本2.2.4」。

令4前 令3後 令3後 令3前 令2後 令2前 令1後

ボイラーの構造

令4前 令3後 令3後 令3前 令2後 令2前 令1後

ボイラーの取扱い

令4前 令3後 令3後 令3前 令2後 令2前 令1後

燃料及び燃焼

令4前 令3後 令3後 令3前 令2後 令2前 令1後

関係法令

問5 ボイラーにおけるキャリオーバの害に関するAからDまでの記述で，正しいもののみを全て挙げた組合せは，次のうちどれか。

A　蒸気の純度を低下させる。
B　ボイラー水全体が著しく揺動し，水面計の水位が確認しにくくなる。
C　ボイラー水が過熱器に入り，蒸気温度が上昇して過熱器の破損を起こす。
D　水位制御装置が，ボイラー水位が下がったものと認識し，ボイラー水位を上げて高水位になる。

(1)　A，B
(2)　A，B，C
(3)　A，B，D
(4)　B，C
(5)　C，D

〔解説〕　ボイラーから出て行く蒸気に，ボイラー水が水滴の状態又は泡の状態で混じって運び出されることをキャリオーバといい，その原因となる現象にプライミング（水気立ち）とホーミング（泡立ち）がある。キャリオーバの種類を次の表に示す。

表　キャリオーバの種類

	プライミング	ホーミング
現象	ボイラー水が水滴となって蒸気とともに運び出される	泡が発生しドラム内に広がり，蒸気に水分が混入して運び出される
原因等	蒸気流量の急増等によるドラム水面の変動	溶解性蒸発残留物の過度の濃縮又は有機物の存在

キャリオーバの害は，次のとおりである。
①　蒸気の純度を低下させる。
②　ボイラー水全体が著しく揺動し，水面計の水位を確認しにくい。
③　安全弁が汚れたり，圧力計の連絡穴にスケールや異物が詰まったり，又は水面計の蒸気連絡管にボイラー水が入ったりして，これらの性能を害する。
④　過熱器にボイラー水が入り，蒸気温度（過熱度）が低下し，かつ，過熱器を汚し，破損することもある。
⑤　自動制御関係の検出端（差圧式蒸気流量計，水位制限器及び調節器，圧力制限器及び調節器，その他）の開口部及び連絡配管の閉そく又は機能の障害をもたらす。
⑥　蒸気とともにボイラーから出た水分が配管内にたまり，ウォータハンマを起こし，配管，弁，継手，蒸気管などに損傷を与えることがある。
⑦　プライミングやホーミングが急激に起こると，水位が上がったものと水位制御装置が認識し，ボイラー内の水位を下げ，低水位事故を起こすおそれがある。
⑧　食品工場又は製品加工工場において，直接蒸気と接触する製品の場合は，製品の汚染，その他異臭など悪影響を及ぼすことがある。
　　問のA，Bの記述は正しい。問のC，Dの記述は誤りである。

〔答〕　(1)
〔ポイント〕　キャリオーバの現象・原因及びその障害について理解すること「最短合格2.1.7 ②」，「教本2.1.7(4)」。

問6　ボイラー水位が安全低水面以下にあると気付いたときの措置として，誤っているものは次のうちどれか。

(1)　燃料の供給を止めて，燃焼を停止する。
(2)　換気を行い，炉を冷却する。
(3)　主蒸気弁を全開にして，蒸気圧力を下げる。
(4)　炉筒煙管ボイラーでは，水面が煙管のある位置より低下した場合は，給水を行わない。
(5)　ボイラーが冷却してから，原因及び各部の損傷の有無を調査する。

〔解説〕　ボイラー水位が水面計以下にあると気づいたときは，
　①　燃料の供給を止めて燃焼を停止する。
　②　換気を行い，炉の冷却を図る。
　③　主蒸気弁を閉じて送気を中止する。
　④　残存水面上にある加熱管が急冷されるので，給水を行わない。また，鋳鉄製ボイラーの場合には，いかなる場合でも水を送ってはならない。
　⑤　ボイラーが自然冷却するのを待って，原因及び各部の損傷の有無を点検する。

　　したがって，問の(3)の記述は誤りである。

〔答〕　(3)

〔ポイント〕　運転中の障害とその対策について理解すること「最短合格2.1.7 ①」，「教本2.1.7 (1)」。

令4前 令3後 令3前 令2後 令2前 令1後
ボイラーの構造

令4前 令3後 令3前 令2後 令2前 令1後
ボイラーの取扱い

令4前 令3後 令3前 令2後 令2前 令1後
燃料及び燃焼

令4前 令3後 令3前 令2後 令2前 令1後
関係法令

問7　ボイラーの内面清掃の目的として，適切でないものは次のうちどれか。

(1)　すすの付着による効率の低下を防止する。
(2)　スケールやスラッジによる過熱の原因を取り除き，腐食や損傷を防止する。
(3)　スケールやスラッジによるボイラー効率の低下を防止する。
(4)　穴や管の閉塞による安全装置，自動制御装置などの機能障害を防止する。
(5)　ボイラー水の循環障害を防止する。

〔解説〕　ボイラーの清掃には，内面の清掃（水側）と外面の清掃（ガス側）がある。
　(a)　内面清掃の目的
　　①　スケール，スラッジによるボイラー効率の低下を防止する。また，スケール
　　　の付着，腐食の状態などから水管理の良否を判断する。
　　②　スケール，スラッジによる過熱の原因を除き，腐食，損傷を防止する。
　　③　穴や管の閉そくによる安全装置，自動制御装置，その他の運転機能の障害を
　　　防止する。
　　④　ボイラー水の循環障害を防止する。
　(b)　外面清掃の目的
　　①　すすの付着によるボイラー効率の低下を防止する。また，すすの付着状況か
　　　ら燃焼管理の良否を判断する。
　　②　灰のたい積による通風障害を除去する。
　　③　外部腐食を防止する。

　　　したがって，問の(1)の記述は外面の清掃（ガス側）の目的であり，適切では
　　ない。

〔答〕　(1)

〔ポイント〕　ボイラーの清掃の目的について理解すること「最短合格2.3.2」，「教本
　　　　　　2.3.2」。

〔解説〕　給水の硬度成分を除去する最も簡単な軟化装置で，設備が安価なため低圧ボイラーに広く普及している。

　単純軟化装置は，強酸性陽イオン交換樹脂を充填したNa塔に給水を通過させて，給水中の硬度成分であるカルシウムイオン（Ca^{2+}）とマグネシウムイオン（Mg^{2+}）を樹脂に吸着させ，樹脂のナトリウムイオン（Na^+）と置換させる装置で，低圧ボイラーに多く使用されている〔図(a)〕。単純軟化法では，給水中のシリカ（SiO_2）及び塩素イオン（Cl^-）を除去することはできない。それらを除去するには，イオン交換水製造法による。

　処理されて出てくる水の硬度は，通水開始後は0に近いが，次第に樹脂の交換能力が減退して水に硬度成分が残るようになり，その許容範囲の貫流点を超えると残留硬度は著しく増加してくる〔図(b)〕。

　このように樹脂の交換能力が減じた場合，食塩水（NaCl）によりNaイオンを吸着させ，樹脂の交換能力を復元させる。これを再生という。

　イオン交換樹脂は使用とともに鉄分で汚染されるので，1年に1回程度調査し，樹脂の酸洗い及び補充を行う必要がある。

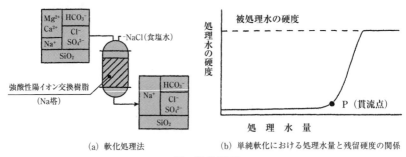

(a)　軟化処理法　　　(b)　単純軟化における処理水量と残留硬度の関係
図　軟化処理

　問の(1)，(3)，(4)，(5)の記述は正しい。
　シリカ及び塩素イオンは，除去できない。問の(2)の記述は誤りである。

〔答〕　(2)

〔ポイント〕　単純軟化法について理解すること「最短合格2.4.5 ②」，「教本2.4.5 (2)」

令4前 令3後 令3前 令2後 令2前

ボイラーの構造

令4前 令3後 令3前 令2後 令2前

ボイラーの取扱い

令4前 令3後 令3前 令2後 令2前

燃料及び燃焼

令4前 令3後 令3前 令2後 令2前

関係法令

問9　ボイラーのばね安全弁及び逃がし弁の調整及び試験に関するAからDまでの記述で，適切なもののみを全て挙げた組合せは，次のうちどれか。

A　安全弁の調整ボルトを定められた位置に設定した後，ボイラーの圧力をゆっくり上昇させて安全弁を作動させ，吹出し圧力及び吹止まり圧力を確認する。

B　安全弁が1個設けられている場合は，最高使用圧力の3％増以下で作動するように調整する。

C　エコノマイザの逃がし弁（安全弁）は，ボイラー本体の安全弁より低い圧力に調整する。

D　安全弁の手動試験は，常用圧力の75％以下の圧力で行う。

(1)　A
(2)　A，B
(3)　A，C，D
(4)　A，D
(5)　B，C，D

〔解説〕

A　ばね安全弁の調整は，ばねをある程度締めて圧力をゆっくり上昇させると安全弁が作動して蒸気が吹き出し，その後圧力が下がって弁が閉じるので，その吹出し圧力及び吹止り圧力を確認する。吹出し圧力が設定圧力になっても作動しない場合（設定圧力が高い）は，いったんボイラーの圧力を設定圧力の80％程度まで下げて調整ボルトを緩めて再度試験する。なお，設定圧力も低い場合は，調整ボルトを締めて再度試験する。したがって，問のAの記述は適切である。

B　ボイラー本体に安全弁が1個設けられている場合，その吹出し圧力はボイラーの最高使用圧力以下になるように調整する。2個以上の安全弁が設けられている場合，全ての安全弁の吹出し圧力を最高使用圧力以下に調整しても差し支えない。なお，この場合，1個の安全弁を最高使用圧力以下で作動するように調整したときは，他の安全弁を最高使用圧力の3％増以下で作動するように調整することができる。したがって，問のBの記述は適切でない。

C　エコノマイザの逃がし弁（安全弁）をボイラー本体の安全弁より低い圧力に調整すると，ボイラー本体の安全弁よりエコノマイザの逃がし弁（安全弁）が先に吹き出してボイラー本体に給水が供給されなくなるおそれがある。このため，エコノマイザの逃がし弁（安全弁）の吹出し圧力は，ボイラー本体の安全弁より高い圧力に調整するが，エコノマイザの最高使用圧力以下であることも必要である。したがって，問のCの記述は適切でない。

D　安全弁の手動試験は，定常負荷にあるボイラーの運転中に試験レバーを持ち上げて，蒸気が吹出すことを確認するもので，最高使用圧力の75％以上の圧力で行う。したがって，問のDの記述は適切でない。

〔答〕　(1)

〔ポイント〕　安全弁の調整及び試験について理解すること「最短合格2.2.3 2」，「教本2.2.3 (3)」。

問10　ボイラーの点火前の点検・準備について，適切でないものは次のうちどれか。

(1)　液体燃料の場合は油タンク内の油量を，ガス燃料の場合はガス圧力を調べ，適正であることを確認する。
(2)　験水コックがある場合には，水部にあるコックを開けて，水が噴き出すことを確認する。
(3)　圧力計の指針の位置を点検し，残針がある場合は予備の圧力計と取り替える。
(4)　給水タンク内の貯水量を点検し，十分な水量があることを確認する。
(5)　炉及び煙道内の換気は，煙道の各ダンパを半開にしてファンを運転し，徐々に行う。

〔解説〕　ボイラーの点火時は，ガス爆発や低水位事故が起きやすいので，点火に際しては事前の点検が完全であっても再度次の確認を行う。
　①　ボイラー水位の確認及び調整
　　　水面計によって，水位が常用水位であるか確認する。水位が常用水位より低い場合は給水を行い，高い場合は吹出しを行うことにより，水位の調整をする。
　　　また，水面計または験水コックの作動・機能の確認を行う。
　②　吹出し装置の点検
　　　吹出しを行い，弁の機能が正常であるか確認し，確実に閉止しておく。
　③　圧力計の点検
　　　圧力がない場合は，圧力計の指針が0点に戻っているか確認し，残針がある場合は，予備の圧力計と取り替える。
　④　給水装置の点検と作動確認
　　　給水タンク内の貯水量を点検し，十分な水量があることを確認する。
　　　給水管路の弁が確実に開いていること。また，水位を上下して水位検出器の機能と給水ポンプが正しく起動・停止が行われているか確認する。
　⑤　空気抜き弁
　　　空気抜き弁は，蒸気が発生し始めるまで開いておく。
　⑥　通風装置の点検・換気
　　　煙道のダンパを全開にしてファンを運転し，炉及び煙道内の換気を行う。
　⑦　燃焼装置の点検
　　　ガス圧力または油圧・油温が適正であるか，また，燃料系路の弁が確実に開いていること。液体燃料の場合，油タンク内の油量を液面計で確認すること。
　⑧　自動制御装置の点検

　　　以上のことから，問の(1)，(2)，(3)，(4)の記述は適切であり，(5)の記述は上記⑥のとおり，ダンパを全開にしてファンを運転すべきであるため適切ではない。

〔答〕　(5)

〔ポイント〕　点火前の点検・準備について理解すること「最短合格2.1.3」，「教本2.1.3(1)～(8)」。

■ 令和３年前期：ボイラーの取扱いに関する知識 ■

問1 ボイラーの点火前の点検・準備について，誤っているものは次のうちどれか。

(1) 液体燃料の場合は油タンク内の油量を，ガス燃料の場合はガス圧力を調べ，適正であることを確認する。

(2) 験水コックがある場合には，水部にあるコックを開けて，水が噴き出すことを確認する。

(3) 圧力計の指針の位置を点検し，残針がある場合は予備の圧力計と取り替える。

(4) 水位を上下して水位検出器の機能を試験し，給水ポンプが設定水位の上限において，正確に起動することを確認する。

(5) 煙道の各ダンパを全開にしてファンを運転し，炉及び煙道内のプレパージを行う。

〔解説〕 ボイラーの点火時は，ガス爆発や低水位事故が起きやすいので，点火に際しては事前の点検が完全であっても再度次の確認を行う。

① ボイラー水位の確認及び調整
水面計によって，水位が常用水位であるか確認する。水位が常用水位より低い場合は給水を行い，高い場合は吹出しを行うことにより，水位の調整をする。
また，水面計または験水コックの作動・機能の確認を行う。

② 吹出し装置の点検
吹出しを行い，弁の機能が正常であるか確認し，確実に閉止しておく。

③ 圧力計の点検
圧力がない場合は，圧力計の指針が０点に戻っているか確認し，残針がある場合は，予備の圧力計と取り替える。

④ 給水装置の点検と作動確認
給水管路の弁が確実に開いていること。また，水位を上下して水位検出器の機能と給水ポンプが正しく起動・停止が行われているか確認する。

⑤ 空気抜き弁
空気抜き弁は，蒸気が発生し始めるまで開いておく。

⑥ 通風装置の点検・換気
煙道のダンパを全開にしてファンを運転し，炉及び煙道内の換気を行う。

⑦ 燃焼装置の点検
ガス圧力または油圧・油温が適正であるか，また，燃料系路の弁が確実に開いていること。液体燃料の場合，油タンク内の油量を液面計で確認すること。

⑧ 自動制御装置の点検

　問の(1)，(2)，(3)，(5)の記述は正しい。
問の(4)において，水位検出器機能試験で，設定された水位の上限において，給水ポンプの起動の確認を行うというのは誤りで，水位の上限において給水ポンプが停止することの確認を行うが正しい。

〔答〕 (4)

〔ポイント〕 点火前の点検・準備について理解すること「最短合格2.1.3」，「教本2.1.3 (1)～(8)」。

87

問2 ボイラーの水管理について，誤っているものは次のうちどれか。

(1) マグネシウム硬度は，水中のカルシウムイオンの量を，これに対応する炭酸マグネシウムの量に換算し，試料1リットル中のmg数で表す。
(2) 水溶液が酸性かアルカリ性かは，水中の水素イオンと水酸化物イオンの量により定まる。
(3) 常温（25℃）でpHが7は中性，7を超えるものはアルカリ性である。
(4) 酸消費量は，水中に含まれる水酸化物，炭酸塩，炭酸水素塩などのアルカリ分の量を示すものである。
(5) 酸消費量には，酸消費量（pH4.8）と酸消費量（pH8.3）がある。

〔解説〕
(1) 全硬度は，水中のカルシウムイオン及びマグネシウムイオンの量を，これに対応する炭酸カルシウム（$CaCO_3$）の量に換算して試料1リットル中のmg数で表したものの合計である。
　　全硬度＝カルシウム硬度＋マグネシウム硬度
　　したがって，問の(1)の記述は誤りである。
(2), (3) 水（水溶液）が酸性か，アルカリ性かは水中の水素イオン（H^+）と，水酸化物イオン（OH^-）の量により定まるが，これを表示する方法として水素イオン指数pH（ピーエイチ）が用いられる。
　　図は，pHと水の性質との関係を示す。
　　すなわち，常温（25℃）でpHが7未満は酸性，7は中性，7を超えるものはアルカリ性である。

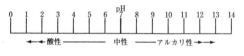

図　pHと水の性質

(4), (5) 酸消費量は，水中に含まれる水酸化物，炭酸塩，炭酸水素塩などのアルカリ分を示すものであり，炭酸カルシウム（$CaCO_3$）に換算して試料1リットル中のmg数で表される。
　　アルカリ分をpH4.8まで中和するのに要する「酸消費量（pH4.8）」とアルカリ分をpH8.3まで中和するのに要する「酸消費量（pH8.3）」がある。

〔答〕 (1)

〔ポイント〕 ボイラーに関する用語と単位を理解すること「最短合格2.4.3 ①〜④」，「教本2.4.3 (a)〜(d)」。

問3 ボイラーの酸洗浄に関するAからDまでの記述で、適切なもののみを全て挙げた組合せは、次のうちどれか。

A 酸洗浄の使用薬品には、りん酸が多く用いられる。
B 酸洗浄は、酸によるボイラーの腐食を防止するため抑制剤（インヒビタ）を添加して行う。
C 薬液で洗浄した後は、中和防錆処理を行ってから、水洗する。
D シリカ分の多い硬質スケールを酸洗浄するときは、所要の薬液で前処理を行い、スケールを膨潤させる。

(1) A, B, C
(2) A, B, D
(3) A, C
(4) B, D
(5) B, C, D

〔解説〕 ボイラーの酸洗浄は、薬品に酸を用いて洗浄し、ボイラー内のスケールを溶解除去するものである。

① 使用薬品

通常、洗浄主剤として、塩酸（HCl）が用いられている。

酸洗浄には、酸によるボイラーの腐食を防止するため抑制剤（インヒビタ）が添加されるほか、必要に応じて種々の添加剤（シリカ溶解剤、銅溶解剤、銅封鎖剤、還元剤など）が併用される。

② 洗浄作業

酸洗浄の処理工程は、次のとおりである。

(a)前処理→(b)水洗→(c)酸洗浄→(d)水洗→(e)中和防錆処理（除去しきれなかった酸液を中和する）

　　　注：前処理は、シリカ分の多い硬質スケールのとき、所要の薬液でスケールを膨潤させて、あとの酸洗浄を効果的にするために行う。

③ 火災の防止

酸洗浄作業中は水素（H_2）が発生するので、ボイラー周辺では火気を厳禁とする。火気使用禁止期間は、酸液注入開始時から酸洗浄終了時までである。

したがって、ボイラーの酸洗浄についての正しい組合せは、問の(4)　B, Dである。

〔答〕 (4)

〔ポイント〕 ボイラーの内部洗浄時の酸洗浄について理解すること「最短合格2.3.2 ⑤」、「教本2.3.2 (8)」。

令4前 令3後 令3前 令2後 令2前 令1後

ボイラーの構造

令4前 令3前 令2後 令2前 令1後

ボイラーの取扱い

令4前 令3後 令3前 令2後 令2前 令1後

燃料及び燃焼

令4前 令3後 令3前 令2後 令2前 令1後

関係法令

問4 油だきボイラーが運転中に突然消火する原因に関するAからDまでの記述で，正しいもののみを全て挙げた組合せは，次のうちどれか。

A 蒸気（空気）噴霧式バーナの場合，噴霧蒸気（空気）の圧力が高すぎる。
B 燃料油の温度が低すぎる。
C 燃料油弁を絞りすぎる。
D 炉内温度が高すぎる。

(1) A，B
(2) A，B，C
(3) A，C
(4) B，C，D
(5) B，D

〔解説〕 油だきボイラーの異常消火した場合には，次の原因が考えられる。
① 燃焼用空気量が多すぎる。
② 噴霧する空気，または蒸気圧力が強すぎる。
③ 油ろ過器がごみ，さびなどにより詰まった場合。
④ 燃料油弁を絞りすぎた場合。
⑤ 燃料油の温度が低すぎた場合。
⑥ 燃料油に水分や空気またはガスが多く含まれていた場合。
　　問のDの記述は誤りである。炉内温度が高くても異常消火にはならない。消火する原因というのは誤りである。

　　　したがって，正しい組合せは，問の(2)A，B，Cである。

〔答〕 (2)

〔ポイント〕 油だきボイラーの異常消火の原因を理解すること「最短合格2.1.7 ④」，「教本2.1.7 ⑩」。

問5 ボイラーに給水するディフューザポンプの取扱いについて，適切でないものは次のうちどれか。

(1) メカニカルシール式の軸については，水漏れがないことを確認する。
(2) 運転前に，ポンプ内及びポンプ前後の配管内の空気を十分に抜く。
(3) 起動は，吐出し弁を全閉，吸込み弁を全開にした状態で行い，ポンプの回転と水圧が正常になったら吐出し弁を徐々に開き，全開にする。
(4) 運転中は，振動，異音，偏心などの異常の有無及び軸受の過熱，油漏れなどの有無を点検する。
(5) 運転を停止するときは，ポンプ駆動用電動機を止めた後，吐出し弁を徐々に閉め，全閉にする。

〔解説〕
(1) ポンプの軸をシールする方式にメカニカルシール式とグランドパッキンシール式がある。グランドパッキンシール式では，運転中少量の水が滴下する程度にパッキンを締めるが，メカニカルシール式の軸については水漏れがないことを確認する（図）。

(2) ポンプを起動する前は，ポンプ内及び前後の配管内の空気を十分に抜く。
　　ポンプ内に空気が入っていると，ポンプを運転しても規定圧力まで上昇しないことがある。

(3)，(5) ポンプの起動・停止時における弁は，電動機に過負荷電流が流れないように次に示す順序で操作すること。

	吸込み弁	吐出し弁
起動時	全開	全閉・電動機起動後に全開
停止時	全開	電動機停止前に全閉

したがって，(5)の記述は誤りである。

(4) ポンプの起動時及び運転中は，吐出し圧力及び流量が適正であり，そのポンプの状態に対応する負荷電流値が適正であることを確認する。また，運転中は，振動，異音，偏心などの異常の有無及び軸受の過熱，油漏れなどの有無を点検する。

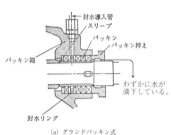

(a) グランドパッキン式

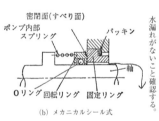

(b) メカニカルシール式

図　ポンプの軸シール方式

〔答〕　(5)

〔ポイント〕　給水装置の取扱いを理解すること「最短合格2.2.5」，「教本2.2.5」。

問6　ボイラーの清缶剤について，誤っているものは次のうちどれか。

(1)　軟化剤は，ボイラー水中の硬度成分を不溶性の化合物(スラッジ)に変えるための薬剤である。
(2)　軟化剤には，炭酸ナトリウム，りん酸ナトリウムなどがある。
(3)　脱酸素剤は，ボイラー給水中の酸素を除去するための薬剤である。
(4)　脱酸素剤には，タンニン，亜硫酸ナトリウム，ヒドラジンなどがある。
(5)　低圧ボイラーの酸消費量付与剤としては，塩化ナトリウムが用いられる。

〔解説〕　清缶剤は，水に起因するスケールの付着，腐食，キャリオーバなどの障害を防止するために，給水及びボイラー水に直接添加する薬剤をいう。pH及び酸消費量調節剤，軟化剤及び脱酸素剤等があり，主な目的は次のとおりである。
　　ⓐ　pH，酸消費量の調節剤
　　　ボイラー水のpHを調節して，ボイラーの腐食（イオン化を減少させて）及びスケールの付着などを防ぐ。また，シリカを可溶性の化合物とすることができる。
　　　なお，酸消費量調節剤には，ボイラー水に酸消費量を付与するものと酸消費量の上昇を抑制するものがある。水酸化ナトリウム，炭酸ナトリウムは酸消費量付与剤である。
　　ⓑ　軟化剤
　　　ボイラー水中の硬度成分を不溶性の化合物（スラッジ）に変えて，スケール付着を防止する。
　　ⓒ　脱酸素剤
　　　給水及びボイラー水中の酸素を除去するための薬剤である。
　　ⓓ　スラッジ分散剤
　　　ボイラー内で軟化して生じた泥状の沈殿物が，伝熱面に焼きついてスケールとして固まらないように水中に分散される。

表　清缶剤の作用による分類

作用分類	主な作用（効果）	主な商品名
pH及び酸消費量の調節剤	ボイラー水に適度の酸消費量を与え腐食を防止する。	・水酸化ナトリウム（NaOH） ・炭酸ナトリウム（Na_2CO_3）
軟化剤	硬度成分をスラッジに変えてスケール付着を防止する。	・炭酸ナトリウム（Na_2CO_3） ・りん酸ナトリウム（Na_3PO_4）
スラッジ分散剤	スラッジが伝熱面に焼きついてスケールとして固まらないようにする。	・タンニン
脱酸素剤	ボイラー水中の酸素を除去して溶存気体による腐食を防止する。	・亜硫酸ナトリウム（Na_2SO_3） ・ヒドラジン（N_2H_4） ・タンニン
給水，復水系統の防食剤	給水・復水系統の配管等が$(O_2)(CO_2)$によって腐食されるのを防止する。	・pH調節剤（防食） ・被膜性防食剤

　　問の(1)，(2)，(3)，(4)の記述は正しい。
　　問の(5)の酸消費量付与剤として塩化ナトリウムを用いるという記述は誤りである。正しくは，水酸化ナトリウム，炭酸ナトリウムである。

〔答〕　(5)
〔ポイント〕　清缶剤の使用目的と薬品名を理解すること「最短合格2.4.6 ②」，「教本2.4.6 (2)，(3)」。

問7 ボイラーの蒸気圧力上昇時の取扱いについて，適切でないものは次のうちどれか。

(1) 点火後は，ボイラー本体に大きな温度差を生じさせないように，かつ，局部的な過熱を生じさせないように時間をかけ，徐々に昇圧する。

(2) ボイラーをたき始めるとボイラー水の膨張により水位が上昇するので，2個の水面計の水位の動き具合に注意する。

(3) 蒸気が発生し始め，白色の蒸気の放出を確認してから，空気抜弁を閉じる。

(4) 圧力上昇中の圧力計の背面を点検のため指先で軽くたたくことは，圧力計を損傷するので行ってはならない。

(5) 整備した直後のボイラーでは，使用開始後にマンホール，掃除穴などの蓋取付け部は，漏れの有無にかかわらず，昇圧中や昇圧後に増し締めを行う。

〔解説〕

(1) ボイラーのたき始めは，いかなる理由があっても急激に燃焼量を増してはならない。急激な燃焼量の増加は，ボイラー本体の不同膨張を起こし，ボイラーとれんが積みとの接触部のすき間を増し，れんが積みの目地割れなどを生ずる。また，クラック（割れ），水管や煙管の取付け部や継手部からの漏れなどの原因となる。特に鋳鉄製ボイラーは，急冷急熱により割れることがある。時間をかけ，徐々に昇圧する。

(2) 二組の水面計の水位が同じであることを確認し，水位の動き具合に注意する。ボイラーをたき始めると，ボイラー水の膨張により水位が上昇する。水位が全く動かない場合は，連絡管の弁又はコックが閉じている可能性があるので調べる。

(3) ボイラー起動前に空気抜弁を全開とし，蒸気が発生し始め，白色の蒸気の放出を確認してから，空気抜き弁を閉じる。

(4) 圧力計の指針の動きを注視し，圧力の上昇度合いに応じて燃焼を加減する。同系統の他の圧力計との比較とか，圧力計の背面を指先で軽くたたくなどして圧力計の機能の良否を判断する。指針の動きが円滑でなく機能に疑いがあるときは，予備の圧力計と取り替える。圧力計の下部のコックを閉じることにより，圧力が加わっているときでも圧力計を取り替えることができる。
したがって，問の(4)の記述は誤りである。

(5) 蒸気圧力が上がり始めたときは，附属品の取付け部，ふた取付け部など漏れがないことを確認し，漏れがある箇所は軽く増し締めを行う。
整備した直後の使用始めのボイラーは，取付け部の漏れの有無にかかわらず，昇圧中や昇圧後に増し締めを行う。

〔答〕 (4)

〔ポイント〕 ボイラーの圧力上昇時の取扱いについて理解すること「最短合格2.1.5」，「教本2.1.5」。

問8　ボイラーの水面測定装置の取扱いについて，誤っているものは次のうちどれか。

(1)　水面計の蒸気コック，水コックを閉じるときは，ハンドルを管軸に対し直角方向にする。
(2)　水面計の機能試験は，毎日行う。
(3)　水柱管の連絡管の途中にある止め弁は，誤操作を防ぐため，全開にしてハンドルを取り外しておく。
(4)　水柱管の水側連絡管の取付けは，ボイラー本体から水柱管に向かって上がり勾配とする。
(5)　水側連絡管のスラッジを排出するため，水柱管下部の吹出し管により，毎日1回吹出しを行う。

〔解説〕
(1)　水面計のドレンコックのハンドルが管軸と直角方向であれば，コックは開の状態である。
　　したがって，問の(1)の記述内容は誤りである。
(2)，(5)　水柱管及び水側連絡管はスラッジがたまりやすいので，毎日1回は水柱管の吹出し弁を操作してスラッジを排出する。
(3)　水面計が水柱管に取り付けられている場合，水柱管の連絡管の途中にある止め弁（図のA弁）の開閉を誤認しないようにするため，弁を全開にしてからハンドルを取り外しておく。
(4)　水柱管の水側連絡管は，途中にスラッジがたまりやすいので，水柱管に向かって下がり勾配となる配管は避け，図に示すように水柱管に向かって上がり勾配とすること。

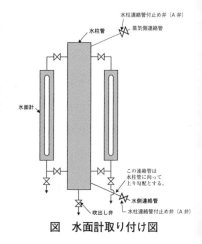

図　水面計取り付け図

〔答〕　(1)

〔ポイント〕　水面測定装置の取扱いについて理解すること「最短合格2.2.2」，「教本2.2.2」。

問9　ボイラーにおけるスケール及びスラッジの害として，誤っているものは次のうちどれか。

(1)　熱の伝達を妨げ，ボイラーの効率を低下させる。
(2)　炉筒，水管などの伝熱面を過熱させる。
(3)　水管の内面に付着すると，水の循環を悪くする。
(4)　ボイラーに連結する管，コック，小穴などを詰まらせる。
(5)　ウォータハンマを発生させる。

〔解説〕　給水中の溶解性蒸発残留物は，ボイラー内で次第に濃縮され飽和状態となって析出し，スケールとなって伝熱面に付着する。

スラッジは，主としてカルシウム，マグネシウムの炭酸水素塩が加熱（80 〜 100℃）により分解して生じた炭酸カルシウムや水酸化マグネシウム，及び軟化を目的とした清缶剤を添加した場合に生ずるりん酸カルシウムや，りん酸マグネシウムなどの軟質沈殿物である。

スケール及びスラッジの害は，次のとおりである。
①　炉筒や水管などの伝熱面を過熱させる。
②　熱の伝達を妨げ，ボイラーの効率を低下させる。
③　スケール成分の性質によっては，炉筒や水管，煙管などを腐食させる。
④　水管の内面に付着すると水の循環を悪くする。
⑤　ボイラーに連結する管やコック及びその他の小穴を詰まらせる。

しかし，ウォータハンマは，管内を水のかたまりが高速度で走り，管の曲がり部や弁に強い衝撃を与える現象であり，ボイラーにおけるスケール及びスラッジによる害ではない。したがって，問の(5)の記述は誤りである。

〔答〕　(5)

〔ポイント〕　不純物による障害について理解すること「最短合格2.4.4 [1]」，「教本2.4.4 (2)」。

問10 ボイラーにキャリオーバが発生した場合の処置として，最も適切でないものは次のうちどれか。

(1) 燃焼量を下げる。
(2) 主蒸気弁を急開して蒸気圧力を下げる。
(3) ボイラー水位が高いときは，一部を吹出しする。
(4) ボイラー水の水質試験を行う。
(5) ボイラー水が過度に濃縮されたときは，吹出し量を増し，その分を給水する。

〔解説〕 ボイラーから出ていく蒸気に，ボイラー水が水滴の状態又は泡の状態で混じって運び出されることをキャリオーバといい，その原因となる現象にプライミング（水気立ち）とホーミング（泡立ち）がある（表1）。
表2に，キャリオーバの原因と発生した場合の処置を示す。

表1 キャリオーバの種類

	プライミング	ホーミング
現象	ボイラー水が水滴となって蒸気とともに運び出される	泡が発生しドラム内に広がり，蒸気に水分が混入して運び出される
原因等	蒸気流量の急増等によるドラム水面の変動	溶解性蒸発残留物の過度の濃縮又は有機物の存在

表2 キャリオーバの原因と発生した場合の処置

原　因	処　置
① 蒸気負荷が過大である ② 主蒸気弁を急に開く ③ ボイラー水位が高水位である ④ ボイラー水が過度に濃縮され，溶解性蒸発残留物が多く，また，油脂分が含まれている	① 燃焼量を下げる ② 主蒸気弁などを徐々に絞り，水位の安定を保つ ③ 一部をブローする ④ 水質試験を行い，吹出し量を増して，必要によりボイラー水を入れ替える

キャリオーバが発生した場合の処置として，問の(1)，(3)，(4)，(5)，の記述は正しい。
問の(2)の記述は誤りである。正しくは，主蒸気弁を徐々に絞り，水位の安定を保つである。

〔答〕 (2)

〔ポイント〕 キャリオーバの現象・原因及びその処置について理解すること「最短合格2.1.7 ②」，「教本2.1.7(4)」。

問1 ボイラーに給水するディフューザポンプの取扱いについて，誤っているものは次のうちどれか。

(1) 運転前に，ポンプ内及びポンプ前後の配管内の空気を十分に抜く。

(2) 起動は，吐出し弁を全閉，吸込み弁を全開にした状態で行い，ポンプの回転と水圧が正常になったら吐出し弁を徐々に開き，全開にする。

(3) グランドパッキンシール式の軸については，運転中，水漏れが生じた場合はグランドボルトを増締めし，漏れを完全に止める。

(4) 運転中は，振動，異音，偏心，軸受の過熱，油漏れなどの有無を点検する。

(5) 運転を停止するときは，吐出し弁を徐々に閉め，全閉にしてからポンプ駆動用電動機を止める。

〔解説〕

(1) ポンプを起動する前は，ポンプ内及び前後の配管内の空気を十分に抜く。

ポンプ内に空気が入っていると，ポンプを運転しても規定圧力まで上昇しないことがある。

(2) (5)ポンプの起動・停止時における弁は，電動機に過負荷電流が流れないように次に示す順序で操作すること。

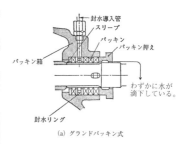

(a) グランドパッキン式

	吸込み弁	吐出し弁
起動時	全開	全閉・電動機起動後に全開
停止時	全開	電動機停止前に全閉

(3) ポンプの軸をシールする方式にメカニカルシール式とグランドパッキンシール式がある。グランドパッキンシール式では，運転中少量の水が滴下する程度にパッキンを締めるが，メカニカルシール式の軸については水漏れがないことを確認する（図）。

したがって，問の(3)の記述は誤りである。

(4) 運転中は，振動，異音，偏心などの異常の有無を点検する。特にカップリングボルトのゴムリングの損耗の有無，基礎ボルトに緩みのないことを確認する。

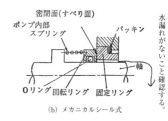

(b) メカニカルシール式

図　ポンプの軸シール方式

〔答〕 (3)

〔ポイント〕 給水装置の取扱いを理解すること「最短合格2.2.5」，「教本2.2.5」。

問2 ボイラーのスートブローについて，誤っているものは次のうちどれか。

(1) スートブローは，主としてボイラーの水管外面などに付着するすすの除去を目的として行う。
(2) スートブローは，安定した燃焼状態を保持するため，一般に最大負荷の50％以下で行う。
(3) スートブローが終了したら，蒸気の元弁を閉止し，ドレン弁は開放する。
(4) スートブローは，一箇所に長く吹き付けないようにして行う。
(5) スートブローの回数は，燃料の種類，負荷の程度，蒸気温度などに応じて決める。

〔解説〕
(1) ボイラーの燃料として，重質油及び石炭等を使用した時，また低負荷運転が長く続いた場合などには，ボイラー外部伝熱面に多くのすすが付着する。スートブローは，付着したすすを除去するために行われる。

スートブローの回数は，燃料の種類，負荷の程度などの条件により決められる。

(2) ボイラー運転中において燃焼量の低い状態では，通風量（通風力）が減少しており，このとき，スートブローを行うと通風量に影響し火炎が消失したり，燃焼ガスの流れを乱し，また，すすが排出されにくく，ボイラー底部にたまるおそれがあるので，ボイラー負荷が低く燃焼量の低い状態においてはスートブローを行わない。最大負荷よりやや低いところで行うこと。

また，ボイラーを消火した直後の高温炉内では，除去されたすすがボイラー外に排出されないで，再び燃焼を起こすことなどがあるので，この状態ではスートブローを行わないこと。

したがって，問の(2)において，一般に最大負荷の50％以下で行うという記述は誤りである。

(3) スートブローの噴射流体には蒸気又は圧縮空気が用いられるが，両流体中に含まれているドレンをよく切ることが必要である。ドレンが含まれている状態で噴射すると，すすに含まれている硫黄分などと反応して伝熱面を腐食させたり，ドレンによる衝撃力によって伝熱面を浸食したりする。そのため，スートブローが終了したら，蒸気の元弁を閉止し，ドレン弁は開放する。

(4) スートブローを行っているとき，噴射管は通常回転させるが，噴射管が曲がって回転が不可能になったことなどにより，一箇所に長く蒸気（圧縮空気）を吹きつけると，その部分が浸食されて伝熱管の厚さが薄くなり，破孔するおそれもあるので注意すること。

(5) ボイラーの燃料として，重質油及び石炭等を使用した時，また低負荷運転が長く続いた場合などには，ボイラー外部伝熱面に多くすすが付着する。スートブローは，付着したすすを除去するために行われる。したがって，スートブローの回数は，燃料の種類，負荷の程度などの条件によって決められる。

〔答〕 (2)

〔ポイント〕 伝熱面のすす掃除をする時期，状態について理解すること「最短合格2.1.6 ③」，「教本2.1.6 (5)」。

令和2年前期と同様の問題です。（P.108参照）

問3 次のうち，ボイラー給水の脱酸素剤として使用される薬剤のみの組合せはどれか。

(1) 塩化ナトリウム　　　　りん酸ナトリウム
(2) りん酸ナトリウム　　　タンニン
(3) 亜硫酸ナトリウム　　　炭酸ナトリウム
(4) 炭酸ナトリウム　　　　りん酸ナトリウム
(5) 亜硫酸ナトリウム　　　タンニン

〔解説〕　ボイラー給水の脱酸素剤として使用される薬剤には，亜硫酸ナトリウム，ヒドラジン及びタンニンがある。
　　ボイラー給水の脱酸素剤として使用される薬剤は問の(5)である。

表　清缶剤の作用による分類

作用分類	主な作用（効果）	主な薬品名
pH及び酸消費量の調節剤	ボイラー水に適度の酸消費量を与え腐食を防止する。	・水酸化ナトリウム（NaOH） ・炭酸ナトリウム（Na_2CO_3）
軟化剤	硬度成分をスラッジに変えてスケール付着を防止する。	・炭酸ナトリウム（Na_2CO_3） ・りん酸ナトリウム（Na_3PO_4）
スラッジ分散剤	スラッジが伝熱面に焼きついてスケールとして固まらないようにする。	・タンニン
脱酸素剤	ボイラー水中の酸素を除去して溶存気体による腐食を防止する。	・亜硫酸ナトリウム（Na_2SO_3） ・ヒドラジン（N_2H_4） ・タンニン
給水・復水系統の防食剤	給水・復水系統の配管等が（O_2），（CO_2）によって腐食されるのを防止する。	・pH調節剤（防食） ・被膜性防食剤

〔答〕　(5)

〔ポイント〕　清缶剤の使用目的と薬品名を理解すること「最短合格 2.4.6 ②」，「教本 2.4.6 (2)，(3)」。

問4　ボイラー水の吹出しについて，誤っているものは次のうちどれか。

(1) 炉筒煙管ボイラーの吹出しは，ボイラーを運転する前，運転を停止したとき又は負荷が低いときに行う。
(2) 鋳鉄製温水ボイラーは，配管のさび又はスラッジを吹き出す場合のほかは，吹出しは行わない。
(3) 水冷壁の吹出しは，いかなる場合でも運転中に行ってはならない。
(4) 吹出し弁が直列に2個設けられている場合は，第二吹出し弁を先に開き，次に第一吹出し弁を開いて吹出しを行う。
(5) 鋳鉄製蒸気ボイラーの吹出しは，燃焼をしばらく停止して，ボイラー水の一部を入れ替えるときに行う。

〔解説〕
(1) 炉筒煙管ボイラーの吹出しは，ボイラーを運転する前，運転を停止した時，またはボイラー運転の負荷が低い時に行う。この時期，スラッジがボイラー底部に沈殿して排出するのに最も効果があるためである。
(2), (5) 鋳鉄製蒸気ボイラーは，復水を循環使用するのを原則としているので，運転中のブローは必要ない。また，保有水量が少ないので，運転中は吹出しを行ってはならない。運転中に吹出しを行うと，補給水によりボイラー本体が急冷されて，不同膨張により割れを生じることがある。
　　ブローする場合は，燃焼をしばらく停止して，ボイラーが冷えてから行う。
(3) 水冷壁の吹出し（図）は，スラッジの吹出しが目的ではなく，ボイラー停止時に操作する排水用である。したがって，運転中に操作を行わないこと。
(4) 吹出し弁が直列に2個設けられている場合の操作順序は，先に急開弁を開き，次に漸開弁を徐々に開く。閉止するときの順序は，漸開弁を閉じてから急開弁を閉じる（図）。

したがって，問の(4)記述は誤りである。

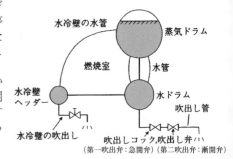

図　ボイラーからの吹出し

〔答〕　(4)

〔ポイント〕　吹出し装置の操作方法，取扱いに注意すること「最短合格2.2.4」，「教本2.2.4」。

問5 ボイラーにおけるキャリオーバの害として，誤っているものは次のうちどれか。

(1) 蒸気とともにボイラーから出た水分が配管内にたまり，ウォータハンマを起こす。

(2) ボイラー水全体が著しく揺動し，水面計の水位が確認しにくくなる。

(3) 自動制御関係の検出端の開口部若しくは連絡配管の閉塞又は機能の障害を起こす。

(4) 水位制御装置が，ボイラー水位が上がったものと認識し，ボイラー水位を下げて低水位事故を起こす。

(5) 脱気器内の蒸気温度が上昇し，脱気器の破損や汚損を起こす。

〔解説〕 ボイラーから出て行く蒸気に，ボイラー水が水滴の状態又は泡の状態で混じって運び出されることをキャリオーバといい，その原因となる現象にプライミング（水気立ち）とホーミング（泡立ち）がある。

表　キャリオーバの種類

	プライミング	ホーミング
現象	ボイラー水が水滴となって蒸気とともに運び出される	泡が発生しドラム内に広がり，蒸気に水分が混入して運び出される
原因等	蒸気流量の急増等によるドラム水面の変動	溶解性蒸発残留物の過度の濃縮又は有機物の存在

キャリオーバの害は，次のとおりである。

① 蒸気の純度を低下させる。

② ボイラー水全体が著しく揺動し，水面計の水位を確認しにくい。

③ 安全弁が汚れたり，圧力計の連絡穴にスケールや異物が詰まったり，又は水面計の蒸気連絡管にボイラー水が入ったりして，これらの性能を害する。

④ 過熱器にボイラー水が入り，蒸気温度（過熱度）が低下し，かつ，過熱器を汚し，破損することもある。

⑤ 自動制御関係の検出端（差圧式蒸気流量計，水位制御器及び調節器，圧力制限器及び調節器，その他）の開口部及び連絡配管の閉そく又は機能の障害をもたらす。

⑥ 蒸気とともにボイラーから出た水分が配管内にたまり，ウォータハンマを起こし，配管，弁，継手，蒸気管などに損傷を与えることがある。

⑦ プライミングやホーミングが急激に起こると，水位が上がったものと水位制御装置が認識し，ボイラー内の水位を下げ，低水位事故を起こすおそれがある。

⑧ 食品工場又は製品加工工場において，直接蒸気と接触する製品の場合は，製品の汚染，その他異臭など悪影響を及ぼすことがある。

問の(1)，(2)，(3)，(4)の記述は正しい。
問の(5)の記述は誤りである。

〔答〕 (5)
〔ポイント〕 キャリオーバの現象・原因及びその障害について理解すること「最短合格2.1.7 ②」，「教本2.1.7(4)」。

問6　ボイラー水位が水面計以下にあると気付いたときの措置に関するAからDまでの記述で，正しいもののみを全て挙げた組合せは，次のうちどれか。

　　A　燃料の供給を止めて，燃焼を停止する。
　　B　炉内，煙道の換気を行う。
　　C　換気が完了したら，煙道ダンパは閉止しておく。
　　D　炉筒煙管ボイラーでは，水面が煙管のある位置より低下した場合は，徐々に給水を行い煙管を冷却する。

　(1)　A，B
　(2)　A，B，C
　(3)　A，B，D
　(4)　B，C
　(5)　C，D

〔解説〕　ボイラー水位が水面計以下にあると気づいたときは，
　①　燃料の供給を止めて燃焼を停止する。
　②　換気を行い，炉の冷却を図る。
　③　主蒸気弁を閉じて送気を中止する。
　④　残存水面上にある加熱管が急冷されるので，給水を行わない。また，鋳鉄製ボイラーの場合には，いかなる場合でも水を送ってはならない。
　⑤　ボイラーが自然冷却するのを待って，原因及び各部の損傷の有無を点検する。したがって，問のA,Bの記述が正しい。

〔答〕　(1)

〔ポイント〕　運転中の障害とその対策について理解すること「最短合格2.1.7 ①」，「教本2.1.7 (1)」。

令4前 令3後 令3前 令1後

ボイラーの構造

令4前 令3後 令3前 令2後 令2前 令1後

ボイラーの取扱い

令4前 令3後 令3前 令2後 令2前 令1後

燃料及び燃焼

令4前 令3後 令3前 令2後 令2前 令1後

関係法令

> **問7** ボイラーの内面清掃の目的として，適切でないものは次のうちどれか。
>
> (1) 灰の堆積による通風障害を防止する。
> (2) スケールやスラッジによる過熱の原因を取り除き，腐食や損傷を防止する。
> (3) スケールの付着，腐食の状態などから水管理の良否を判断する。
> (4) 穴や管の閉塞による安全装置，自動制御装置などの機能障害を防止する。
> (5) ボイラー水の循環障害を防止する。

〔解説〕 ボイラーの清掃には，内面の清掃（水側）と外面の清掃（ガス側）がある。

(a) 内面清掃の目的

① スケール，スラッジによるボイラー効率の低下を防止する。また，スケールの付着，腐食の状態などから水管理の良否を判断する。

② スケール，スラッジによる過熱の原因を除き，腐食，損傷を防止する。

③ 穴や管の閉そくによる安全装置，自動制御装置，その他の運転機能の障害を防止する。

④ ボイラー水の循環障害を防止する。

(b) 外面清掃の目的

① すすの付着によるボイラー効率の低下を防止する。また，すすの付着状況から燃焼管理の良否を判断する。

② 灰のたい積による通風障害を除去する。

③ 外部腐食を防止する。

したがって，問の(1)の記述は外面の清掃（ガス側）の目的であり，適切ではない。

〔答〕 (1)

〔ポイント〕 ボイラーの清掃の目的について理解すること「最短合格2.3.2」，「教本2.3.2」。

問8 単純軟化法によるボイラー補給水の軟化装置について，誤っているものは次のうちどれか。

(1) 軟化装置は，強酸性陽イオン交換樹脂を充填したNa塔に補給水を通過させるものである。
(2) 軟化装置は，水中のカルシウムやマグネシウムを除去することができる。
(3) 軟化装置による処理水の残留硬度は，貫流点を超えると著しく減少する。
(4) 軟化装置の強酸性陽イオン交換樹脂の交換能力が低下した場合は，一般に食塩水で再生を行う。
(5) 軟化装置の強酸性陽イオン交換樹脂は，1年に1回程度，鉄分による汚染などを調査し，樹脂の洗浄及び補充を行う。

〔解説〕 単純軟化装置は，強酸性陽イオン交換樹脂を充填したNa塔に給水を通過させて，給水中の硬度成分であるカルシウムイオン(Ca^{2+})とマグネシウムイオン(Mg^{2+})を樹脂に吸着させ，樹脂のナトリウムイオン（Na^+）と置換させる装置で，低圧ボイラーに多く使用されている〔図(a)〕。単純軟化法では，給水中のシリカ（SiO_2）及び塩素イオン（Cl^-）を除去することはできない。それらを除去するには，イオン交換水製造法による。

　処理されて出てくる水の硬度は，通水開始後は0に近いが，次第に樹脂の交換能力が減退して水に硬度成分が残るようになり，その許容範囲の貫流点を超えると残留硬度は著しく増加してくる〔図(b)〕。

　このように樹脂の交換能力が減じた場合，食塩水（NaCl）によりNaイオンを吸着させ，樹脂の交換能力を復元させる。これを再生という。

　イオン交換樹脂は使用とともに鉄分で汚染されるので，1年に1回程度調査し，樹脂の酸洗い及び補充を行う必要がある。

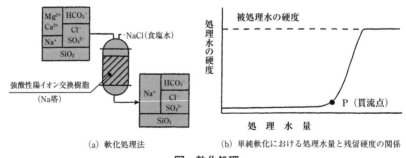

(a) 軟化処理法　　　(b) 単純軟化における処理水量と残留硬度の関係

図　軟化処理

　問の(1)，(2)，(4)，(5)の記述は正しい。

　問の(3)の記述は誤りである。正しくは，貫流点を超えると硬度は著しく増加する。

〔答〕 (3)
〔ポイント〕 単純軟化法について理解すること「最短合格2.4.5 ②」，「教本2.4.5 (2)」。

問9 ボイラーのばね安全弁及び逃がし弁の調整及び試験について，誤っているものは次のうちどれか。

(1) 安全弁の調整ボルトを定められた位置に設定した後，ボイラーの圧力をゆっくり上昇させて安全弁を作動させ，吹出し圧力及び吹止まり圧力を確認する。

(2) 安全弁が設定圧力になっても作動しない場合は，直ちにボイラーの圧力を設定圧力の80％程度まで下げ，調整ボルトを締めて再度，試験する。

(3) ボイラー本体に安全弁が2個ある場合は，1個を最高使用圧力以下で先に作動するように調整したときは，他の1個を最高使用圧力の3％増以下で作動するように調整することができる。

(4) エコノマイザの逃がし弁（安全弁）は，ボイラー本体の安全弁より高い圧力に調整する。

(5) 最高使用圧力の異なるボイラーが連絡している場合，各ボイラーの安全弁は，最高使用圧力の最も低いボイラーを基準に調整する。

〔解説〕

(1),(2) ばね安全弁の調整は，ばねをある程度締めて圧力をゆっくり上昇させると安全弁が作動して蒸気が吹き出し，その後圧力が下がって弁が閉じるので，その吹出し圧力及び吹止り圧力を確認する。吹出し圧力が設定圧力になっても作動しない場合（設定圧力が高い）は，いったんボイラーの圧力を設定圧力の80％程度まで下げて調整ボルトを緩めて再度試験する。なお，設定圧力も低い場合は，調整ボルトを締めて再度試験する。

問の(2)記述において，設定圧力よりも高い場合は，調整ボルトを締めるというのは誤りで，正しくは，緩めて再度試験する。

(3) ボイラー本体に安全弁が1個設けられている場合，その吹出し圧力はボイラーの最高使用圧力以下になるように調整する。2個以上の安全弁が設けられている場合，全ての安全弁の吹出し圧力を最高使用圧力以下に調整しても差し支えない。なお，この場合，1個の安全弁を最高使用圧力以下で作動するように調整したときは，他の安全弁を最高使用圧力の3％増以下で作動するように調整することができる。

(4) エコノマイザの逃がし弁（安全弁）をボイラー本体の安全弁より低い圧力に調整すると，ボイラー本体の安全弁よりエコノマイザの逃がし弁（安全弁）が先に吹き出してボイラー本体に給水が供給されなくなるおそれがある。このため，エコノマイザの逃がし弁（安全弁）の吹出し圧力は，ボイラー本体の安全弁より高い圧力に調整するが，エコノマイザの最高使用圧力以下であることも必要である。

(5) 最高使用圧力の異なるボイラーが連絡している場合，連絡しているボイラーの蒸気圧力は同一となるので，それぞれのボイラーの最高使用圧力を超えないようにするためには，最も低い最高使用圧力のボイラーを基準に調整する必要がある。

〔答〕 (2)

〔ポイント〕 安全弁の調整及び試験ついて理解すること「最短合格2.2.3 ②」，「教本2.2.3 (3)」。

問10　ボイラーの点火前の点検・準備について，誤っているものは次のうちどれか。

(1)　水面計によってボイラー水位が低いことを確認したときは，給水を行って常用水位に調整する。
(2)　験水コックがある場合には，水部にあるコックを開けて，水が噴き出すことを確認する。
(3)　圧力計の指針の位置を点検し，残針がある場合は予備の圧力計と取り替える。
(4)　水位を上下して水位検出器の機能を試験し，給水ポンプが設定水位の上限において，正確に起動することを確認する。
(5)　煙道の各ダンパを全開にしてファンを運転し，炉及び煙道内の換気を行う。

〔解説〕　ボイラーの点火時は，ガス爆発や低水位事故が起きやすいので，点火に際しては事前の点検が完全であっても再度次の確認を行う。
　①　ボイラー水位の確認
　　　水面計によって，水位が常用水位であるか確認する。水位が常用水位より低い場合は給水を行い，高い場合は吹出しを行うことにより，水位の調整をする。また，験水コックがある場合，水部にあるコックを開いて，水が噴き出すことを確認する。
　②　吹出し装置の点検
　　　吹出しを行い，弁の機能が正常であるか確認し，確実に閉止しておく。
　③　圧力計の点検
　　　圧力がない場合は，圧力計の指針が０点に戻っているかを確認し，残針がある場合は，予備の圧力計と取り替える。
　④　給水装置の点検と作動確認
　　　給水管路の弁が確実に開いていること。また，水位を上下して水位検出器の設定水位の上限において，ポンプが停止し，また，水位の下限においてポンプが起動するか確認する。
　⑤　空気抜き弁
　　　空気抜き弁は，蒸気が発生し始めるまで開いておく。
　⑥　通風装置の点検・換気
　　　煙道ダンパを全開にしてファンを運転し，炉及び煙道内の換気を行う。
　⑦　燃焼装置の点検
　　　ガス圧力または油圧・油温が適正であるか，また，燃料系路の弁が確実に開いていること。液体燃料の場合，油タンク内の油量を液面計で確認すること。
　⑧　自動制御装置の点検

　問の(1)，(2)，(3)，(5)の記述は正しい。
　問の(4)において，水位検出器機能試験で，設定された水位の上限において，給水ポンプの起動の確認を行うというのは誤りで，水位の上限において給水ポンプが停止することの確認を行うのが正しい。

〔答〕　(4)

〔ポイント〕　点火前の点検・準備について理解すること「最短合格2.1.3」，「教本2.1.3
　　　　　　(1)～(8)」。

問1　ボイラーの水面測定装置の取扱いについて，誤っているものは次のうちどれか。

(1)　運転開始時の水面計の機能試験では，点火前に残圧がある場合は，点火直前に行う。
(2)　プライミングやホーミングが生じたときは，水面計の機能試験を行う。
(3)　水柱管の連絡管の途中にある止め弁は，誤操作を防ぐため，全開にしてハンドルを取り外しておく。
(4)　水柱管の水側連絡管は，ボイラーから水柱管に向かって下がり勾配に配管する。
(5)　水側連絡管のスラッジを排出するため，水柱管下部の吹出し管により，毎日１回吹出しを行う。

〔解説〕　水面測定装置は，ボイラー内の正しい水位を知る重要な装置であるので，常に機能を正常に保持するように努めなければならない。

(1)　水面計の機能試験は，ボイラーにある程度の圧力がある時の方が掃除の効果がある。そのため，点火前に残圧がない場合は，たき始めて蒸気圧力が上がり始めたときに行う。
(2)　キャリオーバ（プライミングやホーミング）すると，蒸気側の取出管，コックなどに汚れが生じる恐れがあるので，水面計の機能試験を行う。
(3)　水面計が水柱管に取り付けられている場合，水柱管の連絡管の途中にある止め弁（図のA弁）の開閉を誤認しないようにするため，弁を全開にしてからハンドルを取り外しておく。
(4)　水柱管の水側連絡管は，途中にスラッジがたまりやすいので，水柱管に向かって下がり勾配となる配管は避け，図に示すように水柱管に向かって上がり勾配とすること。
　　問の(4)において，水側連絡管は水柱管に向かって下がり勾配となる配管にするという記述は誤りである。

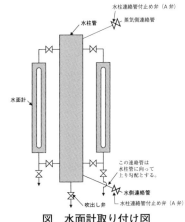

図　水面計取り付け図

(5)　水柱管及び水側連絡管はスラッジがたまりやすいので，毎日１回は水柱管の吹出し弁を操作してスラッジを排出する。

〔答〕　(4)

〔ポイント〕　水面測定装置の取扱いについて理解すること「最短合格2.2.2.」，「教本2.2.2」。

問2 次のうち，ボイラー給水の脱酸素剤として使用される薬剤の組合せはどれか。

(1) 塩化ナトリウム　　　　　りん酸ナトリウム
(2) りん酸ナトリウム　　　　タンニン
(3) 亜硫酸ナトリウム　　　　炭酸ナトリウム
(4) 炭酸ナトリウム　　　　　りん酸ナトリウム
(5) 亜硫酸ナトリウム　　　　タンニン

〔解説〕　ボイラー給水の脱酸素剤として使用される薬剤には，亜硫酸ナトリウム，ヒドラジン及びタンニンがある。
　　ボイラー給水の脱酸素剤として使用される薬剤は問の(5)である。

表　清缶剤の作用による分類

作用分類	主な作用（効果）	主な薬品名
pH及び酸消費量の調節剤	ボイラー水に適度の酸消費量を与え腐食を防止する。	・水酸化ナトリウム（NaOH） ・炭酸ナトリウム（Na_2CO_3）
軟化剤	硬度成分をスラッジに変えてスケール付着を防止する。	・炭酸ナトリウム（Na_2CO_3） ・りん酸ナトリウム（Na_3PO_4）
スラッジ分散剤	スラッジが伝熱面に焼きついてスケールとして固まらないようにする。	・タンニン
脱酸素剤	ボイラー水中の酸素を除去して溶存気体による腐食を防止する。	・亜硫酸ナトリウム（Na_2SO_3） ・ヒドラジン（N_2H_4） ・タンニン
給水・復水系統の防食剤	給水・復水系統の配管等が（O_2），（CO_2）によって腐食されるのを防止する。	・pH調節剤（防食） ・被膜性防食剤

〔答〕　(5)

〔ポイント〕　清缶剤の使用目的と薬品名を理解すること「最短合格 2.4.6 ②」，「教本 2.4.6 (2)，(3)」。

問3 ボイラーにキャリオーバが発生する原因となる場合として，誤っているものは次のうちどれか。

(1) 高水位である。
(2) 主蒸気弁を急に開く。
(3) 蒸気負荷が過小である。
(4) ボイラー水が過度に濃縮されている。
(5) ボイラー水に油脂分が多く含まれている。

〔解説〕 ボイラーから出ていく蒸気に，ボイラー水が水滴の状態又は泡の状態で混じって運び出されることをキャリオーバといい，その原因となる現象にプライミング（水気立ち）とホーミング（泡立ち）がある（表1）。
　表2に，キャリオーバの原因と発生した場合の処置を示す。

表1　キャリオーバの種類

	プライミング	ホーミング
現象	ボイラー水が水滴となって蒸気とともに運び出される	泡が発生しドラム内に広がり，蒸気に水分が混入して運び出される
原因等	蒸気流量の急増等によるドラム水面の変動	溶解性蒸発残留物の過度の濃縮又は有機物の存在

表2　キャリオーバの原因と発生した場合の処置

原因	処置
① 蒸気負荷が過大である	① 燃焼量を下げる
② 主蒸気弁を急に開く	② 主蒸気弁などを徐々に絞り，水位の安定を保つ
③ ボイラー水位が高水位である	③ 一部をブローする
④ ボイラー水が過度に濃縮され，溶解性蒸発残留物が多く，また，油脂分が含まれている	④ 水質試験を行い，吹出し量を増して，必要によりボイラー水を入れ替える

　したがって，キャリオーバの発生する原因として，問の(3)の記述は誤りである。
　蒸気負荷が過小の場合は，キャリオーバはしない。

〔答〕 (3)

〔ポイント〕 キャリオーバの現象・原因について理解すること「最短合格2.1.7 ②」，「教本2.1.7 (4)」。

問4　ガスだきボイラーの手動操作による点火について，誤っているものは次のうちどれか。

(1)　ガス圧力が加わっている継手，コック及び弁は，ガス漏れ検出器の使用又は検出液の塗布によりガス漏れの有無を点検する。
(2)　通風装置により，炉内及び煙道を十分な空気量でプレパージする。
(3)　バーナが上下に2基配置されている場合は，上方のバーナから点火する。
(4)　燃料弁を開いてから点火制限時間内に着火しないときは，直ちに燃料弁を閉じ，炉内を換気する。
(5)　着火後，燃焼が不安定なときは，直ちに燃料の供給を止める。

〔解説〕　ガスだきボイラーの手動操作による点火に関する問題である。
(1)　ガス圧力が加わっているガス配管及び弁・コックなどは，ガス漏れ検出器又は石けん等の検出液でガス漏れの有無を点検する。
　　　また，ガス圧力が適正で安定していることを確認する。
　　　点火用ガス圧力が低下していると，短炎となり未点火及び逆火を引き起こすおそれがある。
(2)　通風装置，煙風道の各ダンパの機能を点検して全開とし，炉内及び煙道内の換気（プレパージ）を行う。
(3)　バーナが2基以上ある場合の点火操作は，初めに1基のバーナに点火し，燃焼が安定してから他のバーナに点火する。バーナが上下に配置されている場合は，下方のバーナから点火する。
　　　したがって，問の(3)の記述内容は誤りである。
(4)，(5)　制限時間内に点火，着火しないとき及び着火してからも燃焼状態が不安定のときは，直ちに燃料弁を閉じ点火操作を打ち切って，ダンパを全開し炉内を完全に換気したのち不着火や燃焼不良の原因を調べ，それを修復してから再び点火操作を行う。

〔答〕　(3)

〔ポイント〕　ガスだきボイラーの点火前の準備および点火方法について理解すること「最短合格2.1.4」，「教本2.1.4」。

問5 単純軟化法によるボイラー補給水の軟化装置について，誤っているものは次のうちどれか。

(1) 軟化装置は，強酸性陽イオン交換樹脂を充填したNa塔に補給水を通過させるものである。
(2) 軟化装置は，水中のカルシウムやマグネシウムを除去することができる。
(3) 軟化装置による処理水の残留硬度が貫流点に達したら，通水を始め再生操作を行う。
(4) 軟化装置の強酸性陽イオン交換樹脂の交換能力が低下した場合は，一般に食塩水で再生を行う。
(5) 軟化装置の強酸性陽イオン交換樹脂は，1年に1回程度，鉄分による汚染などを調査し，樹脂の洗浄及び補充を行う。

〔解説〕　単純軟化装置は，強酸性陽イオン交換樹脂を充填したNa塔に給水を通過させて，給水中の硬度成分であるカルシウムイオン（Ca^{2+}）とマグネシウムイオン（Mg^{2-}）を樹脂に吸着させ，樹脂のナトリウムイオン（Na^+）と置換させる装置で，低圧ボイラーに多く使用されている。単純軟化法では，給水中のシリカ（SiO_2）及び塩素イオン（Cl^-）を除去することはできない。それらを除去するには，イオン交換水製造法による。

処理されて出てくる水の硬度は，通水開始後は0に近いが，次第に樹脂の交換能力が減退して水に硬度成分が残るようになり，その許容範囲の貫流点を超えると残留硬度は著しく増加してくる（図(b)）。

このように樹脂の交換能力が減じた場合，食塩水（NaCl）によりNaイオンを吸着させ，樹脂の交換能力を復元させる。これを再生という。

イオン交換樹脂は使用とともに鉄分で汚染されるので，1年に1回程度調査し，樹脂の酸洗い及び補充を行う必要がある。

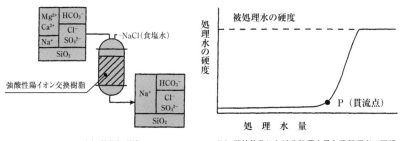

(a) 軟化処理法　　(b) 単純軟化における処理水量と残留硬度の関係
図　軟化処理

したがって，問の(3)の記述は誤りである。正しくは，貫流点に達したら通水を中止して再生操作を行う。

〔答〕　(3)

〔ポイント〕　単純軟化法について理解すること「最短合格2.4.5 ②」，「教本2.4.5 (2)」。

問6 ボイラーのばね安全弁に蒸気漏れが生じた場合の措置として，誤っているものは次のうちどれか。

(1) 試験用レバーを動かして，弁の当たりを変えてみる。
(2) 調整ボルトにより，ばねを強く締め付ける。
(3) 弁体と弁座の間に，ごみなどの異物が付着していないか調べる。
(4) 弁体と弁座の中心がずれていないか調べる。
(5) ばねが腐食していないか調べる。

〔解説〕 安全弁は，ボイラー内部の圧力が一定限度以上に上昇するのを機械的に阻止し，内部圧力の異常上昇による破裂を未然に防止するもので重要な安全装置である。

ばね安全弁には，全量式と揚程式がある。ばね安全弁から蒸気漏れが発生した場合，次の処置を速やかに行う必要がある。

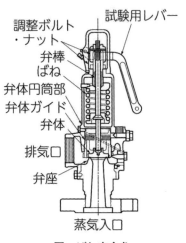

図　ばね安全弁

(1), (2), (3) 弁体と弁座の間に，ごみなどの異物が付着して蒸気漏れが生じている場合は，試験用レバーで一度安全弁を吹かすと，弁体と弁座間のごみが吹き飛んで漏れが止まることがある。また，弁体と弁座に対する当たりが変わって漏れが止まることがある。

漏れが止まらない場合は，弁体と弁座にきずが発生したり，すり合わせが悪くなっていると思われるので，安全弁を分解してその原因を調べ，弁体，弁座の修理をする。

調整ボルトにより，ばねを強く締め付けないこと。ばねを調整するのは設定圧力を変える場合である。

したがって，問の(2)の記述は誤りである。

(4), (5) 安全弁のばねが腐食して，弁体を押し下げる力が弱くなったり，また弁棒の押す力がずれて，弁体と弁座の当たり面が不均一になっていると蒸気漏れの原因となるので，安全弁を分解して修理すること。

また，熱膨張により，弁体円筒部と弁体ガイドが密着している。また弁棒が曲がっていると，弁棒がスムースに動かないので，安全弁が作動しないことがある。

〔答〕 (2)

〔ポイント〕 安全弁の故障の原因を理解すること「最短合格2.2.3」，「教本2.2.3」。

問7　ボイラーの内面清掃の目的に関するAからDまでの記述で，正しいもののみを全て挙げた組合せは，次のうちどれか。

　　A　すすの付着による水管などの腐食を防止する。
　　B　スケールやスラッジによる過熱の原因を取り除き，腐食や損傷を防止する。
　　C　スケールやスラッジによるボイラー効率の低下を防止する。
　　D　穴や管の閉塞による安全装置，自動制御装置などの機能障害を防止する。
(1)　A，B，C
(2)　A，C
(3)　A，D
(4)　B，C，D
(5)　B，D

〔解説〕　ボイラーの清掃には，内面の清掃（水側）と外面の清掃（ガス側）がある。内面清掃の目的は問の(4)　B，C，Dである。
(a)　内面清掃の目的
　①　スケール，スラッジによるボイラー効率の低下を防止する。また，スケールの付着，腐食の状態などから水管理の良否を判断する。
　②　スケール，スラッジによる過熱の原因を除き，腐食，損傷を防止する。
　③　穴や管の閉そくによる安全装置，自動制御装置，その他の運転機能の障害を防止する。
　④　ボイラー水の循環障害を防止する。
(b)　外面清掃の目的
　①　すすの付着によるボイラー効率の低下を防止する。また，すすの付着状況から燃焼管理の良否を判断する。
　②　灰のたい積による通風障害を除去する。
　③　外部腐食を防止する。

〔答〕　(4)

〔ポイント〕　ボイラーの清掃の目的について理解すること「最短合格2.3.2」，「教本2.3.2」。

問8 ボイラー水の吹出しについて，誤っているものは次のうちどれか。

(1) 炉筒煙管ボイラーの吹出しは，ボイラーを運転する前，運転を停止したとき又は負荷が低いときに行う。
(2) 鋳鉄製蒸気ボイラーの吹出しは，運転中に行わなければならない。
(3) 水冷壁の吹出しは，いかなる場合でも運転中に行ってはならない。
(4) 1人で2基以上のボイラーの吹出しを同時に行ってはならない。
(5) 直列に設けられている2個の吹出し弁を閉じるときは，第二吹出し弁を先に閉じ，次に第一吹出し弁を閉じる。

〔解説〕
(1) 炉筒煙管ボイラーの吹出しは，ボイラーを運転する前，運転を停止した時，またはボイラー運転の負荷が低い時に行う。この時期，スラッジがボイラー底部に沈殿して排出するのに最も効果があるためである。
(2) 鋳鉄製蒸気ボイラーは，復水を循環使用するのを原則としているので，運転中のブローは必要ない。また，保有水量が少ないので，運転中は吹出しを行ってはならない。運転中に吹出しを行うと，補給水によりボイラー本体が急冷されて，不同膨張により割れを生じることがある。
　ブローする場合は，燃焼をしばらく停止して，ボイラーが冷えてから行う。
　したがって，問の(2)の記述は誤りである。

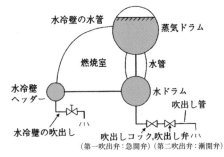

(3) 水冷壁の吹出し（図）は，スラッジの吹出しが目的ではなく，ボイラー停止時に操作する排水用である。したがって，運転中に操作を行わないこと。
(4) 1人で2基以上のボイラーの吹出しを同時に行ってはならない。
　また，吹出しを行っている間は，他の作業を行ってはならない。他の作業を行う必要が生じたときは，吹出し作業を中止して，吹出し弁を閉止してから行う。

図　ボイラーからの吹出し

(5) 吹出し弁が直列に2個設けられている場合の操作順序は，先に急開弁を開き，次に漸開弁を徐々に開く。閉止するときの順序は，漸開弁を閉じてから急開弁を閉じる（図）。

〔答〕 (2)

〔ポイント〕 吹出し装置の操作方法，取扱いに注意すること「最短合格2.2.4」，「教本2.2.4」。

問9 ボイラーに給水するディフューザポンプの取扱いについて，誤っているものは次のうちどれか。

(1) 運転前に，ポンプ内及びポンプ前後の配管内の空気を十分に抜く。
(2) 起動は，吐出し弁を全閉，吸込み弁を全開にした状態で行い，ポンプの回転と水圧が正常になったら吐出し弁を徐々に開き，全開にする。
(3) 運転中は，ポンプの吐出し圧力，流量及び負荷電流が適正であることを確認する。
(4) グランドパッキンシール式の軸については，運転中，水漏れがないことを確認する。
(5) 運転を停止するときは，吐出し弁を徐々に閉め，全閉にしてからポンプ駆動用電動機を止める。

〔解説〕 給水ポンプの遠心ポンプは，ディフューザポンプと渦巻きポンプに分類される。そのディフューザポンプの取扱いに関する問題である。

(1) ポンプを起動する前は，ポンプ内及び前後の配管内の空気を十分に抜く。
　　ポンプ内に空気が入っていると，ポンプを運転しても規定圧力まで上昇しないことがある。
(2) ポンプの起動・停止時における弁は，電動機に過負荷電流が流れないように次に示す順序で操作すること。

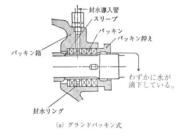

(a) グランドパッキン式

	吸込み弁	吐出し弁
起動時	全開	全閉・電動機起動後に全開
停止時	全開	電動機停止前に全閉

(3) ポンプの起動時及び運転中は，吐出し圧力及び流量が適正であり，そのポンプの状態に対応する負荷電流値が適正であることを確認する。
(4) ポンプの軸をシールする方式にメカニカルシール式とグランドパッキンシール式がある。グランドパッキンシール式では，運転中少量の水が滴下する程度にパッキンを締めるが，メカニカルシール式の軸については水漏れがないことを確認する（図）。

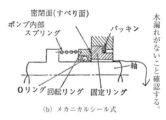

(b) メカニカルシール式

図　ポンプの軸シール方式

　　したがって，問の(4)の記述は誤りである。

〔答〕 (4)

〔ポイント〕 給水装置の取扱いを理解すること「最短合格2.2.5」，「教本2.2.5」。

問10　ボイラーの蒸気圧力上昇時の取扱いについて，誤っているものは次のうちどれか。

(1)　点火後は，ボイラー本体に大きな温度差を生じさせないように，かつ，局部的な過熱を生じさせないように時間をかけ，徐々に昇圧する。
(2)　ボイラーをたき始めるとボイラー本体の膨張により水位が下がるので，給水を行い常用水位に戻す。
(3)　蒸気が発生し始め，白色の蒸気の放出を確認してから，空気抜弁を閉じる。
(4)　圧力計の指針の動きを注視し，圧力の上昇度合いに応じて燃焼を加減する。
(5)　圧力計の指針の動きが円滑でなく機能の低下のおそれがあるときは，圧力が加わっているときでも圧力計の下部のコックを閉め，予備の圧力計と取り替える。

〔解説〕　ボイラーの蒸気圧力上昇時の取扱いに関する問題である。
(1)　ボイラーのたき始めは，いかなる理由があっても急激に燃焼量を増してはならない。急激な燃焼量の増加は，ボイラー本体の不同膨張を起こし，ボイラーとれんが積みとの接触部のすき間を増し，れんが積みの目地割れなどを生ずる。また，クラック（割れ），水管や煙管の取付け部や継手部からの漏れなどの原因となる。特に鋳鉄製ボイラーは，急冷急熱により割れることがある。時間をかけ，徐々に昇圧する。
(2)　二組の水面計の水位が同じであることを確認し，水位の動き具合に注意する。ボイラーをたき始めると，ボイラー水の膨張により水位が上昇する。水位が全く動かない場合は，連絡管の弁又はコックが閉じている可能性があるので調べる。
　　したがって，問の(2)の記述は誤りである。
(3)　ボイラー起動前に空気抜弁を全開とし，蒸気が発生し始め，白色の蒸気の放出を確認してから，空気抜き弁を閉じる。
(4)，(5)　圧力計の指針の動きを注視し，圧力の上昇度合いに応じて燃焼を加減する。同系統の他の圧力計との比較とか，圧力計の背面を指先で軽くたたくなどして圧力計の機能の良否を判断する。指針の動きが円滑でなく機能に疑いがあるときは，予備の圧力計と取り替える。圧力計の下部のコックを閉じることにより，圧力が加わっているときでも圧力計を取り替えることができる。

〔答〕　(2)

〔ポイント〕　蒸気ボイラーの圧力上昇時の取扱いについて理解すること「最短合格2.1.5」，「教本2.1.5」。

問1 ボイラーのばね安全弁及び逃がし弁の調整及び試験について，誤っているものは次のうちどれか。

(1) 安全弁の調整ボルトを定められた位置に設定した後，ボイラーの圧力をゆっくり上昇させて安全弁を作動させ，吹出し圧力及び吹止まり圧力を確認する。

(2) 安全弁が設定圧力になっても作動しない場合は，直ちにボイラーの圧力を設定圧力の80 ％程度まで下げ，調整ボルトを締めて再度，試験する。

(3) ボイラー本体に安全弁が2個ある場合は，1個を最高使用圧力以下で先に作動するよう調整したときは，他の1個を最高使用圧力の3％増以下で作動するように調整することができる。

(4) エコノマイザの逃がし弁（安全弁）は，ボイラー本体の安全弁より高い圧力に調整する。

(5) 安全弁の手動試験は，最高使用圧力の75 ％以上の圧力で行う。

〔解説〕

(1), (2) ばね安全弁の調整は，ばねをある程度締めて圧力をゆっくり上昇させると安全弁が作動して蒸気が吹き出し，その後圧力が下がって弁が閉じるので，その吹出し圧力及び吹止まり圧力を確認する。吹出し圧力が設定圧力になっても作動しない場合（設定圧力が高い）は，いったんボイラーの圧力を設定圧力の80 ％程度まで下げて調整ボルトを緩めて再度試験する。なお，設定圧力が低い場合は，調整ボルトを締めて再度試験する。

問の(2)の記述は誤りである。作動しないのは，設定圧力が高いためなので，調整ボルトを緩めて再度試験をするのが正しい。

(3) ボイラー本体に安全弁が1個設けられている場合，その吹出し圧力はボイラーの最高使用圧力以下になるように調整する。2個以上の安全弁が設けられている場合，全ての安全弁の吹出し圧力を最高使用圧力以下に調整しても差し支えない。なお，この場合1個の安全弁を最高使用圧力以下で作動するように調整したときは，他の安全弁を最高使用圧力の3％増以下で作動するように調整することができる。

(4) エコノマイザの逃がし弁（安全弁）をボイラー本体の安全弁より低い圧力に調整すると，ボイラー本体の安全弁よりエコノマイザの逃がし弁（安全弁）が先に吹き出してボイラー本体に給水が供給されなくなるおそれがある。このため，エコノマイザの逃がし弁（安全弁）の吹出し圧力は，ボイラー本体の安全弁より高い圧力に調整するが，エコノマイザの最高使用圧力以下であることも必要である。

(5) 安全弁の手動試験は，定常負荷にあるボイラーの運転中に試験レバーを持ち上げて，蒸気が吹出すことを確認するもので，最高使用圧力の75 ％以上の圧力で行う。

〔答〕 (2)

〔ポイント〕 安全弁の調整及び試験について理解すること「最短合格2.2.3 ②」，「教本2.2.3 (3)」。

令4前 令3前 令3前 令2前 令2前

ボイラーの構造

令4前 令3後 令3前 令2前

ボイラーの取扱い

令1後

令4前 令4後 令3後 令3前 令2前 令2前 令1後

燃料及び燃焼

令4前 令4後 令3後 令3前 令2前 令2前 令1後

関係法令

問2　ボイラーの水面測定装置の取扱いについて，AからDまでの記述で，正しいもののみを全て挙げた組合せは，次のうちどれか。
A　水面計のドレンコックを開くときは，ハンドルを管軸に対し直角方向にする。
B　水柱管の連絡管の途中にある止め弁は，誤操作を防ぐため，全開にしてハンドルを取り外しておく。
C　水柱管の水側連絡管の取付けは，ボイラーから水柱管に向かって下がり勾配とする。
D　水側連絡管で，煙道内などの燃焼ガスに触れる部分がある場合は，その部分を不燃性材料で防護する。

(1)　A，B
(2)　A，B，C
(3)　A，B，D
(4)　B，D
(5)　C，D

〔解説〕　水面測定装置は，ボイラー内の正しい水位を知る重要な装置であるので，常に機能を正常に保持するように努めなければならない。
A　水面計のドレンコックのハンドルが管軸と直角方向であれば，コックは開の状態である。
B　水面計が水柱管に取り付けられている場合，水柱管の連絡管の途中にある止め弁（図のA弁）の開閉を誤認しないようにするため，弁を全開にしてからハンドルを取り外しておく。
C　水柱管の水側連絡管は，途中にスラッジがたまりやすいので，水柱管に向かって下がり勾配となる配管は避け，図に示すように水柱管に向かって上がり勾配とすること。
D　外だき横煙管ボイラーのように，水連絡管が，煙道内の燃焼ガスに触れる場合は，その部分を耐火材などを巻いて熱防護を完全に施しておくこと。
　　　したがって，正しい記述のものは，(1) A，Bである。

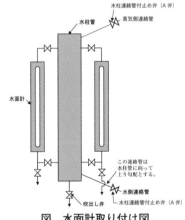

図　水面計取り付け図

〔答〕　(1)

〔ポイント〕　水面測定装置の取扱いについて理解すること「最短合格2.2.2」，「教本2.2.2」。

問3 ボイラーの清缶剤について，誤っているものは次のうちどれか。

(1) 軟化剤は，ボイラー水中の硬度成分を不溶性の化合物（スラッジ）に変えるための薬剤である。

(2) 軟化剤には，炭酸ナトリウム，りん酸ナトリウムなどがある。

(3) スラッジ調整剤は，ボイラー内で生じた泥状沈殿物の結晶の成長を防止するための薬剤である。

(4) 脱酸素剤には，タンニン，ヒドラジンなどがある。

(5) 低圧ボイラーの酸消費量付与剤としては，一般に亜硫酸ナトリウムが用いられる。

〔解説〕 清缶剤は，水に起因するスケールの付着，腐食，キャリオーバなどの障害を防止するために，給水及びボイラー水に直接添加する薬剤をいう。pH及び酸消費量調節剤，軟化剤及び脱酸素剤等があり，主な目的は次のとおりである。

ⓐ pH，酸消費量の調節剤
　ボイラー水のpHを調節して，ボイラーの腐食（イオン化を減少させて）及びスケールの付着などを防ぐ。また，シリカを可溶性の化合物とすることができる。
　なお，酸消費量調節剤には，ボイラー水に酸消費量を付与するものと酸消費量の上昇を抑制するものがある。水酸化ナトリウム，炭酸ナトリウムは酸消費量付与剤である。

ⓑ 軟化剤
　ボイラー水中の硬度成分を不溶性の化合物（スラッジ）に変えて，スケール付着を防止する。

ⓒ 脱酸素剤
　給水及びボイラー水中の酸素を除去するための薬剤である。

ⓓ スラッジ分散剤
　ボイラー内で軟化して生じた泥状の沈殿物が，伝熱面に焼きついてスケールとして固まらないように水中に分散される。

表　清缶剤の作用による分類

作用分類	主な作用（効果）	主な商品名
pH及び酸消費量の調節剤	ボイラー水に適度の酸消費量を与え腐食を防止する。	・水酸化ナトリウム（NaOH） ・炭酸ナトリウム（Na_2CO_3）
軟化剤	硬度成分をスラッジに変えてスケール付着を防止する。	・炭酸ナトリウム（Na_2CO_3） ・りん酸ナトリウム（Na_3PO_4）
スラッジ分散剤	スラッジが伝熱面に焼きついてスケールとして固まらないようにする。	・タンニン
脱酸素剤	ボイラー水中の酸素を除去して溶存気体による腐食を防止する。	・亜硫酸ナトリウム（Na_2SO_3） ・ヒドラジン（N_2H_4） ・タンニン
給水，復水系統の防食剤	給水・復水系統の配管等が$(O_2)(CO_2)$によって腐食されるのを防止する。	・pH調節剤（防食） ・被膜性防食剤

問の(1)，(2)，(3)，(4)の記述は正しい。

問の(5)の酸消費量付与剤として亜硫酸ナトリウムを用いるという記述は誤りである。正しくは，水酸化ナトリウム，炭酸ナトリウムである。

なお，亜硫酸ナトリウムは脱酸素剤である。

〔答〕 (5)

〔ポイント〕 清缶剤の使用目的と薬品名を理解すること「最短合格2.4.6 ②」，「教本2.6.4 (2)，(3)」。

問 4 ボイラーの蒸気圧力上昇時の取扱いについて，誤っているものは次のうちどれか。

(1) 常温の水からたき始める場合には，燃焼量を急速に増し，速やかに所定の蒸気圧力まで上昇させるようにする。
(2) ボイラーをたき始めるとボイラー水の膨脹により水位が上昇するので，2個の水面計の水位の動き具合に注意する。
(3) 蒸気が発生し始め，白色の蒸気の放出を確認してから，空気抜弁を閉じる。
(4) 圧力計の指針の動きが円滑でなく，機能に低下のおそれがあるときは，圧力が加わっているときでも圧力計の下部のコックを閉め，予備の圧力計と取り替える。
(5) 整備した直後のボイラーでは，使用開始後にマンホール，掃除穴などの蓋取付け部は，漏れの有無にかかわらず，昇圧中や昇圧後に増し締めを行う。

〔解説〕 ボイラーを点火後，ボイラー内部に蒸気が発生して次第に蒸気圧力が高まってくる。このたき始め状態における各種の弁，コックの操作は特別の注意を要する。
(1) 燃焼量を急速に増し，急激な圧力上昇（温度変化が大きい）で運転すると，ボイラー本体が不同膨脹を起こすので，圧力計を注視しながら圧力の上昇度合いに応じて燃焼量を加減して，徐々にたき上げなければならない。
　　そのため，冷たい水からたき始める場合は，一般に保有水量の多い低圧ボイラーでは最低1 ～ 2時間をかけて所定の蒸気圧力まで上昇させる。
　　したがって，問の(1)の記述は誤りである。
(2) ボイラーをたき始めと，ボイラー水の比体積（m^3/kg）が大きくなり，ボイラーの水位が上昇（ボイラー水が膨脹）するので，吹出しを行い，常用水位を維持することが必要である。
(3) ボイラー内の空気を排出するために，ボイラーのたき始めは胴又はドラムの空気抜き弁は開として，白色の蒸気が発生し始め空気が完全に排出されたことを確認してから空気抜き弁を閉じる。
(4) 蒸気圧力の上がり始めは，蒸気圧力計の指針の動きを注視しながら，圧力計の背面を指先で軽くたたくなど圧力計の機能を確認する。指針の動きが円滑でなく機能に疑いがあるときは，ボイラー使用中でも圧力計の下部コックを閉じて予備の圧力計と取り替える。
(5) 蒸気圧力が上がり始めたときは，附属品の取付け部，ふた取付け部など漏れがないことを確認し，漏れがある箇所は軽く増し締めを行う。
　　整備した直後の使用始めのボイラーは，取付け部の漏れの有無にかかわらず，昇圧中や昇圧後に増し締めを行う。

〔答〕 (1)

〔ポイント〕 ボイラーの圧力上昇時の取扱いについて理解すること「最短合格2.1.5」，「教本2.1.5」。

問5　ボイラー水位が安全低水面以下に異常低下する原因となる場合として，最も適切でないものは次のうちどれか。

(1)　蒸気を大量に消費した。
(2)　不純物により水面計が閉塞している。
(3)　吹出し装置の閉止が不完全である。
(4)　蒸気トラップの機能が不良である。
(5)　給水弁の操作を誤って閉止にした。

〔解説〕　ボイラー水位が安全低水面（図）以下に異常低下する原因は，次のとおりである。

① 水位の監視不良（水面計の汚れによる誤認，監視の怠慢，自動制御装置の点検・整備の不良など）

② 水面計の機能不良（不純物による閉塞，止め弁の開閉誤作動など）

③ ボイラー水の漏れ（吹出し装置の閉止不完全，水管，煙管などの損傷による漏れ）

④ 蒸気の大量消費

⑤ 自動給水装置，低水位遮断器の不作動（不純物による作動妨害，機能の故障など）

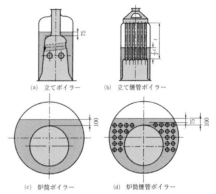

(a) 立てボイラー　(b) 立て煙管ボイラー

(c) 炉筒ボイラー　(d) 炉筒煙管ボイラー

図　ボイラーの安全低水面

⑥ 給水不能（給水装置の故障，給水弁の操作不良，逆止め弁の故障，給水内管の穴の閉塞，給水温度の過昇，貯水槽の水量不足など）

　異常低水位は，ボイラーの取扱い上，最も危険なものであるから，常に前述の附属品などの点検，機能の試験を行って，その防止に努めなければならない。

　したがって，正しい記述は問の(1)，(2)，(3)，(5)である。
　問の(4)の記述は誤りである。蒸気トラップは蒸気配管及び蒸気附属機器などで発生したドレンを系外に排出するためのものである。

〔答〕　(4)

〔ポイント〕　ボイラー水位異常時の原因について理解すること「最短合格2.1.7 ①」，「教本2.1.7 (1)」。

問 6　油だきボイラーの点火時に逆火が発生する原因となる場合として，最も適切でないものは次のうちどれか。

(1)　煙道ダンパの開度が不足しているとき。
(2)　点火の際に着火遅れが生じたとき。
(3)　点火用バーナの燃焼の圧力が低下しているとき。
(4)　煙道内に，すすの堆積が多いとき又は未燃ガスが多く滞留しているとき。
(5)　複数のバーナを有するボイラーで，燃焼中のバーナの火炎を利用して次のバーナに点火したとき。

〔解説〕　油だき燃焼時のバックファイヤ（逆火）の原因についての問題である。
　　バックファイヤ（逆火）は，たき口から火炎が突然炉外に吹き出る現象をいい，取扱者が火傷を負うおそれがある。逆火は，運転中にバーナの火炎が突然消え，燃焼室の余熱で再び着火したときにも起きる場合があるが，一般には点火時において次のような場合に発生しやすい。

①　煙道ダンパの開度が不足している場合など，炉内の通風力が不足しているとき。
②　点火の際に着火遅れが生じたとき。
③　点火用バーナの燃料の圧力が低下しているとき。
④　空気より先に燃料を供給したとき（異常燃焼の発生）。
⑤　複数バーナを有するボイラーで，燃焼中のバーナの火炎を利用して，次のバーナに点火したとき。

　　したがって，問の(4)の記述内容では，バックファイヤ（逆火）は起こさない。しかし，炉内爆発する可能性がある。

〔答〕　(4)

〔ポイント〕　油だき燃焼におけるバックファイヤ（逆火）の現象と原因について理解すること「最短合格2.1.7 ③」，「教本2.1.7 (6)」。

問7 ボイラーの燃焼安全装置の燃料油用遮断弁のうち，直接開閉形電磁弁の遮断機構の故障の原因となる場合として，適切でないものは次のうちどれか。

(1) 燃料中の異物が弁にかみ込んでいる。
(2) 弁座が変形又は損傷している。
(3) 電磁コイルの絶縁性能が低下している。
(4) バイメタルの接点が損傷している。
(5) ばねが折損している。

〔解説〕　燃料油用遮断弁（電磁弁）は，燃料系統のバーナの近くに設けられ，蒸気圧力の過昇，異常低水位及び不着火時などに燃料の供給を遮断するもので，その構造を図に示す。

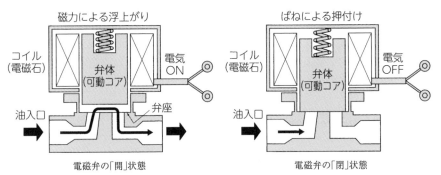

磁力による浮上がり　　　　　　　　ばねによる押付け

電磁弁の「開」状態　　　　　　　　電磁弁の「閉」状態

図　燃料油用遮断弁の動作

　遮断弁の故障原因に該当するものは，問の(1)，(2)，(3)，(5)である。
　遮断弁に直接関係ないものは，問の(4)のバイメタルである。バイメタルは，蒸気トラップなどに使われていて，熱によってバイメタルのたわみの力によって弁の開閉をしている。

〔答〕　(4)

〔ポイント〕　燃料油用遮断弁の作動原理と故障原因を理解すること「最短合格2.2.6」，「教本2.2.6 (5)」。

問8 ボイラーの内面腐食及びその抑制方法について，適切でないものは次のうちどれか。

(1) 給水中に含まれる溶存気体のO_2やCO_2は，鋼材の腐食の原因となる。
(2) 腐食は，一般に電気化学的作用などにより生じる。
(3) アルカリ腐食は，高温のボイラー水中で濃縮した水酸化ナトリウムと鋼材が反応して生じる。
(4) ボイラー水の酸消費量を調整することによって，腐食を抑制する。
(5) ボイラー水のpHを弱酸性に調整することによって，腐食を抑制する。

〔解説〕
(1) 給水中には，溶存気体のO_2，CO_2などが含まれている。

　これらの溶存気体は，鋼材の腐食の原因となる。酸素（O_2）は直接腐食作用をもっているほか，他の物質との化学作用により腐食を助長させる。また，二酸化炭素（CO_2）は凝縮水に溶解して，水素イオンを生成し凝縮水のpHを下げ，蒸気配管系の腐食の原因となる。

(2) 腐食は，一般に鉄及び水の電気化学的作用（イオン化）などにより生じる。

$$Fe \rightarrow Fe^{2+} + 2e^-$$
$$H_2O \rightarrow H^+ + OH^-$$
$$2H^+ + 2e^- \rightarrow H_2$$
$$Fe^{2+} + 2OH^- \rightarrow Fe(OH)_2 \rightarrow 水酸化鉄（II）$$

(3) ボイラー水は，pHをアルカリ性に調整することによって腐食を抑制するが，高温において水中の水酸化ナトリウム（NaOH）濃度が高くなり，pHが上がりすぎると鋼材と反応してアルカリ腐食を起こす。

(4), (5) ボイラー水は，酸消費量をpH11.0～11.8(低圧ボイラー)程度に調整して，腐食を抑制する。

　酸消費量には，水酸化物，炭酸塩，炭酸水素塩などのアルカリ分を示すものとして，酸消費量（pH4.8）と酸消費量（pH8.3）がある。

　したがって，問の(5)の記述で，ボイラー水のpHを弱酸性に調整するとあるのは誤りである。

〔答〕　(5)

〔ポイント〕　ボイラーの内面（水側）の腐食について理解すること「最短合格2.4.4 ②」，「教本2.4.4」。

令4前 令3後 令3前 令2後 令2前 令1後
ボイラーの構造
ボイラーの取扱い
令4前 令3後 令3前 令1後
令1後
燃料及び燃焼
関係法令
令4前 令3後 令3前 令2後 令2前 令1後

問9 ボイラーの水位検出器の点検及び整備について，誤っているものは次のうちどれか。

(1) フロート式では，1日に1回以上，フロート室のブローを行う。

(2) 電極式では，1日に1回以上，水の純度の上昇による電気伝導率の低下を防ぐため，検出筒内のブローを行う。

(3) 電極式では，1日に1回以上，ボイラー水の水位を上下させ，水位検出器の機能を確認する。

(4) 電極式では，1年に2回程度，検出筒を分解し，内部を掃除するとともに，電極棒を目の細かいサンドペーパーで磨く。

(5) フロート式のマイクロスイッチ端子の電気抵抗をテスターでチェックする場合，抵抗が，スイッチが閉のときは無限大で，開のときはゼロであることを確認する。

〔解説〕

(1), (5) フロート式水位検出器は，フロート室及び連絡配管の汚れ，つまりを防ぐため，1日に1回以上はブローを行い水位検出器の作動確認を行う。また，フロート式は，6ヶ月に1回程度フロート室内を解体し，ベローズ破損の有無，内部の鉄さびの発生及び水分の付着などの点検をして，整備・補修を行う。

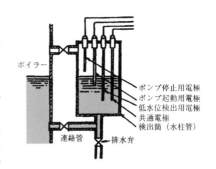

図 電極式水位検出器取付図

また，マイクロスイッチはしっかり固定されているかよく点検する。スイッチの電気抵抗をテスターでチェックした場合，スイッチ開の場合は抵抗が無限大なので電流は0となり，閉の場合は抵抗が0Ωなので電流は最大となる。

したがって，問の(5)のテスターでチェックした場合の確認内容が誤りである。

(2) 電極式水位検出器の検出筒の水が，蒸気の凝縮により純度が高くならないように（水の導電性が低下しないように），検出筒の水を1日に1回以上ブローする（図）。

(3) 電極式水位検出器は1日に1回以上，実際にボイラー水の水位を上下させ，検出器の作動状況（水位の警報，燃料の遮断及び給水の制御など）の確認をする。

(4) 電極棒が取り付けられている検出筒を分解・掃除する際は，電極棒に付着のスケールをサンドペーパーで磨き，電流を通りやすくする。

〔答〕 (5)

〔ポイント〕 水位検出器（電極式とフロート式）の点検・整備の目的と要領について理解すること「最短合格1.8.4 ③」，「教本1.9.4 (4)，2.2.6 (4)」。

問10 ボイラーにキャリオーバが発生した場合の処置として，適切でないものは次のうちどれか。

(1) 燃焼量を下げる。
(2) 主蒸気弁を急開して蒸気圧力を下げる。
(3) ボイラー水位が高いときは，一部を吹出しする。
(4) ボイラー水の水質試験を行う。
(5) ボイラー水が過度に濃縮されたときは，吹出し量を増し，その分を給水する。

〔解説〕 ボイラーから出ていく蒸気に，ボイラー水が水滴の状態又は泡の状態で混じって運び出されることをキャリオーバといい，その原因となる現象にプライミング（水気立ち）とホーミング（泡立ち）がある（表１）。
　表２に，キャリオーバの原因と発生した場合の処置を示す。

表１　キャリオーバの種類

	プライミング	ホーミング
現象	ボイラー水が水滴となって蒸気とともに運び出される	泡が発生しドラム内に広がり，蒸気に水分が混入して運び出される
原因等	蒸気流量の急増等によるドラム水面の変動	溶解性蒸発残留物の過度の濃縮又は有機物の存在

表２　キャリオーバの原因と発生した場合の処置

原　　因	処　　置
① 蒸気負荷が過大である ② 主蒸気弁を急に開く ③ ボイラー水位が高水位である ④ ボイラー水が過度に濃縮され，溶解性蒸発残留物が多く，また，油脂分が含まれている	① 燃焼量を下げる ② 主蒸気弁などを徐々に絞り，水位の安定を保つ ③ 一部をブローする ④ 水質試験を行い，吹出し量を増して，必要によりボイラー水を入れ替える

　キャリオーバが発生した場合の処置として，問の(1)，(3)，(4)，(5)，の記述は正しい。
　問の(2)の記述は誤りである。正しくは，主蒸気弁を徐々に絞り，水位の安定を保つである。

〔答〕 (2)

〔ポイント〕 キャリオーバの現象・原因及びその処置について理解すること「最短合格2.1.7 ②」，「教本2.1.7 (4)」。

問１ ボイラーにおける石炭燃焼と比較した重油燃焼の特徴として，誤っているものは次のうちどれか。

(1) 完全燃焼させるときに，より大きな量の過剰空気が必要となる。
(2) ボイラーの負荷変動に対して，応答性が優れている。
(3) 燃焼温度が高いため，ボイラーの局部過熱及び炉壁の損傷を起こしやすい。
(4) クリンカの発生が少ない。
(5) 急着火及び急停止の操作が容易である。

〔解説〕 石炭燃焼と比べた場合の重油燃焼の特徴に関する問題である。重油燃焼は石炭燃焼に比べ，次のような特徴がある。

長所
① 重油の発熱量は，石炭より高い。
　　重油の発熱量：40〜45 MJ/kg
　　石炭の発熱量：20〜35 MJ/kg
② 貯蔵中に発熱量の低下や自然発火のおそれがない。
③ 運搬や貯蔵管理が容易である。
④ ボイラーの負荷変動に対応して，応答性が優れている。
⑤ 燃焼操作が容易で，労力を要することが少ない。
⑥ 重油は，バーナで霧化されているため，少ない過剰空気で燃焼させることができる。
⑦ 重油は，灰分が少ないので，すす，ダスト，クリンカ（石炭灰が溶融して固まったもの）の発生が少なく，灰処理の必要がない。
⑧ 急着火，急停止の操作が容易である。

短所
① 石炭と比べ重油の発熱量は大きいため燃焼温度が高くなるので，ボイラーの局部過熱及び炉壁の損傷を起こしやすい。
② 油の漏れ込み，点火操作などに注意しないと，炉内ガス爆発を起こすおそれがある。
③ 油の成分によっては，ボイラーを腐食させ，又は大気を汚染する。
④ 油の引火点が低いため，火災防止に注意を要する。
⑤ バーナの構造によっては，騒音を発生しやすい。

したがって，問の(1)の記述は誤りである。

〔答〕 (1)

〔ポイント〕 石炭燃焼と比較した重油燃焼の特徴を理解すること「最短合格3.2.2 ①」，「教本3.2.2 (2)」。

問2　油だきボイラーにおける重油の加熱に関するAからDまでの記述で，正しいもののみを全て挙げた組合せは，次のうちどれか。

A　A重油や軽油は，一般に50～60℃に加熱する必要がある。
B　加熱温度が高すぎると，息づき燃焼となる。
C　加熱温度が低すぎると，すすが発生する。
D　加熱温度が低すぎると，バーナ管内でベーパロックを起こす。

(1) A，B，C　　　　(4) B，C
(2) A，C　　　　　　(5) B，C，D
(3) A，D

〔解説〕　粘度の高い重油（B重油，C重油）は，加熱して噴霧に適当な粘度に下げる必要がある（図）。
　　加熱温度は，B重油 ― 50℃～60℃
　　　　　　　　C重油 ― 80℃～105℃が一般的である。
　　加熱温度が低すぎたり，高すぎたりすると，次のような障害がある。

　　加熱温度が低すぎるとき，
　　①　霧化不良となり，燃焼が不安定となる。
　　②　すすが発生し，炭化物（カーボン）が付着する。

　　加熱温度が高すぎるとき
　　①　バーナ管内で油が気化し，ベーパロックを起こす。
　　②　噴霧状態にむらができ，いきづき燃焼となる。
　　③　炭化物生成の原因となる。

　　　したがって，問のBとCが正しい。

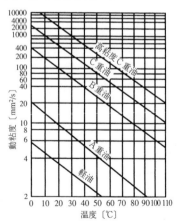

図　燃料油動粘度の温度による変化

〔答〕　(4)

〔ポイント〕　重油の加熱目的及び障害について理解すること「最短合格3.2.2 ②，③」，「教本3.2.2 (2) ⅱ，(3)」。

問3　石炭について，誤っているものは次のうちどれか。

(1) 石炭に含まれる固定炭素が，石炭化度の進んだものほど多い。
(2) 石炭に含まれる揮発分は，石炭化度の進んだものほど少ない。
(3) 石炭に含まれる灰分が多くなると，石炭の発熱量が減少する。
(4) 石炭の燃料比は，揮発分を固定炭素で除した値である。
(5) 石炭の単位質量当たりの発熱量は，一般に石炭化度の進んだものほど大きい。

〔解説〕　石炭は，一般に炭化度の進行の度合により，褐炭，歴青炭及び無煙炭に分類され，主な性状を次の表に示す。無煙炭になると，水素，酸素はともに減少し，ほとんど炭素になる。これを石炭化作用（炭化作用ともいう）といい，石炭化度（炭化度ともいう）はその進行の度合いをいう。個体燃料の種類と性状を次の表に示す。

表　固体燃料の種類と性状

		褐炭	歴青炭	無煙炭 (石炭化度が最も進んだもの)
固定炭素	質量%	30 ～ 40	45 ～ 80	70 ～ 85
灰分	質量%	2 ～ 25	2 ～ 20	2 ～ 20
揮発分	質量%	30 ～ 50	20 ～ 45	5 ～ 15
燃料比		1 以下	1.0 ～ 4.0	4.5 ～ 17
高発熱量	MJ/kg	20 ～ 29	25 ～ 35	27 ～ 35
酸素	質量%	15 ～ 30	5 ～ 15	1 ～ 5

$$※燃料比 = \frac{固定炭素}{揮発分}$$

問の(4)の記述において，燃料比は，固定炭素を揮発分で除した値なので誤りである。

〔答〕　(4)

〔ポイント〕　石炭の種類と性状について理解すること「最短合格3.1.4」，「教本3.1.4」。

問4 ボイラーにおける気体燃料の燃焼の特徴として，誤っているものは次のうちどれか。

(1) 燃焼させるときに，蒸発などのプロセスが不要である。
(2) 燃料の加熱又は霧化媒体の高圧空気が必要である。
(3) 安定した燃焼が得られ，点火及び消火が容易で，かつ，自動化しやすい。
(4) 空気との混合状態を比較的自由に設定でき，火炎の広がり，長さなどの調節が容易である。
(5) ガス火炎は，油火炎に比べて，接触伝熱面での伝熱量が多い。

〔解説〕 気体燃料は文字どおり空気と同じ気体であること，燃焼させるうえで液体燃料のような微粒化，蒸発のプロセスが不要であるため，次のような特徴がある。
① 空気との混合状態を比較的自由に設定でき，火炎の広がり，長さなどの火炎の調節が容易である。
② 安定な燃焼が得られ，点火，消火が容易で自動化しやすい。
③ 重油のような燃料加熱，霧化媒体の高圧空気あるいは蒸気が不要である。
④ ガス火炎は油火炎に比べて放射率が低く，ボイラーにおいては火炉での放射伝熱量は減るが，接触伝熱面での伝熱量が増す。

  したがって，問の(2)の記述は誤りである。

〔答〕 (2)

〔ポイント〕 気体燃料の燃焼の特徴について理解すること「最短合格3.1.4」，「教本3.2.3 (2)」。

問5　次の文中の　　　　内に入れるA及びBの語句の組合せとして，正しいものは(1)〜(5)のうちどれか。

「ガンタイプオイルバーナは，ファンと　A　式バーナとを組み合わせたもので，燃焼量の調節範囲が狭く，　B　動作によって自動制御を行っているものが多い。」

	A	B
(1)	圧力噴霧	比例
(2)	圧力噴霧	ハイ・ロー・オフ
(3)	圧力噴霧	オンオフ
(4)	蒸気噴霧	ハイ・ロー・オフ
(5)	空気噴霧	オンオフ

〔解説〕　ガンタイプバーナは，その形がピストルに似ているため，このように呼ばれている。図にガンタイプバーナの概要を示す。ファンと圧力噴霧式バーナとを組み合わせたものである。燃焼量の調節範囲が狭いので，オン（ON）オフ（OFF）動作によって自動制御を行っているものが多い。ガンタイプバーナは，暖房用ボイラー，その他小容量ボイラーに多く用いられている。

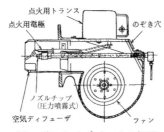

点火用トランス
点火用電極
のぞき穴
ノズルチップ
（圧力噴霧式）
空気ディフューザ
ファン

図　ガンタイプバーナの概要

したがって，正しい組合せは問の(3)である。
　　A：圧力噴霧
　　B：オンオフ

〔答〕　(3)

〔ポイント〕　油バーナの種類と特徴について理解すること「最短合格3.2.2 ⑤」，「教本3.2.2(4)(b) ⅱ」。

問6 重油に含まれる水分及びスラッジによる障害について，誤っているものは次のうちどれか。

(1) 水分が多いと，熱損失が増加する。
(2) 水分が多いと，息づき燃焼を起こす。
(3) 水分が多いと，油管内に低温腐食を起こす。
(4) スラッジは，弁，ろ過器，バーナチップなどを閉塞させる。
(5) スラッジは，ポンプ，流量計，バーナチップなどを摩耗させる。

〔解説〕 重油に含まれる成分などにより，次のような障害が発生する。
(a) 水分が多いと次の障害を起こす。
① 熱損失が増加する。
② いきづき燃焼を起こす。
③ 貯蔵中にスラッジを形成する。
(b) スラッジによる障害は，次のとおりである。
① 弁，ろ過器，バーナチップなどを閉そくさせる。
② ポンプ，流量計，バーナチップなどを摩耗させる。
(c) 灰分による障害
① ボイラーなどの伝熱面に付着し伝熱を阻害する。
(d) 残留炭素による障害
① ばいじん量が多く発生する。
(e) 硫黄分による障害
① ボイラー及び附属設備の低温伝熱面で低温腐食を起こす。

問の(1)，(2)，(4)，(5)の記述は正しい。
問の(3)の記述は誤りである。

〔答〕 (3)

〔ポイント〕 重油に含まれる成分などによる障害について理解すること「最短合格 3.1.2 ③，3.2.2 ②，③」，「教本3.1.2 (2) b，3.2.2 (2)(3)」。

問7 次の文中の 内に入れるAからCまでの語句の組合せとして，適切なものは(1)〜(5)のうちどれか。

「 A 燃焼における一次空気は，燃焼装置にて燃料の周辺に供給され， B を安定させる。また，二次空気は， C によって燃料と空気の混合を良好に保ち，燃焼を完結させる。」

	A	B	C
(1)	油・ガスだき	初期燃焼	旋回又は交差流
(2)	油・ガスだき	旋回又は交差流	吹き上げ
(3)	流動層	初期燃焼	旋回又は交差流
(4)	流動層	旋回又は交差流	吹き上げ
(5)	火格子	初期燃焼	旋回又は交差流

〔解説〕 油・ガスだき燃焼における一次空気と二次空気は次の役割がある。

一次空気は，噴射された燃料の周辺に供給され初期燃焼（着火，油の場合は気化を含む）を安定させる。

二次空気は，旋回又は交差流によって燃料と空気の混合を良好に保ち，低空気比で燃焼を完結させる。

したがって，正しい組合せは問の(1)である。
　　A：油・ガスだき
　　B：初期燃焼
　　C：旋回又は交差流

〔答〕 (1)

〔ポイント〕 ガスだき燃焼における一次空気と二次空気について理解すること「最短合格3.3.1.4」，「教本3.3.1 (4)」。

133

問8　ボイラー用ガスバーナについて，誤っているものは次のうちどれか。

(1)　ボイラー用ガスバーナは，ほとんどが拡散燃焼方式を採用している。
(2)　センタータイプガスバーナは，空気流中に数本のガスノズルを有し，ガスノズルを分割することによりガスと空気の混合を促進する。
(3)　拡散燃焼方式ガスバーナは，空気の流速・旋回強さ，ガスの分散・噴射方法，保炎器の形状などにより，火炎の形状やガスと空気の混合速度を調節する。
(4)　リングタイプガスバーナは，リング状の管の内側に多数のガス噴射孔を有し，ガスを空気流の外側から内側に向けて噴射する。
(5)　ガンタイプガスバーナは，バーナ，ファン，点火装置，燃焼安全装置，負荷制御装置などを一体化したもので，中・小容量のボイラーに用いられる。

〔解説〕　ガスバーナには，拡散形と予混合形バーナがあるが，ボイラー用にはほとんど拡散形バーナが使用される。
　①　予混合形バーナは，主にパイロットバーナとして使用され，パイロット火炎を保護するリテンション・リングが取り付けられているので，混合ガスの流速が極めて速くなってきても吹き消えず，火炎の安定範囲が広い。
　②　拡散形バーナは，ガスと空気を別々に噴出し拡散混合しながら燃焼させるバーナで，燃焼量が調節できる範囲が広く逆火の危険性が少ないので，ボイラー用ガスバーナはほとんどが拡散燃焼方式を利用している。ガスバーナは空気の流速，旋回強さ，ガスの分散・噴射方式，スタビライザ（保炎器）の形状などで，火炎の形状，ガスと空気の混合速度を調節して，目的に合った火炎を形成している。一般的に，燃料ガスの噴出方法により，次のように分類されている（図）。
　　ⓐ　センタータイプ：1本のバーナ管の先端に複数個のガス噴射ノズルを設けたもの。
　　ⓑ　リングタイプ　：バーナタイル近傍にリング状のバーナ管を設けたもの。
　　ⓒ　マルチスパッド：バーナ管を複数設けたもの。
　　ⓓ　ガンタイプ　　：バーナ，ファン，点火装置，火炎検出器を含めた燃焼安全装置，制御装置などを一体としたもの。中・小容量ボイラー用バーナとして用いられる。

　　したがって，問の(2)の記述はマルチスパッドガスバーナについての説明であり，センタータイプガスバーナについての説明ではないので誤りである。

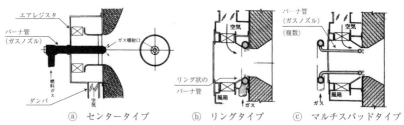

図　ガスバーナ

〔答〕　(2)

〔ポイント〕　ボイラー用ガスバーナについて理解すること「最短合格3.2.3 ①，③」，「教本3.2.3(1)，(3)」。

問9　ボイラーの燃料の燃焼により発生する大気汚染物質について，誤っているものは次のうちどれか。

(1)　排ガス中のSO_Xは，大部分がSO_2である。
(2)　排ガス中のNO_Xは，大部分がNOである。
(3)　燃料を燃焼させた際に発生する固体微粒子には，すすやダストがある。
(4)　すすは，燃料の燃焼により分解した炭素が遊離炭素として残存したものである。
(5)　フューエルNO_Xは，燃焼に使用された空気中の窒素が酸素と反応して生じる。

〔解説〕　大気汚染防止法においては硫黄酸化物（SO_X），窒素酸化物（NO_X），ばいじん等を包括して，ばい煙と称している。

(a)　硫黄酸化物（SO_X）

　　ボイラーの煙突から排出される硫黄の酸化物は二酸化硫黄（SO_2）が主で，数％の三酸化硫黄（SO_3）があり，このほかに硫黄の酸化物としては数種類のものが微量に含まれており，これらを総称して硫黄酸化物（SO_X）という。

　　SO_Xは，人の呼吸器の障害を起こすほか，酸性雨の原因となる。

(b)　窒素酸化物（NO_X）

　　一般に窒素化合物で大気汚染物質として問題視されるのは，一酸化窒素（NO）と二酸化窒素（NO_2）である。このほかに数種類の化合物があり，これらを総称して窒素酸化物（NO_X）という。

　　燃料を空気中で燃焼した場合は主としてNOが発生し，NO_2は少量発生するにすぎない。燃焼室で発生したNOの中には，煙突から排出されて，大気中に拡散する間に，酸化されてNO_2になるのもある。

　　燃焼により生ずるNO_Xには，燃焼に使用された空気中の窒素が高温条件下で酸素と反応して生成するサーマルNO_Xと燃料中の窒素化合物から酸化して生ずるフューエルNO_Xの二種類がある。

　　NO_Xは，酸性雨の原因となる。

(c)　ばいじん

　　ボイラーにおいて，燃料を燃焼させる際に発生する固体微粒子には，すすとダストがある。ダストは，灰分が主体で，これに若干の未燃分が含まれたものである。すすは，燃料の燃焼により分解した炭素が遊離炭素として残存したものである。すなわち，燃料中の炭化水素は燃焼により分解し，H（水素原子）はH_2O（水）に，C（炭素）はCO_2（二酸化炭素）になるが，その際，冷却などにより反応が中断されたり，酸素が十分に供給されなかったりすると分解した炭素がそのまま遊離炭素として残存する。

　　ばいじんは，人体の呼吸器の障害となる。

　　問の(1)，(2)，(3)，(4)の記述は正しい。

　　問の(5)の記述は誤りである。正しくは，フューエルNO_Xは燃料中の窒素化合物から酸化して生ずる。

〔答〕　(5)

〔ポイント〕　大気汚染物質（SO_X, NO_X, ばいじん）の生成について理解すること「最短合格3.2.5」，「教本3.2.5」。

問10　油だきボイラーの燃焼室が具備すべき要件に関するAからDまでの記述で，正しいもののみを全て挙げた組合せは，次のうちどれか。

A　燃料と燃焼用空気との混合が有効に，かつ，急速に行われる構造であること。
B　燃焼室は，燃焼ガスの炉内滞留時間が燃焼完結時間より長くなる大きさであること。
C　バーナタイルを設けるなど，着火を容易にする構造であること。
D　バーナの火炎が伝熱面や炉壁を直射し，伝熱効果を高める構造であること。

(1)　A，B
(2)　A，B，C
(3)　A，C
(4)　A，C，D
(5)　C，D

〔解説〕　燃焼室の具備すべき一般的要件は，次のとおりである。
①　燃焼室の形状は，使用燃料の種類，燃焼装置の種類，燃焼方法などに適合するものであること。
②　燃焼室の大きさは，燃料，特に発生した可燃物の完全燃焼を完結させるのに必要なものであること。
　　すなわち，燃焼ガスの炉内滞留時間を燃焼完結時間より長くすることが必要である。
③　着火を容易にするための構造を有すること。このため，必要に応じてバーナタイルあるいは着火アーチを設ける。
④　燃料と空気の混合が有効に，かつ急速に行われるような構造であること。
⑤　燃焼室に使用する耐火材は，燃焼温度に耐え長期の使用においても焼損，スラグの溶着などの障害を起こさないものであること。
⑥　炉壁は，放射熱損失の少ない構造のものであること。また，空気や燃焼ガスの漏入や漏出がないものでなければならない。
⑦　炉は，十分な強度を有しているものであること。
⑧　バーナの火炎が伝熱面あるいは炉壁を直射しない構造であること。

　　　したがって，問のDの記述は誤りであり，正しい組合せはA，B，Cなので問の(2)である。

〔答〕　(2)

〔ポイント〕　燃焼室が備えるべき要件について理解すること「最短合格3.3.1 ①」，「教本3.3.1 (1)」。

■ 令和３年後期：燃料及び燃焼に関する知識 ■

問1 次の文中の 内に入れるＡ及びＢの語句の組合せとして，適切なものは(1)〜(5)のうちどれか。

「液体燃料を加熱すると， A が発生し，これに小火炎を近づけると瞬間的に光を放って燃え始める。この光を放って燃える。 B の温度を引火点という。」

	A	B
(1)	水素	最高
(2)	蒸気	最高
(3)	蒸気	最低
(4)	酸素	最低
(5)	酸素	最高

〔解説〕 燃焼とは，光と熱の発生を伴う急激な酸化反応である。ボイラーにおける燃焼は，燃料（可燃物）と空気（酸素）が燃焼室で反応するものであるが，燃料と空気を単に接触させただけでは燃焼は行われない。点火源並びに燃料及び燃焼室の温度が，燃料の着火温度以上に維持されていなければならない。

すなわち，燃焼には燃料，空気及び温度の三つの要素が必要とされる。

燃焼に大切なのは，着火性と燃焼速度である。着火性の良否は，燃料の性質，燃焼装置及び燃焼室の構造，空気導入部の配置などに大きく影響される。燃焼速度は，燃焼が進行する速さで，着火性がよく，燃焼速度が速いと一定量の燃料を完全燃焼させるのに狭い燃焼室で足りることになる。

引火点　：液体燃料が加熱されると蒸気を発生し，これに小火炎を近づけると瞬間的に光を放って燃え始める最低の温度。
着火温度：燃料を空気中で加熱すると温度が徐々に上昇し，他から点火しないで自然に燃え始める最低の温度。

したがって，正しい組合せは問の(3)である。
　A：蒸気
　B：最低

〔答〕 (3)

〔ポイント〕 燃料概論「最短合格3.1.1 ③」，「教本3.1.1 (5)」と燃焼の要件「最短合格3.2.1 ①〜③」，「教本3.2.1」について理解すること。

137

問2　ボイラーの油バーナについて，誤っているものは次のうちどれか。

(1)　圧力噴霧式バーナは，油に高圧力を加え，これをノズルチップから炉内に噴出させて微粒化するものである。

(2)　戻り油式圧力噴霧バーナは，単純な圧力噴霧式バーナに比べ，ターンダウン比が広い。

(3)　高圧蒸気噴霧式バーナは，比較的高圧の蒸気を霧化媒体として油を微粒化するもので，ターンダウン比が狭い。

(4)　回転式バーナは，回転軸に取り付けられたカップの内面で油膜を形成し，遠心力により油を微粒化するものである。

(5)　ガンタイプバーナは，ファンと圧力噴霧式バーナを組み合わせたもので，燃焼量の調節範囲が狭い。

〔解説〕

(1)　圧力噴霧式バーナは，油に高圧力を加えてノズルチップから激しい勢いで炉内に噴出させるものである。油量を減らすほど噴霧圧力は低くなり，微粒化が損なわれるので，ターンダウン比（バーナ負荷調整範囲）が狭い。

(2)　圧力噴霧式バーナは，ターンダウン比が狭いので，次の方法が併用される。

　　ⓐ　バーナの数を加減する。

　　ⓑ　ノズルチップを取り替える。

　　ⓒ　戻り油式圧力噴霧バーナを用いる（油量調節を戻り油側で行う）。

　　ⓓ　プランジャ式圧力噴霧バーナを用いる（プランジャを用いて油量調節を行う）。

(3)　蒸気（空気）噴霧式バーナは，圧力を有する蒸気又は空気（霧化媒体）をバーナ先端の混合室で油と混合して，油の霧化に利用するためターンダウン比が広い。

　　したがって，問の(3)の記述は誤りである。

(4)　回転式バーナは，回転軸に取り付けられたカップの内面で油膜を形成し，遠心力により油を微粒化する。回転式バーナは，中・小容量ボイラーに用いられている。

(5)　ガンタイプバーナは，その形がピストルに似ているためこう呼ばれている。ファンと圧力噴霧式バーナとを組み合わせたもので，燃焼量の調節範囲が狭い。

〔答〕　(3)

〔ポイント〕　油バーナの種類とその構造及び特徴について理解すること「最短合格3.2.2 ⑤」，「教本3.2.2 (4) ⅱ」。

問3 ボイラーにおける燃料の燃焼について，誤っているものは次のうちどれか。

(1) 燃焼には，燃料，空気及び温度の三つの要素が必要である。

(2) 燃料を完全燃焼させるときに，理論上必要な最小の空気量を理論空気量という。

(3) 着火性が良く燃焼速度が速い燃料は，完全燃焼させるときに，狭い燃焼室でも良い。

(4) 排ガス熱による熱損失を少なくするためには，空気比を大きくして完全燃焼させる。

(5) 燃焼温度は，燃料の種類，燃焼用空気の温度，燃焼効率，空気比などの条件によって変わる。

〔解説〕

(1) ボイラーにおける燃焼は，燃料（可燃物）と空気（酸素）が燃焼室で反応するものであるが，燃料と空気を単に接触させただけでは燃焼は行われない。点火源，燃料及び燃焼室の温度が燃料の着火温度以上に維持されていなければならない。すなわち，燃焼には燃料，空気及び温度の三つの要素が必要とされる。

(2) 燃焼に必要な最少の空気量を理論空気量という。実際の燃焼に際して送入される空気量を実際空気量といい，一般の燃焼では理論空気量より大きい。理論空気量に対する実際空気量の比を空気比（m）という。

$$m = \frac{実際空気量（A）}{理論空気量（A_0）} \qquad A = mA_0$$

理論・実際空気量の単位は，液体及び固体燃料では（m^3_N/kg）で表し，気体燃料では（m^3_N/m^3_N）で表す。微粉炭燃焼の場合の空気比は，燃焼速度が他の燃料より遅いので空気比は大きい（表）。

表　燃料別空気比の概略値

燃料	空気比（m）
微粉炭	1.15 ～ 1.3
液体燃料	1.05 ～ 1.3
気体燃料	1.05 ～ 1.2

(3) 燃焼に大切なのは，着火性と燃焼速度である。着火性の良否は，燃料の性質，焼装置及び燃焼室の構造，空気導入部の配置などに大きく影響される。燃焼速度は，燃焼が進行する速さで，着火性がよく，燃焼速度が速いと一定量の燃料を完全燃焼させるのに狭い燃焼室で足りることになる。

(4) 最も大きな熱損失は，一般に排ガス熱によるものである。
熱損失を少なくするために次のようなことを行う。
① 空気比を小さくし，かつ，完全燃焼を行わせる。
② ボイラー伝熱面の清掃などを行って熱吸収をよくする。
③ 燃焼ガス熱をエコノマイザ及び空気予熱器などにより熱回収を図る。
したがって，問の(4)の記述は誤りである。

(5) 燃焼温度は，燃料を炉内で燃焼させるとき，どの程度の温度まで到達し得るかは次の条件によって大いに変わり，1800 ℃の高温に達することもある。
① 燃料の種類　　　　④ 火炎からの放射
② 空気比　　　　　　⑤ 炉壁又は伝熱面への伝熱
③ 燃焼効率　　　　　⑥ 燃焼用空気の温度

〔答〕(4)

〔ポイント〕 燃焼の基礎知識「最短合格3.3.1 ⑤」，「教本3.3.1 (5)」と燃焼の要件「最短合格3.2.1」，「教本3.2.1」について理解すること。

問4　重油の性質に関するAからDまでの記述で，正しいもののみを全て挙げた組合せは，次のうちどれか。

A　重油の密度は，温度が上昇すると増加する。
B　流動点は，重油を冷却したときに流動状態を保つことのできる最低温度で，一般に温度は凝固点より2.5 ℃高い。
C　重油の実際の引火点は，一般に100 ℃前後である。
D　密度の小さい重油は，密度の大きい重油より単位質量当たりの発熱量が大きい。

(1)　A，B，C
(2)　A，D
(3)　B，C
(4)　B，C，D
(5)　C，D

〔解説〕　重油は，動粘度によりA重油，B重油及びC重油に分類される。
　その重油の燃焼性を表す粘度，引火点，炭素，硫黄分，残留炭素及び発熱量などは密度に関連する。通常，密度の大きいものほど難燃焼である。
A　重油の密度は，温度により変化し，温度が上昇すると減少する（図）。
　　重油の体膨脹係数は約0.0007/℃なので，温度が1℃上昇するごとに約0.0007g/cm^{3}減少する。
　　したがって，問のAの記述は誤りである。
B　流動点とは，油を冷却したときに流動状態を保つことができる最低温度で，一般に凝固点より2.5 ℃高い温度をいう。C重油の流動点は，規格に規定はなく，劣質のものでは18 ℃くらいのものもある。流動点の高い油は，予熱や配管などの加熱・保温を行い，流動点以上にして取り扱う必要がある。
　　したがって，問のBの記述は正しい。
C　重油の引火点は規格では，60ないし70 ℃以上となっており，平均では100 ℃前後である。一般に密度の小さい燃料油は引火点が低い。
　　したがって，問のCの記述は正しい。
D　密度が大きい重油は，密度の小さい重油より発熱量は小さい（表）。C重油はA重油に比べて密度は大きいが，単位質量当たりの発熱量は小さい。

	密度	低発熱量
A重油	0.86 g/cm^3	42.7 MJ/kg
C重油	0.93 g/cm^3	40.9 MJ/kg

　　したがって，問のDの記述は正しい。

表　液体燃料の種類と燃焼性

	C重油		A重油
イ）密度	大きい	→→	小さい
ロ）低発熱量	小さい	→→	大きい
ハ）引火点	高い	→→	低い
ニ）粘度	高い	→→	低い
ホ）凝固点	高い	→→	低い
ヘ）流動点	高い	→→	低い
ト）残留炭素	多い	→→	少ない
チ）硫黄	多い	→→	少ない

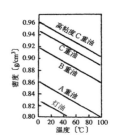

図　燃料油の温度による密度の変化

〔答〕　(4)
〔ポイント〕　重油の性質について理解すること「最短合格3.1.2」，「教本3.1.2」。

問5 ボイラーにおける石炭燃焼と比較した重油燃焼の特徴として，誤っているものは次のうちどれか。

(1) 小さな量の過剰空気で，完全燃焼させることができる。
(2) ボイラーの負荷変動に対して，応答性が優れている。
(3) 燃焼温度が低いため，ボイラーの局部過熱及び炉壁の損傷を起こしにくい。
(4) 急着火及び急停止の操作が容易である。
(5) すすやダストの発生が少ない。

〔解説〕 石炭燃焼と比べた場合の重油燃焼の特徴に関する問題である。重油燃焼は石炭燃焼に比べ，次のような特徴がある。

長所
① 重油の発熱量は，石炭より高い。
　　重油の発熱量：$40 \sim 45$ MJ/kg
　　石炭の発熱量：$20 \sim 35$ MJ/kg
② 貯蔵中に発熱量の低下や自然発火のおそれがない。
③ 運搬や貯蔵管理が容易である。
④ ボイラーの負荷変動に対応して，応答性が優れている。
⑤ 燃焼操作が容易で，労力を要することが少ない。
⑥ 重油は，バーナで霧化されているため，少ない過剰空気で燃焼させることができる。
⑦ 重油は，灰分が少ないので，すす，ダスト，クリンカ（石炭灰が溶融して固まったもの）の発生が少なく，灰処理の必要がない。
⑧ 急着火，急停止の操作が容易である。

短所
① 石炭と比べ重油の発熱量は大きいため燃焼温度が高くなるので，ボイラーの局部過熱及び炉壁の損傷を起こしやすい。
② 油の漏れ込み，点火操作などに注意しないと，炉内ガス爆発を起こすおそれがある。
③ 油の成分によっては，ボイラーを腐食させ，又は大気を汚染する。
④ 油の引火点が低いため，火災防止に注意を要する。
⑤ バーナの構造によっては，騒音を発生しやすい。

したがって，短所①により，問の(3)の記述は誤りである。

〔答〕 (3)

〔ポイント〕 石炭燃焼と比較した重油燃焼の特徴を理解すること「最短合格3.2.2 ①」，「教本3.2.2 (2)」。

問6 燃料の分析及び性質について，誤っているものは次のうちどれか。

(1) 組成を示す場合，通常，液体燃料には成分分析が，気体燃料には元素分析が用いられる。
(2) 工業分析は，固体燃料の成分を分析する一つの方法で，石炭の燃焼特性などを把握するのに有効である。
(3) 発熱量とは，燃料を完全燃焼させたときに発生する熱量である。
(4) 発熱量の単位は，固体及び液体燃料の場合，一般にMJ/kgが用いられる。
(5) 高発熱量と低発熱量の差は，燃料に含まれる水素及び水分の割合によって決まる。

〔解説〕
(1), (2) 液体燃料及び固体燃料には元素分析が，気体燃料には成分分析が用いられる。

(a) 元素分析 ―― 液体，固体燃料の組成である炭素，水素，窒素及び硫黄を測定し，100からそれらの成分を差し引いた値を酸素として扱う分析で，質量（％）で表される。

(b) 成分分析 ―― 気体燃料のメタン，エタン等の含有成分を測定するもので，体積（％）で表される。

(c) 工業分析 ―― 固体燃料を気乾試料として，水分，灰分及び揮発分を測定し，残りを固定炭素として質量（％）で表す。

したがって，問の(1)の記述は誤りである。

(3), (4), (5) 発熱量については下記のとおりである。

① 発熱量は，燃料を完全燃焼をさせたときに発生する熱量をいう。

② 発熱量の単位は，液体燃料及び固体燃料は〔MJ/kg〕で，気体燃料は〔MJ/m_N^3〕で表す。

③ 発熱量の表示は同一燃料につき二通りで表す。

ⓐ 高発熱量：水蒸気の潜熱を含んだ発熱量で総発熱量ともいう。

ⓑ 低発熱量：高発熱量から水蒸気の潜熱を差し引いた発熱量で真発熱量ともいう。

④ 高発熱量と低発熱量との差は燃料に含まれる水素及び水分によって決まる。

⑤ ボイラー効率の算定にあたっては，一般的に低発熱量を用いる。

〔答〕 (1)

〔ポイント〕 燃料の分析，着火温度，引火点及び発熱量について理解すること「最短合格3.1.1 ①，②，③，④」，「教本3.1.1 (4)，(5)」。

問7　重油燃焼によるボイラー及び附属設備の低温腐食の抑制方法に関するAからDまでの記述で，正しいもののみを全て挙げた組合せは，次のうちどれか。

A　燃焼ガス中の酸素濃度を上げる。
B　燃焼ガス温度を，給水温度にかかわらず，燃焼ガスの露点以上に高くする。
C　燃焼室及び煙道への空気漏入を防止し，煙道ガスの温度の低下を防ぐ。
D　重油に添加剤を加え，燃焼ガスの露点を上げる。

(1)　A，B
(2)　A，B，D
(3)　B，C
(4)　C，D
(5)　C

〔解説〕　重油燃焼による低温腐食は，重油中の硫黄分の燃焼により生成された二酸化硫黄が過剰の酸素と反応し三酸化硫黄となり，それが燃焼ガス中の水蒸気と結びついて硫酸蒸気（H_2SO_4）を生成する。この硫酸蒸気が燃焼ガス流路の低温部に接触し，露点以下になると凝縮する。

$$S + O_2 \rightarrow SO_2$$
$$SO_2 + 1/2\ O_2 \rightarrow SO_3$$
$$SO_3 + H_2O \rightarrow H_2SO_4$$

したがって，低温腐食を抑制するには，次の処理を講ずることが必要である。
①　硫黄分の少ない重油を選択する。
②　排ガスのO_2％を下げ，二酸化硫黄（SO_2）から三酸化硫黄（SO_3）への転換を抑制して，燃焼ガスの露点を下げる。
③　給水温度を上昇させて，エコノマイザの伝熱面の温度を高く保つ。
④　蒸気式空気予熱器を用いて，ガス式空気予熱器の伝熱面の温度が低くなり過ぎないようにする。
⑤　低温伝熱面に耐食材料を使用する。
⑥　低温伝熱面の表面の保護被膜を用いる。
⑦　燃焼室及び煙道への空気漏入を防止し，煙道ガスの温度低下を防ぐ。
⑧　添加剤を使用し，燃焼ガスの露点を下げる。

したがって，問のCのみの記述が正しい。

〔答〕　(5)

〔ポイント〕　低温腐食について理解すること「最短合格3.2.2 ③」，「教本3.2.2 (3)」。

問8 ボイラー用ガスバーナについて, 誤っているものは次のうちどれか。

(1) ボイラー用ガスバーナは, ほとんどが拡散燃焼方式を採用している。
(2) 拡散燃焼方式ガスバーナは, 空気の流速・旋回強さ, ガスの分散・噴射方法, 保炎器の形状などにより, 火炎の形状やガスと空気の混合速度を調節する。
(3) センタータイプガスバーナは, 空気流の中心にガスノズルを有し, 先端からガスを放射状に噴射する。
(4) リングタイプガスバーナは, 空気流中に数本のガスノズルを有し, ガスノズルを分割することによりガスと空気の混合を促進する。
(5) ガンタイプガスバーナは, 中・小容量のボイラーに用いられることが多い。

〔解説〕 ガスバーナには, 拡散形と予混合形バーナがあるが, ボイラー用にはほとんど拡散形バーナが使用される。

① 予混合形バーナは, 主にパイロットバーナとして使用され, パイロット火炎を保護するリテンション・リングが取り付けられているので, 混合ガスの流速が極めて速くなってきても吹き消えず, 火炎の安定範囲が広い。

② 拡散形バーナは, ガスと空気を別々に噴出し拡散混合しながら燃焼させるバーナで, 燃焼量が調節できる範囲が広く逆火の危険性が少ないので, ボイラー用ガスバーナはほとんどが拡散燃焼方式を利用している。ガスバーナは空気の流速, 旋回強さ, ガスの分散・噴射方式, スタビライザ（保炎器）の形状などで, 火炎の形状, ガスと空気の混合速度を調節して, 目的に合った火炎を形成している。一般的に, 燃料ガスの噴出方法により, 次のように分類されている（図）。

(a) センタータイプ ：1本のバーナ管の先端に複数個のガス噴射ノズルを設けたもの。
(b) リングタイプ ：バーナタイル近傍にリング状のバーナ管を設けたもの。
(c) マルチスパッド：バーナ管を複数設けたもの。
(d) ガンタイプ ：バーナ, ファン, 点火装置, 火炎検出器を含めた燃焼安全装置, 制御装置などを一体としたもの。中・小容量ボイラー用バーナとして用いられる。

したがって, 問の(4)の記述はマルチスパッドガスバーナについての説明であり, リングタイプガスバーナについての説明ではないので誤りである。

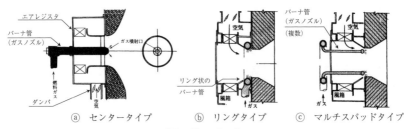

図　ガスバーナ

〔答〕 (4)
〔ポイント〕 ボイラー用ガスバーナについて理解すること「最短合格3.2.3 ①, ③」, 「教本3.2.3(1), (3)」。

問9　ボイラーの燃焼における一次空気及び二次空気について，誤っているものは次のうちどれか。

(1) 油・ガスだき燃焼における一次空気は，噴射された燃料の周辺に供給され，初期燃焼を安定させる。

(2) 油・ガスだき燃焼における二次空気は，旋回又は交差流によって燃料と空気の混合を良好にして，燃焼を完結させる。

(3) 微粉炭バーナ燃焼では，一般に，一次空気と微粉炭は予混合されてバーナに供給され，二次空気はバーナの周囲から噴出される。

(4) 火格子燃焼における二次空気は，燃料層上の可燃性ガスの火炎中に送入される。

(5) 火格子燃焼における一次空気と二次空気の割合は，二次空気が大部分を占める。

〔解説〕

(1), (2) 油・ガスだき燃焼における一次空気と二次空気（図1）。

一次空気は，噴射された燃料の周辺に供給され，初期燃焼（着火，油の場合は気化を含む）を安定させる。二次空気は，旋回又は交差流（軸流）によって燃料と空気の混合を良好に保ち，低空気比で燃焼を完結させる。

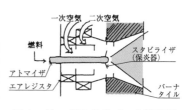

図1　油・ガスだきバーナ構造嶺

(3) 微粉炭バーナは，一般に微粉炭を一次空気と予混合してバーナに送り，二次空気はバーナの周囲から噴出する（図2）（「最短合格3.2.4 ③」，「教本3.2.4 (2)(b) ⅱ」）。

(4), (5) 火格子燃焼には，上込め燃焼と下込め燃焼がある。上込め燃焼とは，燃料を火層の上に補給し，一次空気は給炭方向と逆の方向（図3）である。下込め燃焼とは，燃料の供給方向と一次空気の供給方向が同一の方式のものである。上込め燃焼の一次空気は，火格子から燃料層を通して送入され，二次空気は，燃料層上の可燃ガスの火炎中に送入される。火格子燃焼における一次空気と二次空気の割合は，一次空気が大部分を占める。

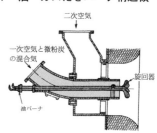

図2　微粉炭バーナ

したがって，問の(5)の記述は誤りである。

〔答〕　(5)

〔ポイント〕　燃焼における一次空気と二次空気について理解すること「最短教本3.3.1 ④」，「教本3.3.1 (4)」

図3　火格子の層
（上込め燃焼）

問10 ボイラーの通風に関して，誤っているものは次のうちどれか。

(1) 誘引通風は，燃焼ガスを煙道又は煙突入口に設けたファンによって吸い出すもので，燃焼ガスの外部への漏れ出しがほとんどない。
(2) 誘引通風は，必要とする動力が平衡通風より小さい。
(3) 押込通風は，一般に，常温の空気を取り扱い，所要動力が小さいので広く用いられている。
(4) 押込通風は，空気流と燃料噴霧流が有効に混合するため，燃焼効率が高まる。
(5) 平衡通風は，押込ファンと誘引ファンを併用したもので，通風抵抗の大きなボイラーでも強い通風力が得られる。

〔解説〕

① 通風は，炉及び煙道を通して起こる空気及び燃焼ガスの流れをいう。
② この通風を起こさせる圧力差を通風力という。
③ 通風には，煙突だけによる自然通風と機械的方法による人工通風がある。
④ 自然通風の通風力は弱い。自然通風力は，外気の密度と煙突内ガスの密度との差に煙突の高さを乗じて求める。

通風力　$h = (\rho_a - \rho_g) gH$ 〔Pa〕　　ρ_a：外気の密度〔kg/m³〕
ρ_g：煙突内ガス密度〔kg/m³〕
H：煙突の高さ〔m〕
g：重力加速度〔9.8m/s²〕

ρ_g（煙突内ガス密度）は，ガス温度が高いほど小さくなるので，通風力は大きくなる。また，煙突の高さが高いほど，通風力は大きくなる。

⑤ 人工通風は，ファンなどを使用するので，大容量から小容量ボイラーに至るまで広く用いられ，次の3種類がある。

(a) 押込通風：押込ファンを用いて，燃焼用空気を大気圧より高い圧力の炉内に押し込む（加圧燃焼）。空気流と燃料噴霧流との混合が有効に利用できるので，燃焼効率が高まる。炉内に漏れ込む空気がなく，ボイラー効率が向上するが，気密が不十分だと，燃焼ガスが外部に漏れる。所要動力が小さいので広く用いられている。

(b) 誘引通風：煙道又は煙突入口に設けたファンを用いて，燃焼ガス（高温のガス）を誘引するので，燃焼ガスの外部への漏れ出しがない。大型のファンを要し，所要動力が大きい。そのため，炉内圧は大気圧より低くなる。誘引通風は高温ガスを誘引するので，ガス中に腐食，摩耗性のものが含まれると損傷しやすい。

(c) 平衡通風：押込ファンと誘引ファンと併用したもので，炉内圧は大気圧よりわずかに低く調節するのが普通である。押込通風より大きな動力を必要とするが，誘引通風より動力は少ない。

各通風方式の動力の比較（同一の通風条件）：押込通風＜平衡通風＜誘引通風
したがって，問の(2)の記述は誤りである。

〔答〕 (2)

〔ポイント〕 人工通風の種類と特徴及び自然通風の通風力について理解すること「最短合格3.3.2 ①，②」，「教本3.3.2 (1)，(2)」

146

■ 令和３年前期：燃料及び燃焼に関する知識 ■

問1 ボイラーの液体燃料の供給装置について，適切でないものは次のうちどれか。

(1) 燃料油タンクは，用途により貯蔵タンクとサービスタンクに分類される。
(2) 貯蔵タンクには，自動油面調節装置を取り付ける。
(3) サービスタンクの貯油量は，一般に最大燃焼量の２時間分程度とする。
(4) 油ストレーナは，油中の土砂，鉄さび，ごみなどの固形物を除去するものである。
(5) 油加熱器には，蒸気式と電気式がある。

〔解説〕 燃料油タンクは，貯蔵タンク（ストレージタンク）とサービスタンクに分類される。

(a) 貯蔵タンク（ストレージタンク）
　　地下に設置する場合と地上に設置する場合があり，通常１週間から１か月の使用量の燃料油を受け入れて貯蔵する例が多く，フロート式の液面計など装備してタンク内の残油量を管理する。
　　燃料受入れの油送入管はタンク上部に，油取出し管はタンク底部から20 ～ 30 cm上方に取付けている。

(b) サービスタンク
　　ボイラーの燃焼設備に，燃料油を円滑に供給する油だめの役目をなすもので，サービスタンクの貯油量は燃焼設備の定格油量の２時間分程度の容量が一般的である。
　　サービスタンクには，フロート式の液面調節器（フロートスイッチ）を設けて液位の調節（自動油面調節装置）を行っている。
　　液面調節器には，移送用ポンプを発停するための上限・下限リミットスイッチのほかに，異常低位，異常高位の警報用接点が設けられる。

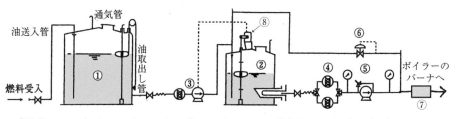

①貯蔵タンク（ストレージタンク） ②サービスタンク ③移送ポンプ ④吸込み側ストレーナ
⑤噴燃ポンプ ⑥油圧調節弁 ⑦油加熱器 ⑧自動油面調節装置

図　燃料油タンク廻りの系統

　　したがって，問の(2)の記述は誤りである。自動油面調節装置を取り付けるのは，サービスタンクであり，貯蔵タンク（ストレージタンク）ではない。

〔答〕 (2)

〔ポイント〕 ボイラーの液体燃料の油タンクと供給装置について理解すること「最短合格3.2.2 ④」，「教本3.2.2 (4)」。

147

問2 重油に含まれる成分などによる障害について，誤っているものは次のうちどれか。

(1) 残留炭素分が多いほど，ばいじん量は増加する。
(2) 水分が多いと，熱損失が増加する。
(3) 硫黄分は，主にボイラーの伝熱面に高温腐食を起こす。
(4) 灰分は，ボイラーの伝熱面に付着し，伝熱を阻害する。
(5) スラッジは，ポンプ，流量計，バーナチップなどを摩耗させる。

〔解説〕 重油に含まれる成分などにより，次のような障害が発生する。
(a) 水分が多いと次の障害を起こす。
① 熱損失が増加する。
② いきづき燃焼を起こす。
③ 貯蔵中にスラッジを形成する。
(b) スラッジによる障害は，次のとおりである。
① 弁，ろ過器，バーナチップなどを閉そくさせる。
② ポンプ，流量計，バーナチップなどを摩耗させる。
(c) 灰分による障害
① ボイラーなどの伝熱面に付着し伝熱を阻害する。
(d) 残留炭素による障害
① ばいじん量が多く発生する。
(e) 硫黄分による障害
① ボイラー及び附属設備の低温伝熱面で低温腐食を起こす。

問の(1)，(2)，(4)，(5)の記述は正しい。
問の(3)の記述は誤りである。正しくは，「低温腐食を起こす」である。

〔答〕 (3)

〔ポイント〕 重油に含まれる成分などによる障害について理解すること「最短合格3.1.2 ③，3.2.2 ②，③」，「教本3.1.2 (2) b，3.2.2 (2) (3)」。

問3 石炭の工業分析において，分析値として表示されない成分は次のうちどれか。

(1)　水分
(2)　灰分
(3)　揮発分
(4)　固定炭素
(5)　水素

〔解説〕　液体燃料及び固体燃料には元素分析が，気体燃料には成分分析が用いられる。なお，石炭などの固体燃料の場合は，工業分析を行う。

(a)　元素分析 ― 液体，固体燃料の組成である炭素，水素，窒素及び硫黄を測定し，100からそれらの成分を差し引いた値を酸素として扱う分析で，質量（％）で表される。

(b)　成分分析 ― 気体燃料のメタン，エタン等の含有成分を測定するもので，体積（％）で表される。

(c)　工業分析 ― 固体燃料を気乾試料として，水分，灰分及び揮発分を測定し，残りを固定炭素として質量（％）で表す。
　　　したがって，問の(5)水素は，固体燃料である石炭の工業分析において，分析値として表示されない成分である。

〔答〕　(5)

〔ポイント〕　液体燃料，固体燃料及び気体燃料の分析について理解すること「最短合格3.1.1 ①」，「教本3.1.1 (4)」。

問 4　ボイラーにおける気体燃料の燃焼方式について，誤っているものは次のうちどれか。

(1)　拡散燃焼方式は，ガスと空気を別々にバーナに供給し，燃焼させる方法である。
(2)　拡散燃焼方式を採用した基本的なボイラー用バーナとして，センタータイプバーナがある。
(3)　拡散燃焼方式は，火炎の広がり，長さなどの調節が容易である。
(4)　予混合燃焼方式は，安定した火炎を作りやすいので，大容量バーナに採用されやすい。
(5)　予混合燃焼方式は，気体燃料に特有な燃焼方式である。

〔解説〕　ガスバーナには，拡散形と予混合形バーナがあるが，ボイラー用にはほとんど拡散形バーナが使用される。
　①　燃料ガスに空気を予め混合して燃焼させる予混合燃焼方式は，安定な火炎を作りやすいが逆火の危険性があるために大容量バーナには利用されにくい。ボイラー用としては，パイロットバーナに利用されることがある。
　②　拡散形バーナは，ガスと空気を別々に噴出し拡散混合しながら燃焼させるバーナで，燃焼量が調節できる範囲が広く逆火の危険性が少ないので，ボイラー用ガスバーナはほとんどが拡散燃焼方式を利用している。ガスバーナは空気の流速，旋回強さ，ガスの分散・噴射方式，スタビライザ（保炎器）の形状などで，火炎の形状，ガスと空気の混合速度を調節して，目的に合った火炎を形成している。
　　一般的に，燃料ガスの噴出方法により，次のように分類されている（図）。
　ⓐ　センタータイプ：1本のバーナ管の先端に複数個のガス噴射ノズルを設けたもの。
　ⓑ　リングタイプ　：バーナタイル近傍にリング状のバーナ管を設けたもの。
　ⓒ　マルチスパッド：バーナ管を複数設けたもの。
　ⓓ　ガンタイプ　　：バーナ，ファン，点火装置，火炎検出器を含めた燃焼安全装置，制御装置などを一体としたもの。中・小容量ボイラー用バーナとして用いられる。
したがって，問の(4)の記述は誤りである。

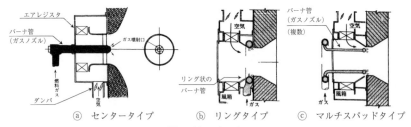

図　ガスバーナ

〔答〕　(4)
〔ポイント〕　ボイラー用ガスバーナについて理解すること「最短合格3.2.3 ①，③」，「教本3.2.3(1)，(3)」。

令4前 令3後 令3前 令2後 令2前 令1前

ボイラーの構造

令4前 令3後 令3前 令2後 令2前 令1前

ボイラーの取扱い

令4前 令3後 令3前 令2後 令2前 令1前

燃料及び燃焼

令4前 令3後 令3前 令2後 令2前 令1前

関係法令

令4前 令3後 令3前 令2後 令2前 令1後

問5 ボイラーの圧力噴霧式バーナの噴射油量を調節し，又はその調節範囲を大きくする方法として，最も適切でないものは次のうちどれか。

(1) バーナの数を加減する。
(2) バーナのノズルチップを取り替える。
(3) 油加熱器を用いる。
(4) 戻り油式圧力噴霧バーナを用いる。
(5) プランジャ式圧力噴霧バーナを用いる。

〔解説〕 圧力噴霧式バーナは，油に高圧力を加えて，これをノズルチップから激しい勢いで炉内に噴出させるものである。
　噴射油量を調節する方法として次のものがある。
① 圧力噴霧式バーナ〔図(a)〕
　バーナ前の油圧を調節弁で変えて油量を調節する。
② バーナの数が2本以上の場合，バーナの本数を加減する。
③ バーナのノズルチップを小径のものに変える。
④ 戻り油式圧力噴霧バーナ〔図(b)〕を用いる。
　バーナ本体に送った燃料油の一部を戻すもので，戻り油量を調節することでバーナ噴霧圧力がほぼ一定となるので，良好な噴霧状態が保たれる。
⑤ プランジャ式圧力噴霧バーナ〔図(c)〕を用いる。
　バーナ内部のプランジャを調節して，油の流路面積を変えて油量を調節するとバーナ噴射圧がほぼ一定となるため，少ない油量でも燃焼が可能となり，バーナの制御範囲が広がる。

　したがって，問の(3)において，油加熱器を用いるとあるのは誤りである。

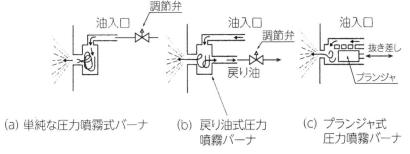

(a) 単純な圧力噴霧式バーナ　　(b) 戻り油式圧力噴霧バーナ　　(c) プランジャ式圧力噴霧バーナ

図　圧力噴霧式バーナ

〔答〕 (3)

〔ポイント〕 バーナの種類と特徴を理解すること「最短合格3.2.2 ⑤B」，「教本3.2.2 (4)(b) ⅱ」。

問6 ボイラーの燃料の燃焼により発生するNO$_x$の抑制方法として，誤っているものは次のうちどれか。

(1) 高温燃焼域における燃焼ガスの滞留時間を長くする。
(2) 窒素化合物の少ない燃料を使用する。
(3) 燃焼域での酸素濃度を低くする。
(4) 濃淡燃焼法によって燃焼させる。
(5) 排ガス再循環法によって燃焼させる。

〔解説〕 窒素酸化物の発生抑制方法の基本は，次のとおりである。
① 炉内燃焼ガス中の酸素濃度を低くする。
② 燃焼温度を低くし，特に局所的高温域が生じないようにする。
　　燃焼によって生ずるNOxは，燃焼に使用された空気中の窒素が高温条件下で酸素と反応して生成するので，燃焼温度を低くすることでNOxの発生が抑制される。
③ 高温燃焼域における燃焼ガスの滞留時間を短くする。
④ 窒素化合物の少ない燃料を使用する。
　　以上を達成するためには，次の方法がある。
① 運転条件による方法
　ア　低空気比燃焼
　イ　燃焼室熱負荷の低減
　ウ　空気予熱温度の低下
② 燃焼方式改善による方法
　ア　二段燃焼
　イ　濃淡燃焼
　ウ　排ガスの再循環
　エ　低NOxバーナ使用等
③ 燃焼ガス中からNOxを除去する方法
　　排煙脱硝装置の設置

　問の(2)，(3)，(4)，(5)の記述は正しい。
　NO$_x$の抑制方法として，高温燃焼域における燃焼ガスの滞留時間を短くすることが必要なので，問の(1)の記述は誤りである。

〔答〕 (1)

〔ポイント〕 大気汚染物質の窒素酸化物（NOx）発生の抑制について理解すること「最短合格3.2.5 ②」，「教本3.2.5 (2)」。

問7　ボイラー用気体燃料について，誤っているものは次のうちどれか。

(1)　気体燃料は，石炭や液体燃料に比べて成分中の水素に対する炭素の比率が高い。
(2)　都市ガスは，液体燃料に比べてNO_XやCO_2の排出量が少なく，また，SO_Xはほとんど排出しない。
(3)　LPGは，都市ガスに比べて発熱量が大きく，密度が大きい。
(4)　液体燃料ボイラーのパイロットバーナの燃料には，LPGを使用することが多い。
(5)　特定のエリアや工場で使用される気体燃料には，石油化学工場で発生するオフガスがある。

〔解説〕

(1)，(2)　都市ガスのほとんどは，天然ガスを原料としている。

　　天然ガス（都市ガス）は，メタン（CH_4）などの炭化水素を主成分として，液体，固体燃料に比べると成分中の炭素（C）に対する水素の比率が高いので，同じ熱量の燃料を燃焼させた場合，CO_2の発生割合は，石炭の約60％，液体燃料の約75％で温室効果ガス削減に有効である。

　　また，燃料中に窒素，硫黄分が少ないため，窒素酸化物（NOx）の排出量が少なく，また硫黄酸化物（SOx）はほとんど排出しない。

　　都市ガスの発熱量（低）は，一般に40.6 MJ/m^3_Nである。

(3)　液化石油ガス（Liquefied Petroleum Gas）の中で燃料ガスとして一般的に使用されているのは，プロパン及びブタンである。これらは，常温常圧では気体であるが，通常は加圧液化して貯蔵する。

　　液化石油ガスの特徴としては，高発熱量はプロパンが99.1 MJ/m^3_N，ブタンが128 MJ/m^3_Nと高く，硫黄分がほとんどない，空気より重い，気化潜熱が大きい等がある。

　　LPGの比重（空気＝1）
　　　プロパン：1.52
　　　ブタン　：2.00

(4)　液体燃料の場合，点火の多くはパイロットバーナを使用した間接点火方式である。

　　パイロットバーナの燃料には，LPG（液化石油ガス）が使用される。

(5)　製鉄所では，いくつかの製鉄プロセスからは比較的発熱量の低い副生ガスが生成する。また，石油化学，精製工場ではやはり，発熱量の高い有用な副生ガス（オフガス）が発生する。

　　問の(1)の記述において，気体燃料は，石炭や液体燃料に比べて成分中の水素に対する炭素の比率が高いというのは誤りで，正しくは，気体燃料は，石炭や液体燃料に比べて成分中の炭素に対する水素の比率が高い。

〔答〕　(1)

〔ポイント〕　気体燃料の特徴と種類について理解すること「最短合格3.1.3 ①，②」，「教本3.1.3 (1)，(2)」。

ボイラーの取扱い

令4前 令3後 令3前 令2後 令2前 令1後

燃料及び燃焼

令4前 令3後 令3前 令2後 令2前 令1後

関係法令

令4前 令3後 令3前 令2後 令2前 令1後

153

問8　燃料の分析及び性質について，誤っているものは次のうちどれか。

(1)　組成を示す場合，通常，液体燃料及び固体燃料には元素分析が，気体燃料には成分分析が用いられる。
(2)　発熱量とは，燃料を完全燃焼させたときに発生する熱量である。
(3)　液体燃料及び固体燃料の発熱量の単位は，通常，MJ/kgで表す。
(4)　低発熱量は，高発熱量から水蒸気の潜熱を差し引いた発熱量で，真発熱量ともいう。
(5)　高発熱量と低発熱量の差は，燃料に含まれる水分及び炭素の割合によって決まる。

〔解説〕
(1)　液体燃料及び固体燃料には元素分析が，気体燃料には成分分析が用いられる。
　(a)　元素分析 ── 液体，固体燃料の組成である炭素，水素，窒素及び硫黄を測定し，100からそれらの成分を差し引いた値を酸素として扱う分析で，質量（％）で表される。
　(b)　成分分析 ── 気体燃料のメタン，エタン等の含有成分を測定するもので，体積（％）で表される。
　(c)　工業分析 ── 固体燃料を気乾試料として，水分，灰分及び揮発分を測定し，残りを固定炭素として質量（％）で表す。
(2), (3), (4), (5)　発熱量については下記のとおりである。
　①　発熱量は，燃料を完全燃焼させたときに発生する熱量をいう。
　②　発熱量の単位は，液体燃料及び固体燃料は〔MJ/kg〕で，気体燃料は〔MJ/m_N^3〕で表す。
　③　発熱量の表示は同一燃料につき二通りで表す。
　　ⓐ　高発熱量：水蒸気の潜熱を含んだ発熱量で総発熱量ともいう。
　　ⓑ　低発熱量：高発熱量から水蒸気の潜熱を差し引いた発熱量で真発熱量ともいう。
　④　高発熱量と低発熱量との差は燃料に含まれる水素及び水分によって決まる。
　⑤　ボイラー効率の算定にあたっては，一般的に低発熱量を用いる。

　　したがって，問の(5)の記述は誤りである。正しくは，高発熱量と低発熱量の差は，燃料に含まれる水分及び水素の割合によって決まる。

〔答〕　(5)

〔ポイント〕　燃料の分析及び性質について理解すること「最短合格3.1.1」，「教本3.1.1」。

問9　ボイラーの燃焼における一次空気及び二次空気について，誤っているものは次のうちどれか。

(1)　油・ガスだき燃焼における一次空気は，噴射された燃料の周辺に供給され，初期燃焼を安定させる。

(2)　油・ガスだき燃焼における二次空気は，旋回又は交差流によって燃料と空気の混合を良好にして，燃焼を完結させる。

(3)　微粉炭バーナ燃焼における二次空気は，微粉炭と予混合してバーナに送入される。

(4)　火格子燃焼における一次空気は，一般の上向き通風の場合，火格子下から送入される。

(5)　火格子燃焼における二次空気は，燃料層上の可燃性ガスの火炎中に送入される。

〔解説〕

(1), (2)　油・ガスだき燃焼における一次空気と二次空気（図1）。

一次空気は，噴射された燃料の周辺に供給され，初期燃焼（着火，油の場合は気化を含む）を安定させる。

二次空気は，旋回又は交差流（軸流）によって燃料と空気の混合を良好に保ち，低空気比で燃焼を完結させる。

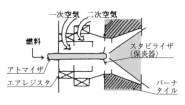

図1　油・ガスだきバーナ構造嶺

(3)　微粉炭バーナは，一般に微粉炭を一次空気と予混合してバーナに送り，二次空気はバーナの周囲から噴出する（図2）（「最短合格3.2.4 ③」，「教本3.2.4 (2) (b) ⅱ」）。

したがって，問の(3)の記述は誤りである。

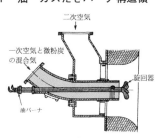

図2　微粉炭バーナ

(4), (5)　火格子燃焼には，上込め燃焼と下込め燃焼がある。上込め燃焼とは，燃料を火層の上に補給し，一次空気は給炭方向と逆の方式（図3）である。下込め燃焼とは，燃料の供給方向と一次空気の供給方向が同一の方式のものである。

上込め燃焼の一次空気は，火格子から燃料層を通して送入され，二次空気は，燃料層上の可燃ガスの火炎中に送入される。

火格子燃焼における一次空気と二次空気の割合は，一次空気が大部分を占める。

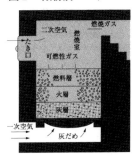

図3　火格子の層
（上込め燃焼）

〔答〕　(3)

〔ポイント〕　燃焼における一次空気と二次空気について理解すること「最短教本3.3.1 ④」，「教本3.3.1 (4)」。

問10 ボイラーの通風に関して、適切でないものは次のうちどれか。

(1) 炉及び煙道を通して起こる空気及び燃焼ガスの流れを、通風という。
(2) 煙突によって生じる自然通風力は、煙突内のガス温度が高いほど強くなる。
(3) 押込通風は、燃焼用空気をファンを用いて大気圧より高い圧力の炉内に押し込むものである。
(4) 誘引通風は、燃焼ガス中に、すす、ダスト及び腐食性物質を含むことが多く、かつ、燃焼ガスが高温のためファンの腐食や摩耗が起こりやすい。
(5) 平衡通風は、押込ファンと誘引ファンを併用したもので、炉内圧を大気圧よりわずかに高く調節する。

〔解説〕
① 通風は、炉及び煙道を通して起こる空気及び燃焼ガスの流れをいう。
② この通風を起こさせる圧力差を通風力という。
③ 通風には、煙突だけによる自然通風と機械的方法による人工通風がある。
④ 自然通風の通風力は弱い。自然通風力は、外気の密度と煙突内ガスの密度との差に煙突の高さを乗じて求める。

通風力　$h = (\rho_a - \rho_g) gH$〔Pa〕　　ρ_a：外気の密度〔kg/m^3〕
ρ_g：煙突内ガス密度〔kg/m^3〕
H：煙突の高さ〔m〕
g：重力加速度〔9.8 m/s^2〕

ρ_g（煙突内ガス密度）は、ガス温度が高いほど小さくなるので、通風力は大きくなる。また、煙突の高さが高いほど、通風力は大きくなる。
⑤ 人工通風は、ファンなどを使用するので、大容量から小容量ボイラーに至るまで広く用いられ、次の3種類がある。
　(a) 押込通風：押込ファンを用いて、燃焼用空気を大気圧より高い圧力の炉内に押し込む（加圧燃焼）。空気流と燃料噴霧流との混合が有効に利用できるので、燃焼効率が高まる。炉内に漏れ込む空気がなく、ボイラー効率が向上するが、気密が不十分だと、燃焼ガスが外部に漏れる。
　(b) 誘引通風：煙道又は煙突入口に設けたファンを用いて、燃焼ガス（高温のガス）を誘引するので、大型ファンを要し、所要動力が大きい。そのため、炉内圧は大気圧より低くなる。誘引通風は高温ガスを誘引するので、ガス中に腐食、摩耗性のものが含まれると損傷しやすい。
　(c) 平衡通風：押込ファンと誘引ファンと併用したもので、炉内圧は大気圧よりわずかに低く調節するのが普通である。その結果、燃焼ガスが外部に漏れることはない。押込通風より大きな動力を必要とするが、誘引通風より動力は少ない。
　問の(1)、(2)、(3)、(4)の記述は正しい。
　問の(5)の記述は誤りである。正しくは、炉内圧は大気圧よりわずかに低く調節するのが普通である。

〔答〕　(5)

〔ポイント〕　人工通風の種類と特徴及び自然通風の通風力について理解すること「最短合格3.3.2 ①、②」、「教本3.3.2 (1)、(2)」。

問１ 次の文中の￣￣￣内に入れるＡ及びＢの語句の組合せとして，正しいものは(1)
〜(5)のうちどれか。

　「液体燃料を加熱すると ￣Ａ￣ が発生し，これに小火炎を近づけると瞬間的に
光を放って燃え始める。この光を放って燃える最低の温度を ￣Ｂ￣ という。」

	Ａ	Ｂ
(1)	酸素	引火点
(2)	酸素	着火温度
(3)	蒸気	着火温度
(4)	蒸気	引火点
(5)	水素	着火温度

〔解説〕　燃焼とは，光と熱の発生を伴う急激な酸化反応である。

　ボイラーにおける燃焼は，燃料（可燃物）と空気（酸素）が燃焼室で反応するも
のであるが，燃料と空気を単に接触させただけでは燃焼は行われない。点火源並び
に燃料及び燃焼室の温度が，燃料の着火温度以上に維持されていなければならな
い。

　すなわち，燃焼には燃料，空気及び温度の三つの要素が必要とされる。

　燃焼に大切なのは，着火性と燃焼速度である。着火性の良否は，燃料の性質，燃
焼装置及び燃焼室の構造，空気導入部の配置などに大きく影響される。燃焼速度
は，燃焼が進行する速さで，着火性がよく，燃焼速度が速いと一定量の燃料を完全
燃焼させるのに狭い燃焼室で足りることになる。

　　引火点　　：液体燃料が加熱されると蒸気を発生し，これに小火炎を近づけると瞬
　　　　　　　　間的に光を放って燃え始める最低の温度。
　　着火温度：燃料を空気中で加熱すると温度が徐々に上昇し，他から点火しないで
　　　　　　　　自然に燃え始める最低の温度。

　したがって，正しい組合せは問の(4)である。
　　Ａ：蒸気
　　Ｂ：引火点

〔答〕　(4)

〔ポイント〕　燃料概論「最短合格3.1.1 ③」，「教本3.1.1 (5)」と燃焼の要件「最短合格
　　　　　　　3.2.1 ①〜③」，「教本3.2.1」について理解すること。

問2　ボイラーの油バーナについて，適切でないものは次のうちどれか。

(1) 圧力噴霧式バーナは，油に高圧力を加え，これをノズルチップから炉内に噴出させて微粒化するものである。
(2) 戻り油式圧力噴霧バーナは，単純な圧力噴霧式バーナに比べ，ターンダウン比が広い。
(3) 高圧蒸気噴霧式バーナは，比較的高圧の蒸気を霧化媒体として油を微粒化するもので，ターンダウン比が広い。
(4) 回転式バーナは，回転軸に取り付けられたカップの内面で油膜を形成し，遠心力により油を微粒化するものである。
(5) ガンタイプバーナは，ファンと空気噴霧式バーナを組み合わせたもので，燃焼量の調節範囲が広い。

〔解説〕
(1) 圧力噴霧式バーナは，油に高圧力を加えてノズルチップから激しい勢いで炉内に噴出させるものである。油量を減らすほど噴霧圧力は低くなり微粒化が損なわれるので，ターンダウン比（バーナ負荷調整範囲）が狭い。
(2) 戻り油式圧力噴霧バーナは，油量の調節を戻り側で行うことにより，供給油圧を負荷に関係なくほぼ一定とすることができる。これより広い調整範囲（ターンダウン）が得られるようにしている。
(3) 蒸気（空気）噴霧式バーナは，圧力を有する蒸気又は空気（霧化媒体）をバーナ先端の混合室で油と混合して，油の霧化に利用するためターンダウン比が広い。
(4) 回転式バーナは，回転軸に取り付けられたカップの内面で油膜を形成し，遠心力により油を微粒化する。回転式バーナは，中・小容量ボイラーに用いられている。
(5) ガンタイプバーナは，その形がピストルに似ているためにこう呼ばれている。ファンと圧力噴霧式バーナとを組み合わせたもので，燃焼量の調節範囲が狭い。したがって，問の(5)の記述は誤りである。

〔答〕　(5)

〔ポイント〕　油バーナの種類とその構造及び特徴について理解すること「最短合格 3.2.2 ⑤」，「教本3.2.2 (4) ii」。

ボイラーの構造

ボイラーの取扱い

燃料及び燃焼

関係法令

令4前 令3後 令3前 令2後 令2前 令1後

令4前 令3後 令3前 令2後 令2前 令1後

令4前 令3後 令3前 令2後 令2前 令1後

令4前 令3後 令3前 令2後 令2前 令1後

問3　ボイラーにおける燃料の燃焼について，誤っているものは次のうちどれか。

(1)　燃焼には，燃料，空気及び温度の三つの要素が必要である。

(2)　燃料を完全燃焼させるときに，理論上必要な最小の空気量を理論空気量という。

(3)　理論空気量をA_0，実際空気量をA，空気比をmとすると，$A = mA_0$という関係が成り立つ。

(4)　一定量の燃料を完全燃焼させるときに，燃焼速度が遅いと狭い燃焼室でも良い。

(5)　排ガス熱による熱損失を少なくするためには，空気比を小さくし，かつ，完全燃焼させる。

〔解説〕

(1)　ボイラーにおける燃焼は，燃料(可燃物)と空気(酸素)が燃焼室で反応するものであるが，燃料と空気を単に接触させただけでは燃焼は行われない。点火源，燃料及び燃焼室の温度が燃料の着火温度以上に維持されていなければならない。

　　すなわち，燃焼には燃料，空気及び温度の三つの要素が必要とされる。

(2), (3)　燃焼に必要な最少の空気量を理論空気量という。実際の燃焼に際して送入される空気量を実際空気量といい，一般の燃焼では理論空気量より大きい。理論空気量に対する実際空気量の比を空気比（m）という。

$$m = \frac{実際空気量\ (A)}{理論空気量\ (A_0)} \qquad A = mA_0$$

　　理論・実際空気量の単位は，液体及び固体燃料では（m^3_N/kg）で表し，気体燃料では（m^3_N/m^3_N）で表す。

　　微粉炭燃焼の場合の空気比は，燃焼速度が他の燃料より遅いので空気比は大きい（表）。

表　燃料別空気比の概略値

燃料	空気比（m）
微粉炭	1.15 ～ 1.3
液体燃料	1.05 ～ 1.3
気体燃料	1.05 ～ 1.2

(4)　燃焼に大切なのは，着火性と燃焼速度である。着火性の良否は，燃料の性質，燃焼装置及び燃焼室の構造，空気導入部の配置などに大きく影響される。燃焼速度は，燃焼が進行する速さで，着火性がよく，燃焼速度が速いと一定量の燃料を完全燃焼させるのに狭い燃焼室で足りることになる。

　　したがって，問の(4)の記述は誤りである。

(5)　最も大きな熱損失は，一般に排ガス熱によるものである。

　　　熱損失を少なくするために次のようなことを行う。

①　空気比を小さくし，かつ，完全燃焼を行わせる。

②　ボイラー伝熱面の清掃などを行って熱吸収をよくする。

③　燃焼ガス熱をエコノマイザ及び空気予熱器などにより熱回収を図る。

〔答〕　(4)

〔ポイント〕　燃焼の基礎知識「最短合格3.3.1 ⑤」，「教本3.3.1 (5)」と燃焼の要件「最短合格3.2.1」，「教本3.2.1」について理解すること。

(1)　重油の密度は，温度が上昇すると増加する。
(2)　密度の小さい重油は，密度の大きい重油より一般に引火点が低い。
(3)　重油の比熱は，温度及び密度によって変わる。
(4)　重油の粘度は，温度が上昇すると低くなる。
(5)　密度の小さい重油は，密度の大きい重油より単位質量当たりの発熱量が大きい。

〔解説〕　重油は，動粘度によりＡ重油，Ｂ重油及びＣ重油に分類される。
　　その重油の燃焼性を表す粘度，引火点，炭素，硫黄分，残留炭素及び発熱量などは密度に関連する。通常，密度の大きいものほど難燃焼である。

表　液体燃料の種類と燃焼性

	C重油	B重油	A重油
イ）密度	大きい	⟶	小さい
ロ）低発熱量	小さい	⟶	大きい
ハ）引火点	高い	⟶	低い
ニ）粘度	高い	⟶	低い
ホ）凝固点	高い	⟶	低い
ヘ）流動点	高い	⟶	低い
ト）残留炭素	多い	⟶	少ない
チ）硫黄	多い	⟶	少ない

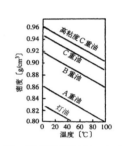

図　燃料油の温度による密度の変化

(1)　重油の密度は，温度により変化し，温度が上昇すると減少する（図）。
　　重油の体膨脹係数は約0.0007/℃なので，温度が1℃上昇するごとに約0.0007g/cm^{3}減少する。
　　したがって，問の(1)の記述は誤りである。
(2)　密度の小さい重油は，密度の大きい油より引火点が低い（表）。
　　A重油　密度　0.86 g/cm^3（15℃）　引火点　60℃以上
　　C重油　密度　0.93 g/cm^3（15℃）　引火点　70℃以上
(3)　重油の比熱は，温度及び密度によって変わるが，50 〜 200℃における平均比熱は約2.3 kJ/（kg・K）である。
(4)　重油の粘度は，温度が高くなると低くなる。
　　そのため粘度の高い重油は，B重油50 〜 60℃，C重油80 〜 105℃に加熱することで，粘度が下がり霧化が良好になる。
(5)　密度が大きい重油は，密度の小さい重油より発熱量は小さい（表）。
　　C重油はA重油に比べて密度は大きいが，単位質量当たりの発熱量は小さい。

	密度	低発熱量
A重油	0.86 g/cm^3	42.7 MJ/kg
C重油	0.93 g/cm^3	40.9 MJ/kg

〔答〕　(1)
〔ポイント〕　重油の性質について理解すること「最短合格3.1.2」，「教本3.1.2」。

問5 ボイラーにおける石炭燃焼と比べた重油燃焼の特徴に関するAからDまでの記述で，正しいもののみを全て挙げた組合せは，次のうちどれか。

    A 完全燃焼させるときに，より多くの過剰空気量を必要とする。
    B ボイラーの負荷変動に対して，応答性が優れている。
    C 燃焼温度が高いため，ボイラーの局部過熱及び炉壁の損傷を起こしやすい。
    D クリンカの発生が少ない。

  (1) A，B
  (2) A，C，D
  (3) B，C
  (4) B，C，D
  (5) B，D

〔解説〕 石炭燃焼と比べた場合の重油燃焼の特徴に関する問題である。重油燃焼は石炭燃焼に比べ，次のような特徴がある。
長所
  ① 重油の発熱量は，石炭より高い。
      重油の発熱量：40 ～ 45 MJ/kg
      石炭の発熱量：20 ～ 35 MJ/kg
  ② 貯蔵中に発熱量の低下や自然発火のおそれがない。
  ③ 運搬や貯蔵管理が容易である。
  ④ ボイラーの負荷変動に対応して，応答性が優れている。
  ⑤ 燃焼操作が容易で，労力を要することが少ない。
  ⑥ 重油は，バーナで霧化されているため，少ない過剰空気で燃焼させることができる。
  ⑦ 重油は，灰分が少ないので，すす，ダスト，クリンカ（石炭灰が溶融して固まったもの）の発生が少なく，灰処理の必要がない。
  ⑧ 急着火，急停止の操作が容易である。
短所
  ① 石炭と比べ重油の発熱量は大きいため燃焼温度が高くなるので，ボイラーの局部過熱及び炉壁の損傷を起こしやすい。
  ② 油の漏れ込み，点火操作などに注意しないと，炉内ガス爆発を起こすおそれがある。
  ③ 油の成分によっては，ボイラーを腐食させ，又は大気を汚染する。
  ④ 油の引火点が低いため，火災防止に注意を要する。
  ⑤ バーナの構造によっては，騒音を発生しやすい。

したがって，問の(4)が正しい。

〔答〕 (4)

〔ポイント〕 石炭燃焼と比較した重油燃焼の特徴を理解すること「最短合格3.2.2 ①」，「教本3.2.2 (2)」。

問6 燃料の分析及び性質について，誤っているものは次のうちどれか。

(1) 組成を示す場合，通常，液体燃料及び固体燃料には元素分析が，気体燃料には成分分析が用いられる。
(2) 燃料を空気中で加熱し，他から点火しないで自然に燃え始める最低の温度を，発火温度という。
(3) 発熱量とは，燃料を完全燃焼させたときに発生する熱量である。
(4) 高発熱量は，水蒸気の顕熱を含んだ発熱量で，真発熱量ともいう。
(5) 高発熱量と低発熱量の差は，燃料に含まれる水素及び水分の割合によって決まる。

〔解説〕
(1) 液体燃料及び固体燃料には元素分析が，気体燃料には成分分析が用いられる。
  (a) 元素分析 — 液体，固体燃料の組成である炭素，水素，窒素及び硫黄を測定し，100からそれらの成分を差し引いた値を酸素として扱う分析で，質量（％）で表される。
  (b) 成分分析 — 気体燃料のメタン，エタン等の含有成分を測定するもので，体積（％）で表される。
  (c) 工業分析 — 固体燃料を気乾試料として，水分，灰分及び揮発分を測定し，残りを固定炭素として質量（％）で表す。
(2) 燃料を空気中で加熱し，他から点火しないで自然に燃え始める最低の温度を着火温度又は発火温度という。
  液体燃料は温度が上昇すると蒸気を発生し，これに小火炎を近づけると瞬間的に光を放って燃え始める。この燃え始めるのに十分な濃度の蒸気を生じる最低の温度を引火点という。
(3), (4), (5) 発熱量については下記のとおりである。
  ① 発熱量は，燃料を完全燃焼をさせたときに発生する熱量をいう。
  ② 発熱量の単位は，液体燃料及び固体燃料は〔MJ/kg〕で，気体燃料は〔MJ/m^3_N〕で表す。
  ③ 発熱量の表示は同一燃料につき二通りで表す。
    ⓐ 高発熱量：水蒸気の潜熱を含んだ発熱量で総発熱量ともいう。
    ⓑ 低発熱量：高発熱量から水蒸気の潜熱を差し引いた発熱量で真発熱量ともいう。
  ④ 高発熱量と低発熱量との差は燃料に含まれる水素及び水分によって決まる。
  ⑤ ボイラー効率の算定にあたっては，一般的に低発熱量を用いる。

  したがって，問の(4)の記述は誤りである。正しくは，高発熱量は水蒸気の潜熱を含んだもので，総発熱量ともいう。

〔答〕 (4)

〔ポイント〕 燃料の分析，着火温度，引火点及び発熱量について理解すること「最短合格3.1.1 ①，②，③，④」，「教本3.1.1 (4), (5)」。

問7　重油燃焼によるボイラー及び附属設備の低温腐食の抑制方法に関するAからD までの記述で，誤っているもののみを全て挙げた組合せは，次のうちどれか。

A　高空気比で燃焼させ，燃焼ガス中のSO_2からSO_3への転換率を下げる。
B　重油に添加剤を加え，燃焼ガスの露点を上げる。
C　給水温度を上昇させて，エコノマイザの伝熱面の温度を高く保つ。
D　蒸気式空気予熱器を用いて，ガス式空気予熱器の伝熱面の温度が低くなり過ぎ ないようにする。

(1)　A，B
(2)　A，B，C
(3)　A，B，D
(4)　A，D
(5)　C，D

〔解説〕　重油燃焼による低温腐食は，重油中の硫黄分の燃焼により生成された二酸化 硫黄が過剰の酸素と反応し三酸化硫黄となり，それが燃焼ガス中の水蒸気と結びつ いて硫酸蒸気（H_2SO_4）を生成する。この硫酸蒸気が燃焼ガス流路の低温部に接触 し，露点以下になると凝縮する。

$$S + O_2 \rightarrow SO_2$$
$$SO_2 + 1/2\ O_2 \rightarrow SO_3$$
$$SO_3 + H_2O \rightarrow H_2SO_4$$

したがって，低温腐食を抑制するには，次の処理を講ずることが必要である。
①　硫黄分の少ない重油を選択する。
②　排ガスのO_2％を下げ，二酸化硫黄（SO_2）から三酸化硫黄（SO_3）への転換 を抑制して，燃焼ガスの露点を下げる。
③　給水温度を上昇させて，エコノマイザの伝熱面の温度を高く保つ。
④　蒸気式空気予熱器を用いて，ガス式空気予熱器の伝熱面の温度が低くなり過 ぎないようにする。
⑤　低温伝熱面に耐食材料を使用する。
⑥　低温伝熱面の表面の保護被膜を用いる。
⑦　燃焼室及び煙道への空気漏入を防止し，煙道ガスの温度低下を防ぐ。
⑧　添加剤を使用し，燃焼ガスの露点を下げる。

したがって，問の(1)が誤りを全て挙げた組合せである。

〔答〕　(1)

〔ポイント〕　低温腐食について理解すること「最短合格3.2.2 ③」，「教本3.2.2 (3)」。

問8 ボイラー用ガスバーナについて，誤っているものは次のうちどれか。

(1) ボイラー用ガスバーナは，ほとんどが拡散燃焼方式を採用している。
(2) 拡散燃焼方式ガスバーナは，空気の流速・旋回強さ，ガスの分散・噴射方法，保炎器の形状などにより，火炎の形状やガスと空気の混合速度を調節する。
(3) マルチスパッドガスバーナは，リング状の管の内側に多数のガス噴射孔を有し，空気流の外側からガスを内側に向かって噴射する。
(4) センタータイプガスバーナは，空気流の中心にガスノズルを有し，先端からガスを放射状に噴射する。
(5) ガンタイプガスバーナは，バーナ，ファン，点火装置，燃焼安全装置，負荷制御装置などを一体化したもので，中・小容量のボイラーに用いられる。

〔解説〕 ガスバーナには，拡散形と予混合形バーナがあるが，ボイラー用にはほとんど拡散形バーナが使用される。

① 予混合形バーナは，主にパイロットバーナとして使用され，パイロット火炎を保護するリテンション・リングが取り付けられているので，混合ガスの流速が極めて速くなってきても吹き消えず，火炎の安定範囲が広い。

② 拡散形バーナは，ガスと空気を別々に噴出し拡散混合しながら燃焼させるバーナで，燃焼量が調節できる範囲が広く逆火の危険性が少ないので，ボイラー用ガスバーナはほとんどが拡散燃焼方式を利用している。ガスバーナは空気の流速，旋回強さ，ガスの分散・噴射方式，スタビライザ（保炎器）の形状などで，火炎の形状，ガスと空気の混合速度を調節して，目的に合った火炎を形成している。

一般的に，燃料ガスの噴出方法により，次のように分類されている（図）。

ⓐ センタータイプ ：1本のバーナ管の先端に複数個のガス噴射ノズルを設けたもの。
ⓑ リングタイプ ：バーナタイル近傍にリング状のバーナ管を設けたもの。
ⓒ マルチスパッド ：バーナ管を複数設けたもの。
ⓓ ガンタイプ ：バーナ，ファン，点火装置，火炎検出器を含めた燃焼安全装置，制御装置などを一体としたもの。中・小容量ボイラー用バーナとして用いられる。

したがって，問の(3)の記述はリングタイプガスバーナについての説明であり，マルチスパッドガスバーナについての説明ではないので誤りである。

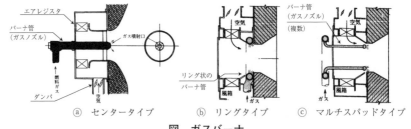

図 ガスバーナ

〔答〕 (3)

〔ポイント〕 ボイラー用ガスバーナについて理解すること「最短合格3.2.3 ①，③」，「教本3.2.3 (1)，(3)」。

問9 ボイラーの燃焼における一次空気及び二次空気について、誤っているものは次のうちどれか。

(1) 油・ガスだき燃焼における一次空気は、噴射された燃料の周辺に供給され、初期燃焼を安定させる。

(2) 微粉炭バーナ燃焼における二次空気は、微粉炭と予混合してバーナに送入される。

(3) 火格子燃焼における一次空気は、一般の上向き通風の場合、火格子下から送入される。

(4) 火格子燃焼における二次空気は、燃料層上の可燃性ガスの火炎中に送入される。

(5) 火格子燃焼における一次空気と二次空気の割合は、一次空気が大部分を占める。

〔解説〕

(1) 油・ガスだき燃焼における一次空気と二次空気（図1）。

一次空気は、噴射された燃料の周辺に供給され、初期燃焼（着火、油の場合は気化を含む）を安定させる。

二次空気は、旋回又は交差流（軸流）によって燃料と空気の混合を良好に保ち、低空気比で燃焼を完結させる。

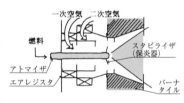

図1 油・ガスだきバーナ構造嶺

(2) 微粉炭バーナは、一般に微粉炭を一次空気と予混合してバーナに送り、二次空気はバーナの周囲から噴出する（図2）（「最短合格3.2.4 ③」、「教本3.2.4 (2)(b) ⅱ」）。

したがって、問の(2)の記述は誤りである。

(3), (4), (5) 火格子燃焼には、上込め燃焼と下込め燃焼がある。上込め燃焼とは、燃料を火層の上に補給し、一次空気は給炭方向と逆の方向（図3）である。下込め燃焼とは、燃料の供給方向と一次空気の供給方向が同一の方式のものである。

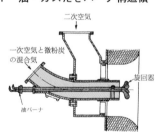

図2 微粉炭バーナ

上込め燃焼の一次空気は、火格子から燃料層を通して送入され、二次空気は、燃料層上の可燃ガスの火炎中に送入される。

火格子燃焼における一次空気と二次空気の割合は、一次空気が大部分を占める。

〔答〕 (2)

〔ポイント〕 燃焼における一次空気と二次空気について理解すること「最短教本3.3.1 ④」、「教本3.3.1 (4)」。

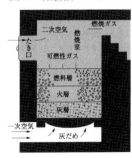

図3 火格子の層（上込め燃焼）

問10　ボイラーの通風に関して，誤っているものは次のうちどれか。

(1)　押込通風は，燃焼用空気をファンを用いて大気圧より高い圧力の炉内に押し込むものである。
(2)　押込通風は，空気流と燃料噴霧流が有効に混合するため，燃焼効率が高まる。
(3)　誘引通風は，燃焼ガスを煙道又は煙突入口に設けたファンによって吸い出すもので，燃焼ガスの外部への漏れ出しがほとんどない。
(4)　平衡通風は，押込ファンと誘引ファンを併用したもので，炉内圧を大気圧よりわずかに低く調節する。
(5)　平衡通風は，燃焼ガスの外部への漏れ出しがないが，誘引通風より大きな動力を必要とする。

〔解説〕
①　通風は，炉及び煙道を通して起こる空気及び燃焼ガスの流れをいう。
②　この通風を起こさせる圧力差を通風力という。
③　通風には，煙突だけによる自然通風と機械的方法による人工通風がある。
④　自然通風の通風力は弱い。自然通風力は，外気の密度と煙突内ガスの密度との差に煙突の高さを乗じて求める。

通風力　$h = (\rho_a - \rho_g) gH$ 〔Ｐa〕　　ρ_a：外気の密度〔kg/m^3〕
　　　　　　　　　　　　　　　　　　　　ρ_g：煙突内ガス密度〔kg/m^3〕
　　　　　　　　　　　　　　　　　　　　H：煙突の高さ〔m〕
　　　　　　　　　　　　　　　　　　　　g：重力加速度〔9.8m/s^2〕

ρ_g（煙突内ガス密度）は，ガス温度が高いほど小さくなるので，通風力は大きくなる。また，煙突の高さが高いほど，通風力は大きくなる。
⑤　人工通風は，ファンなどを使用するので，大容量から小容量ボイラーに至るまで広く用いられ，次の３種類がある。
(a)　押込通風：押込ファンを用いて，燃焼用空気を大気圧より高い圧力の炉内に押し込む（加圧燃焼）。空気流と燃料噴霧流との混合が有効に利用できるので，燃焼効率が高まる。炉内に漏れ込む空気がなく，ボイラー効率が向上するが，気密が不十分だと，燃焼ガスが外部に漏れる。
(b)　誘引通風：煙道又は煙突入口に設けたファンを用いて，燃焼ガス（高温のガス）を誘引するので，大型のファンを要し，所要動力が大きい。そのため，炉内圧は大気圧より低くなる。誘引通風は高温ガスを誘引するので，ガス中に腐食，摩耗性のものが含まれると損傷しやすい。
(c)　平衡通風：押込ファンと誘引ファンと併用したもので，炉内圧は大気圧よりわずかに低く調節するのが普通である。押込通風より大きな動力を必要とするが，誘引通風より動力が少ない。
問の(1)，(2)，(3)，(4)の記述は正しい。
問の(5)の記述は誤りである。正しくは，平衡通風のファン動力は押込通風より大きくなるが，誘引通風より小さくなる。
各通風方式の動力の比較（同一の通風条件）：押込通風＜平衡通風＜誘引通風

〔答〕　(5)
〔ポイント〕　人工通風の種類と特徴及び自然通風の通風力について理解すること「最短合格3.3.2 ①，②」，「教本3.3.2 (1)，(2)」。

問 1　霧化媒体を必要とするボイラーの油バーナは，次のうちどれか。

(1)　プランジャ式圧力噴霧バーナ
(2)　戻り油式圧力噴霧バーナ
(3)　回転式バーナ
(4)　ガンタイプバーナ
(5)　蒸気噴霧式バーナ

〔解説〕　油バーナに関する問題である。
(1)，(2)　圧力噴霧式バーナは，油に高圧力を加えてノズルチップから激しい勢いで炉内に噴出させるものである。油量を減らすほど噴霧圧力は低くなり，微粒化が損なわれるので，ターンダウン比（バーナ負荷調整範囲）が狭い。
　　　圧力噴霧式バーナは，ターンダウン比が狭いので，次の方法が併用される。
　(a)　バーナの数を加減する。
　(b)　ノズルチップを取り替える。
　(c)　戻り油式圧力噴霧バーナを用いる（油量調節戻り油側で行う）。
　(d)　プランジャ式圧力噴霧バーナを用いる（プランジャを用いて油量調節を行う）。
(3)　回転式バーナは，回転軸に取り付けられたカップの内面で油膜を形成し，遠心力により油を微粒化する。
　　　回転式バーナは，中・小容量ボイラーに用いられている。
(4)　ガンタイプバーナは，その形がピストルに似ているためこう呼ばれている。ファンと圧力噴霧式バーナとを組み合わせたもので，燃焼量の調節範囲が狭い。
(5)　蒸気（空気）噴霧式バーナは，圧力を有する蒸気又は空気（霧化媒体）をバーナ先端の混合室で油と混合して，油の霧化に利用するためターンダウン比が広い。
　　　したがって，霧化媒体を必要とする油バーナは，問の(5)の蒸気噴霧式バーナである。

〔答〕　(5)

〔ポイント〕　油バーナの種類とその構造及び特徴について理解すること「最短合格3.2.2 ⑤」，「教本3.2.2 (4) ii」。

問2 重油の性質について，誤っているものは次のうちどれか。
>
> (1) 重油の密度は，温度が上昇すると減少する。
> (2) 密度の小さい重油は，密度の大きい重油より一般に引火点が高い。
> (3) 重油の比熱は，温度及び密度によって変わる。
> (4) 重油の粘度は，温度が上昇すると低くなる。
> (5) 密度の大きい重油は，密度の小さい重油より単位質量当たりの発熱量が小さい。

〔解説〕　重油は，動粘度によりＡ重油，Ｂ重油及びＣ重油に分類される。
　　　その重油の燃焼性を表す粘度，引火点，炭素，硫黄分，残留炭素及び発熱量など
は密度に関連する。通常，密度の大きいものほど難燃焼である。

表　液体燃料の種類と燃焼性

		C重油	B重油	A重油
イ)	密度	大きい	→	小さい
ロ)	低発熱量　MJ/kg	小さい	→	大きい
ハ)	引火点	高い	→	低い
ニ)	粘度	高い	→	低い
ホ)	凝固点	高い	→	低い
ヘ)	流動点	高い	→	低い
ト)	残留炭素	多い	→	少ない
チ)	硫黄	多い	→	少ない

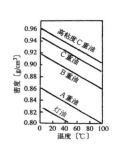

図　燃料油の温度による
密度の変化

(1) 重油の密度は，温度により変化し，温度が上昇すると減少する（図）。
　　重油の体膨脹係数は約0.0007/℃なので，温度が1℃上昇するごとに約0.0007g/cm^{3}減少する。
(2) 密度の小さい重油は，密度の大きい油より引火点が低い（表）。
　　Ａ重油　密度　0.86 g/cm^3（15℃）　引火点　60℃以上
　　Ｃ重油　密度　0.93 g/cm^3（15℃）　引火点　70℃以上
　　したがって，問の(2)の記述は誤りである。
(3) 重油の比熱は，温度及び密度によって変わるが，50〜200℃における平均比熱は約2.3 kJ/(kg・K)である。
(4) 重油の粘度は，温度が高くなると低くなる。
　　そのため粘度の高い重油は，Ｂ重油50〜60℃，Ｃ重油80〜105℃に加熱することで，粘度が下がり霧化が良好になる。
(5) 密度が大きい重油は，密度の小さい重油より発熱量は小さい（表）。
　　Ｃ重油はＡ重油に比べて密度は大きいが，単位質量当たりの発熱量は小さい。

	密度	低発熱量
A重油	0.86 g/cm^3	42.7 MJ/kg
C重油	0.93 g/cm^3	40.9 MJ/kg

〔答〕　(2)
〔ポイント〕　重油の性質について理解すること「最短合格3.1.2」，「教本3.1.2」。

問3　重油燃焼によるボイラー及び附属設備の低温腐食の抑制方法として，誤っているものは次のうちどれか。

(1)　硫黄分の少ない重油を選択する。
(2)　燃焼室及び煙道への空気漏入を防止し，煙道ガスの温度の低下を防ぐ。
(3)　蒸気式空気予熱器を用いて，ガス式空気予熱器の伝熱面の温度が低くなり過ぎないようにする。
(4)　燃焼ガス中の酸素濃度を上げる。
(5)　重油に添加剤を加え，燃焼ガスの露点を下げる。

〔解説〕　重油燃焼による低温腐食は，重油中の硫黄分の燃焼により生成された二酸化硫黄が過剰の酸素と反応し三酸化硫黄となり，それが燃焼ガス中の水蒸気と結びついて硫酸蒸気（H_2SO_4）を生成する。この硫酸蒸気が燃焼ガス流路の低温部に接触し，露点以下になると凝縮する。

$$S + O_2 \rightarrow SO_2$$
$$SO_2 + 1/2\ O_2 \rightarrow SO_3$$
$$SO_3 + H_2O \rightarrow H_2SO_4$$

したがって，低温腐食を抑制するには，次の処理を講ずることが必要である。
①　硫黄分の少ない重油を選択する。
②　排ガスのO_2％を下げ，二酸化硫黄（SO_2）から三酸化硫黄（SO_3）への転換を抑制して，燃焼ガスの露点を下げる。
③　給水温度を上昇させて，エコノマイザの伝熱面の温度を高く保つ。
④　蒸気式空気予熱器を用いて，ガス式空気予熱器の伝熱面の温度が低くなり過ぎないようにする。
⑤　低温伝熱面に耐食材料を使用する。
⑥　低温伝熱面の表面の保護被膜を用いる。
⑦　燃焼室及び煙道への空気漏入を防止し，煙道ガスの温度低下を防ぐ。
⑧　添加剤を使用し，燃焼ガスの露点を下げる。

したがって，問の(4)の記述は誤りである。正しくは，酸素濃度で下げる。

〔答〕　(4)

〔ポイント〕　低温腐食について理解すること「最短合格3.2.2 ③」，「教本3.2.2 (3)」。

問4　石炭について，誤っているものは次のうちどれか。

(1)　石炭に含まれる固定炭素は，石炭化度の進んだものほど多い。
(2)　石炭に含まれる揮発分は，石炭化度の進んだものほど多い。
(3)　石炭に含まれる灰分が多くなると，燃焼に悪影響を及ぼす。
(4)　石炭の燃料比は，石炭化度の進んだものほど大きい。
(5)　石炭の単位質量当たりの発熱量は，一般に石炭化度の進んだものほど大きい。

〔解説〕　石炭は，一般に炭化度の進行の度合により，褐炭，歴青炭及び無煙炭に分類され，主な性状を次の表に示す。無煙炭になると，水素，酸素はともに減少し，ほとんど炭素になる。これを石炭化作用（炭化作用ともいう）といい，石炭化度（炭化度ともいう）はその進行の度合いをいう。

表　固体燃料の種類と性状

		褐炭	歴青炭	無煙炭（石炭化度が最も進んだもの）
固定炭素　質量%		30 〜 40	45 〜 80	70 〜 85
灰分　質量%		2 〜 25	2 〜 20	2 〜 20
揮発分　質量%		30 〜 50	20 〜 45	5 〜 15
燃料比		1 以下	1.0 〜 4.0	4.5 〜 17
高発熱量　MJ/kg		20 〜 29	25 〜 35	27 〜 35
酸素　質量%		15 〜 30	5 〜 15	1 〜 5

$$※燃料比 = \frac{固定炭素}{揮発分}$$

　問の(2)において，揮発分は，石炭化度の進んだものほど多いという記述は誤りである。正しくは，少ないである。

〔答〕　(2)

〔ポイント〕　石炭の種類と性状について理解すること「最短合格3.1.4」，「教本3.1.4」。

問5　ボイラーの熱損失に関するAからDまでの記述で，正しいもののみを全て挙げた組合せは，次のうちどれか。
　A　ボイラーの熱損失には，不完全燃焼ガスによるものがある。
　B　ボイラーの熱損失には，ドレンや吹出しによるものは含まれない。
　C　ボイラーの熱損失のうち最大のものは，一般に排ガス熱によるものである。
　D　空気比を小さくすると，排ガス熱による熱損失は大きくなる。
　(1)　A，B，C
　(2)　A，C
　(3)　A，C，D
　(4)　B，D
　(5)　C，D

〔解説〕　ボイラーの熱損失には，次のものがある。
　①　燃えがら中の未燃分による損失
　　　石炭燃焼の場合，火格子に残る可燃分をいう。油だき及びガスだきの場合は，ほぼ0である。
　②　不完全燃焼ガスによる損失
　　　燃焼ガス中にCOやH_2などの未燃ガスが残ったときの損失で，燃焼が不完全なときに生ずる。
　③　排ガス熱による損失
　　　ボイラーから煙突へ排出されるガスの保有熱による損失で，ボイラーの熱損失中で最も大きいものである。
　　　排ガス熱は，排ガス量が多い（空気比が大）。また，排ガス温度が高いほど大きくなる。
　④　ボイラー周壁からの放熱損失
　⑤　蒸気や温水の漏れ，ドレン及びブロー（連続・間欠吹出し），その他の熱損失

　　　熱損失に関する正しいものは，A，Cである。
　　　したがって，正しい組合せは，問の(2)である。

〔答〕　(2)

〔ポイント〕　ボイラーの熱損失について理解すること「最短合格3.3.1 5」，「教本3.3.1 (5)」。

問6 ボイラー用気体燃料について, 誤っているものは次のうちどれか。

(1) LNGは, 天然ガスを産地で精製後, -162℃に冷却し液化したものである。
(2) 気体燃料は, 固体燃料に比べて燃料中の硫黄分や灰分が少なく, 公害防止上有利で, また, 伝熱面, 火炉壁などを汚染することがほとんどない。
(3) 都市ガスは, 液体燃料に比べてNOxやCO₂の排出量が少なく, また, SOₓは排出しない。
(4) LPGは, 漏えいする窪(くぼ)みなどの底部に滞留しやすい。
(5) 気体燃料は, 液体燃料に比べ, 一般に配管口径が小さくなるので, 配管費, 制御機器費などが安くなる。

〔解説〕

(1) 液化天然ガス (LNG) は, 都市ガスの主成分であり, CO, H₂Sなどの不純物を含まず, CO₂やSO₂などの排出も少ない燃料である (天然ガスを脱硫, 脱炭酸プロセスで精製してあるため)。
  精製後, -162℃に冷却して液化したものである。
(2) 気体燃料は, 液体燃料や固体燃料に比べて, 燃料中の硫黄, 窒素が少なく, 灰分が含まれないので, ばい煙の発生量がほとんどなく, 伝熱面, 火炉壁を汚染することがほとんどない。また, バーナの閉そく, 摩耗, 汚れ及び作業環境の汚れも少ない。
(3) 都市ガスのほとんどは, 天然ガスを原料としている。
  天然ガス (都市ガス) は, メタン (CH₄) などの炭化水素を主成分として, 液体, 固体燃料に比べると成分中の炭素 (C) に対する水素の比率が高いので, 同じ熱量の燃料を燃焼させた場合, CO₂の発生割合は, 石炭の60 %。液体燃料の約75 %で温室効果ガス削減に有効である。
  また, 燃料中に窒素, 硫黄分がないため, 窒素酸化物 (NOx) の排出量が少なく, また硫黄酸化物 (SOx) は排出しない。
(4) 液化石油ガス (Liquefied Petroleum Gas) の中で燃料ガスとして一般的に使用されているのは, プロパン及びブタンである。
  液化石油ガスの特徴としては, 高発熱量はプロパンが99.1 MJ/m³ₙ, ブタンが128 MJ/m³ₙと高く, 硫黄分が殆どない, 空気より重い, 気化潜熱が大きい等がある。
  LPGの比重 (空気 = 1)
    プロパン : 1.52
    ブタン　 : 2.00
(5) 同じ発熱量を得る場合の気体燃料は, 液体燃料に比べ, 体積が大きくなるので配管口径が大きくなり配管費などが高くなる。
  燃料の発熱量
    LNG (13A) : 40.6 MJ/m³ₙ　(低)
    A重油　　　 : 42.7 MJ/kg　(低) ×密度860kg/m³ = 36.7×10³MJ/m³

  したがって, 問の(5)の記述は誤りである。

〔答〕 (5)
〔ポイント〕 気体燃料の特徴と種類について理解すること「最短合格3.1.3」,「教本3.1.3」。

問7　ボイラーにおける燃料の燃焼について，誤っているものは次のうちどれか。

(1)　燃焼には，燃料，空気及び温度の三つの要素が必要である。

(2)　燃料を完全燃焼させるときに，理論上必要な最小の空気量を理論空気量という。

(3)　実際空気量は，一般の燃焼では，理論空気量より多い。

(4)　着火性が良く燃焼速度が速い燃料は，完全燃焼させるときに，狭い燃焼室で良い。

(5)　排ガス熱による熱損失を少なくするためには，空気比を大きくして完全燃焼させる。

〔解説〕

(1)　燃焼とは，光と熱の発生を伴う急激な酸化反応である。

　　ボイラーにおける燃焼は，燃料(可燃物)と空気(酸素)が燃焼室で反応するものであるが，燃料と空気を単に接触させただけでは燃焼は行われない。点火源，燃料及び燃焼室の温度が燃料の着火温度以上に維持されていなければならない。

　　すなわち，燃焼には燃料，空気及び温度の三つの要素が必要とされる。

(2), (3)　燃焼に必要な最少の空気量を理論空気量という。実際の燃焼に際して送入される空気量を実際空気量といい，一般の燃焼では理論空気量より大きい。理論空気量に対する実際空気量の比を空気比（m）という。

$$m = \frac{実際空気量（A）}{理論空気量（A_0）} \qquad A = mA_0$$

　　理論・実際空気量の単位は，液体及び固体燃料では（m^3_N/kg）で表し，気体燃料では（m^3_N/m^3_N）で表す。

　　微粉炭燃焼の場合の空気比は，燃焼速度が他の燃料より遅いので空気比は大きい（表）。

表　燃料別空気比の概略値

燃料	空気比（m）
微粉炭	1.15 ～ 1.3
液体燃料	1.05 ～ 1.3
気体燃料	1.05 ～ 1.2

(4)　燃焼に大切なのは，着火性と燃焼速度である。着火性の良否は，燃料の性質，燃焼装置及び燃焼室の構造，空気導入部の配置などに大きく影響される。燃焼速度は，燃焼が進行する速さで，着火性がよく，燃焼速度が速いと一定量の燃料を完全燃焼させるのに狭い燃焼室で足りることになる。

(5)　最も大きな熱損失は，一般に排ガス熱によるものである。

　　熱損失を少なくするために次のようなことを行う。

①　空気比を小さくし，かつ，完全燃焼を行わせる。

②　ボイラー伝熱面の清掃などを行って熱吸収をよくする。

③　燃焼ガス熱をエコノマイザ及び空気予熱器などにより熱回収を図る。

　　したがって，問の(5)の記述は誤りである。

〔答〕　(5)

〔ポイント〕　燃焼の基礎知識「最短合格3.3.1 ⑤」，「教本3.3.1 (5)」と燃焼の要件「最短合格3.2.1」，「教本3.2.1」について理解すること。

問8 ボイラー用ガスバーナについて，誤っているものは次のうちどれか。

(1) ボイラー用ガスバーナの燃焼方式には，拡散燃焼方式と予混合燃焼方式とがある。

(2) 予混合燃焼方式のガスバーナは，安定した火炎を作りやすく，逆火の危険性が低いため，大容量のボイラーに用いられる。

(3) センタータイプガスバーナは，空気流の中心にガスノズルを有し，先端からガスを放射状に噴射する。

(4) リングタイプガスバーナは，リング状の管の内側に多数のガス噴射孔を有し，ガスを空気流の外側から内側に向けて噴射する。

(5) マルチスパッドガスバーナは，空気流中に数本のガスノズルを有し，ガスノズルを分割することによりガスと空気の混合を促進する。

〔解説〕 ガスバーナに関する問題である。

ガスバーナには，拡散形と予混合形バーナがあるが，ボイラー用にはほとんど拡散形バーナが使用される。

① 予混合形バーナは，主にパイロットバーナとして使用され，パイロット火炎を保護するリテンション・リングが取り付けられているので，混合ガスの流速が極めて速くなってきても吹き消えず，火炎の安定範囲が広い。

② 拡散形バーナは，ガスと空気を別々に噴出し拡散混合しながら燃焼させるバーナで，燃焼量が調節できる範囲が広く逆火の危険性が少ないので，ボイラー用ガスバーナはほとんどが拡散燃焼方式を利用している。ガスバーナは空気の流速，旋回強さ，ガスの分散・噴射方式，スタビライザ（保炎器）の形状などで，火炎の形状，ガスと空気の混合速度を調節して，目的に合った火炎を形成している。一般的に，燃料ガスの噴出方法により，次のように分類されている（図）。

ⓐ センタータイプ ：1本のバーナ管の先端に複数個のガス噴射ノズルを設けたもの。

ⓑ リングタイプ ：バーナタイル近傍にリング状のバーナ管を設けたもの。

ⓒ マルチスパッド ：バーナ管を複数設けたもの。

ⓓ ガンタイプ ：バーナ，ファン，点火装置，火炎検出器を含めた燃焼安全装置，制御装置などを一体としたもの。中・小容量ボイラー用バーナとして用いられる。

したがって，問の(2)の記述は誤りである。

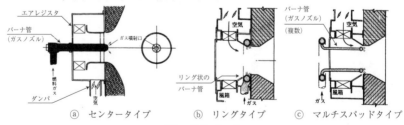

図 ガスバーナ

〔答〕 (2)

〔ポイント〕 ボイラー用ガスバーナについて理解すること「最短合格3.2.3 ①，③」，「教本3.2.3 (1)，(3)」。

問9 ボイラーの人工通風に用いられるファンについて，誤っているものは次のうちどれか。

(1) 多翼形ファンは，羽根車の外周近くに，短く幅長で前向きの羽根を多数設けたものである。

(2) 多翼形ファンは，小形・軽量で，かつ，効率が高い。

(3) 後向き形ファンは，高温・高圧及び大容量のボイラーに適する。

(4) ラジアル形ファンは，中央の回転軸から放射状に6 〜 12枚の羽根を設けたものである。

(5) ラジアル形ファンは，形状が簡単で羽根の取替えが容易である。

〔解説〕　人工通風には，押込通風，誘引通風及び平衡通風があって，用いられるファンには多翼形，後向き形（ターボ形）及びラジアル形（プレート形）がある。

それら三つのファンの構造及び特徴は，次のとおりである。

(a) 多翼形

多翼形ファンは，羽根車の外周近くに浅く幅長で前向きの羽根を多数設けたものである。

風圧は，比較的低く，0.15 〜 2 kPaである。

多翼形ファンの得失は，次のとおりである。

① 小形，軽量，安価である。

② 効率が低いため，大きな動力を要する。

③ 羽根の形状がぜい（脆）弱であるため，高温，高圧，大容量には適しない。

(b) 後向き形（ターボ形）

後向き形ファンは，羽根車の主板及び側板の間に8 〜 24枚の後向きの羽根を設けたものである。風圧は，比較的高く 2 〜 8 kPaである。

後向き形ファンの得失は，次のとおりである。

① 効率が良好で，小さな動力で足りる。

② 高温，高圧，大容量のものに適する。

③ 形状が大きく，高価である。

(c) ラジアル形（プレート形）

ラジアル形ファンは，中央の回転軸から放射状に6 〜 12枚のプレートを取り付けたものである。風圧は0.5 〜 5 kPaである。

ラジアル形ファンの得失は，次のとおりである。

① 強度があり，摩耗，腐食に強い。

② 形状が簡単で，プレートの取替えが容易である。

③ 大形で，重量が大で，設備費が高くなる。

したがって，問の(2)の記述は誤りである。

多翼形ファン

後向き形ファン

ラジアル形ファン

図　ファンの構造

〔答〕　(2)

〔ポイント〕　ファンの形式と特徴を理解すること「最短合格3.3.2 ③」，「教本3.3.2 (3)」。

問10 ボイラーの燃料の燃焼により発生するNOxの抑制方法として，誤っているもの
は次のうちどれか。

(1) 燃焼域での酸素濃度を低くする。
(2) 空気予熱器を設けて燃焼温度を高くする。
(3) 高温燃焼域における燃焼ガスの滞留時間を短くする。
(4) 二段燃焼法によって燃焼させる。
(5) 濃淡燃焼法によって燃焼させる。

〔解説〕　窒素酸化物（NOx）の発生抑制方法に関する問題である。
　　　窒素酸化物の発生抑制方法の基本は，次のとおりである。
① 炉内燃焼ガス中の酸素濃度を低くする。
② 燃焼温度を低くし，特に局所的高温域が生じないようにする。
　　　燃焼によって生ずるNOxは，燃焼に使用された空気中の窒素が高温条件下
　　で酸素と反応して生成するので，燃焼温度を低くすることでNOxの発生が抑
　　制される。
③ 高温燃焼域における燃焼ガスの滞留時間を短くする。
④ 窒素化合物の少ない燃料を使用する。

　　以上を達成するためには，次の方法がある。
① 運転条件による方法
　　(ア) 低空気比燃焼
　　(イ) 燃焼室熱負荷の低減
　　(ウ) 空気予熱温度の低下
② 燃焼方式改善による方法
　　(ア) 二段燃焼
　　(イ) 濃淡燃焼
　　(ウ) 排ガスの再循環
　　(エ) 低NOxバーナ使用等
③ 燃焼ガス中からNOxを除去する方法
　　排煙脱硝装置の設置

　　したがって，問の(2)の記述は誤りである。

〔答〕　(2)

〔ポイント〕　大気汚染物質の窒素酸化物（NOx）発生の抑制について理解すること「最
　　　　　　短合格3.2.5 ②」，「教本3.2.5 (2)」。

問1 重油の性質について，誤っているものは次のうちどれか。

(1) 重油の密度は，温度が上昇すると減少する。
(2) 密度の小さい重油は，密度の大きい重油より一般に引火点が低い。
(3) 重油の比熱は，温度及び密度によって変わる。
(4) 重油が低温になって凝固するときの最低温度を凝固点という。
(5) 密度の大きい重油は，密度の小さい重油より単位質量当たりの発熱量が小さい。

〔解説〕 重油は，動粘度によりA重油，B重油及びC重油に分類される。

その重油の燃焼性を表す粘度，引火点，炭素，硫黄分，残留炭素及び発熱量などは密度に関連する。通常，密度の大きいものほど難燃性である。

表 液体燃料の種類と燃焼性

	C重油	B重油	A重油
イ）密度	大きい	⟶	小さい
ロ）低発熱量　MJ/kg	小さい	⟶	大きい
ハ）引火点	高い	⟶	低い
ニ）粘度	高い	⟶	低い
ホ）凝固点	高い	⟶	低い
ヘ）流動点	高い	⟶	低い
ト）残留炭素	多い	⟶	少ない
チ）硫黄	多い	⟶	少ない

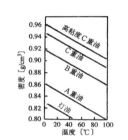

図 燃料油の温度による密度の変化

(1) 重油の密度は，温度により変化し，温度が上昇すると減少する（図）。
　　重油の体膨張係数は約0.0007/℃なので，温度が1℃上昇するごとに約0.0007g/cm³減少する。
(2) 密度の小さい重油は，引火点が低い（表）。
　　A重油　密度　0.86 g/cm³（15℃）　引火点　60℃以上
　　C重油　密度　0.93 g/cm³（15℃）　引火点　70℃以上
(3) 重油の比熱は，温度及び密度によって変わるが，50 ～ 200℃における平均比熱は約2.3 kJ/(kg・K) である。
(4) 凝固点とは，油が低温になって流動性をまったく失い，凝固する時の最高温度をいう。
　　流動点とは，油を冷却した時に流動状態を保つことができる最低温度をいう。
　　問の(4)の記述は誤りである。正しくは，凝固点は凝固する時の最高温度である。
(5) 密度が小さい重油は，密度の大きい重油より発熱量は大きい（表）。
　　C重油はA重油に比べて密度は大きいが，単位質量当たりの発熱量は小さい。

	密度	低発熱量
A重油	0.86 g/cm³	42.7 MJ/kg
C重油	0.93 g/cm³	40.9 MJ/kg

〔答〕 (4)
〔ポイント〕 重油の性質について理解すること「最短合格3.1.2」，「教本3.1.2」。

令4前 令3後 令3前 令2後 令2前 令1後

ボイラーの構造

令4前 令3後 令3前 令2後 令2前 令1後

ボイラーの取扱い

令4前 令3後 令3前 令2後 令2前 令1後

燃料及び燃焼

令1後

令4前 令3後 令3前 令2後 令2前 令1後

関係法令

問2　重油に含まれる成分などによる障害について，誤っているものは次のうちどれか。

(1)　残留炭素分が多いほど，ばいじん量は増加する。
(2)　水分が多いと，息づき燃焼を起こす。
(3)　スラッジは，ポンプ，流量計，バーナチップなどを摩耗させる。
(4)　灰分は，ボイラーの伝熱面に付着し，伝熱を阻害する。
(5)　硫黄分は，ボイラーの伝熱面に高温腐食を起こす。

〔解説〕　重油に含まれる成分などにより，次のような障害が発生する。
(a)　水分が多いと次の障害を起こす。
　　①　熱損失が増加する。
　　②　いきづき燃焼を起こす。
　　③　貯蔵中にスラッジを形成する。
(b)　スラッジによる障害は，次のとおりである。
　　①　弁，ろ過器，バーナチップなどを閉そくさせる。
　　②　ポンプ，流量計，バーナチップなどを摩耗させる。
(c)　灰分による障害
　　①　ボイラーなどの伝熱面に付着し伝熱を阻害する。
(d)　残留炭素による障害
　　①　ばいじん量が多く発生する。
(e)　硫黄分による障害
　　①　ボイラー及び附属設備の低温伝熱面で低温腐食を起こす。

　　問の(1)，(2)，(3)，(4)の記述は正しい。
　　問の(5)の記述は誤りである。正しくは，低温腐食を起こすである。

〔答〕　(5)

〔ポイント〕　重油に含まれる成分などによる障害について理解すること「最短合格3.1.2 ③，3.2.2 ②，③」，「教本3.1.2 (2) ⓑ，3.2.2 (2)(3)」。

178

問3 燃料の分析及び性質について，誤っているものは次のうちどれか。

(1) 組成を示す場合，通常，液体燃料及び固体燃料には元素分析が，気体燃料には成分分析が用いられる。
(2) 燃料を空気中で加熱し，他から点火しないで自然に燃え始める最低の温度を引火点という。
(3) 液体燃料及び固体燃料の発熱量の単位は，通常，MJ/kgで表す。
(4) 高発熱量は，水蒸気の潜熱を含んだ発熱量で，総発熱量ともいう。
(5) 高発熱量と低発熱量の差は，燃料に含まれる水素及び水分の割合によって決まる。

〔解説〕
(1) 液体燃料及び固体燃料には元素分析が，気体燃料には成分分析が用いられる。
  (a) 元素分析 ── 液体，固体燃料の組成である炭素，水素，窒素及び硫黄を測定し，100からそれらの成分を差し引いた値を酸素として扱う分析で，質量（％）で表される。
  (b) 成分分析 ── 気体燃料のメタン，エタン等の含有成分を測定するもので，体積（％）で表される。
  (c) 工業分析 ── 固体燃料を気乾試料として，水分，灰分及び揮発分を測定し，残りを固定炭素として質量（％）で表す。
(2) 燃料を空気中で加熱し，他から点火しないで自然に燃え始める最低の温度を着火温度又は発火温度という。
  液体燃料は温度が上昇すると蒸気を発生し，これに小火炎を近づけると瞬間的に光を放って燃え始める。この燃え始めるのに十分な濃度の蒸気を生じる最低の温度を引火点という。
  問の(2)の記述は誤りである。正しくは，着火温度又は発火温度である。
(3)，(4)，(5) 発熱量については下記のとおりである。
  ① 発熱量は，燃料を完全燃焼させたときに発生する熱量をいう。
  ② 発熱量の単位は，液体燃料及び固体燃料は〔MJ/kg〕で，気体燃料は〔MJ/m^3_N〕で表す。
  ③ 発熱量の表示は同一燃料につき二通りで表す。
    ⓐ 高発熱量：水蒸気の潜熱を含んだ発熱量で総発熱量ともいう。
    ⓑ 低発熱量：高発熱量から水蒸気の潜熱を差し引いた発熱量で真発熱量ともいう。
  ④ 高発熱量と低発熱量との差は燃料に含まれる水素及び水分によって決まる。
  ⑤ ボイラー効率の算定にあたっては，一般的に低発熱量を用いる。

〔答〕 (2)

〔ポイント〕 燃料の分析，着火温度，引火点及び発熱量について理解すること「最短合格3.1.1 ①，②，③，④」，「教本3.1.1 (4)，(5)」。

ボイラーの構造

ボイラーの取扱い

燃料及び燃焼

関係法令

令4前 令3後 令3前 令2後 令2前 令1後
令4前 令3後 令3前 令2後 令2前 令1後
令4前 令3後 令3前 令2後 令2前 令1後
令4前 令3後 令3前 令2後 令2前 令1後

問4　油だきボイラーにおける重油の加熱について，誤っているものは次のうちどれか。

(1) 粘度の高い重油は，噴霧に適した粘度にするために加熱する。
(2) C重油の加熱温度は，一般に80～105℃である。
(3) 加熱温度が高すぎると，息づき燃焼となる。
(4) 加熱温度が高すぎると，炭化物生成の原因となる。
(5) 加熱温度が低すぎると，ベーパロックを起こす。

〔解説〕　粘度の高い重油（B重油，C重油）は，加熱して噴霧に適当な粘度に下げる必要がある（図）。
　　加熱温度は，B重油 — 50℃～60℃
　　　　　　　　　　C重油 — 80℃～105℃が一般的である。
　加熱温度が低すぎたり，高すぎたりすると，次のような障害がある。

　加熱温度が低すぎるとき，
① 霧化不良となり，燃焼が不安定となる。
② すすが発生し，炭化物（カーボン）が付着する。

　加熱温度が高すぎるとき
① バーナ管内で油が気化し，ベーパロックを起こす。
② 噴霧状態にむらができ，いきづき燃焼となる。
③ 炭化物生成の原因となる。

　したがって，重油の加熱で適切でないものは問の(5)である。

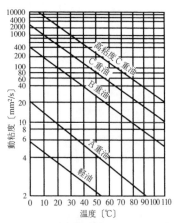

図　燃料油動粘度の温度による変化

〔答〕　(5)

〔ポイント〕　重油の加熱目的及び障害について理解すること「最短合格3.2.2 ②，③」，「教本3.2.2 (2) (ii)，(3)」。

令4前 令3後 令3前
ボイラーの構造
令2前 令元後 令元前

令元前 令3後 令3前
ボイラーの取扱い

令元後 令元前
燃料及び燃焼
令1前
令1後

令前 令後
関係法令
令前 令後

問5 ボイラーにおける気体燃料の燃焼方式について，誤っているものは次のうちどれか。

(1) 拡散燃焼方式は，安定した火炎を作りやすいが，逆火の危険性が高い。
(2) 拡散燃焼方式は，火炎の広がり，長さなどの調節が容易である。
(3) 拡散燃焼方式は，ほとんどのボイラー用バーナに採用されている。
(4) 予混合燃焼方式は，ボイラー用パイロットバーナに採用されることがある。
(5) 予混合燃焼方式は，気体燃料に特有な燃料方式である。

〔解説〕 ガスバーナに関する問題である。
　　ガスバーナには，拡散形と予混合形バーナがあるが，ボイラー用にはほとんど拡散形バーナが使用される。
　① 予混合形バーナは，主にパイロットバーナとして使用され，パイロット火炎を保護するリテンション・リングが取り付けられているので，混合ガスの流速が極めて速くなっても吹き消えず，火炎の安定範囲が広い。
　② 拡散形バーナは，ガスと空気を別々に噴出し拡散混合しながら燃料させるバーナで，燃焼量が調節できる範囲が広く逆火の危険性が少ないので，ボイラー用ガスバーナはほとんどが拡散燃焼方式を利用している。ガスバーナは空気の流速，旋回強さ，ガスの分散・噴射方式，スタビライザ（保炎器）の形状などで，火炎の形状，ガスと空気の混合速度を調節して，目的に合った火炎を形成している。一般的に，燃料ガスの噴出方法により，次のように分類されている（図）。
　　ⓐ センタータイプ：1本のバーナ管の先端に複数個のガス噴射ノズルを設けたもの。
　　ⓑ リングタイプ　：バーナタイル近傍にリング状のバーナ管を設けたもの。
　　ⓒ マルチスパッド：バーナ管を複数設けたもの。
　　ⓓ ガンタイプ　　：バーナ，ファン，点火装置，火炎検出器を含めた燃焼安全装置，制御装置などを一体としたもの。中・小容量ボイラー用バーナとして用いられる。

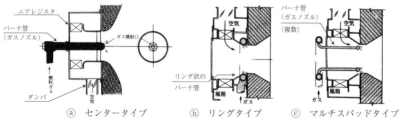

図　ガスバーナ

　　問の(2)，(3)，(4)，(5)の記述は正しい。
　　問の(1)の拡散燃焼方式は，逆火の危険性が高いという記述は誤りで，正しくは，危険性が少ないである。

〔答〕 (1)
〔ポイント〕 ボイラー用のガスバーナについて理解すること「最短合格3.2.3 ③」，「教本3.2.3 (3)」。

問6　次の文中の□□□内に入れるAからCまでの語句の組合せとして，正しいものは(1)〜(5)のうちどれか。

「ガンタイプオイルバーナは，□A□と□B□式バーナとを組み合わせたもので，燃焼量の調節範囲が□C□，オンオフ動作によって自動制御を行っているものが多い。」

	A	B	C
(1)	ファン	圧力噴霧	広く
(2)	ファン	圧力噴霧	狭く
(3)	ファン	空気噴霧	広く
(4)	スタビライザ	空気噴霧	広く
(5)	ノズルチップ	空気噴霧	狭く

〔解説〕　ガンタイプバーナに関する問題である。

ガンタイプバーナは，その形がピストルに似ているため，このように呼ばれている。図にガンタイプバーナの概要を示す。ファンと圧力噴霧式バーナとを組み合わせたものである。燃焼量の調節範囲が狭いので，オン（ON）オフ（OFF）動作によって自動制御を行っているものが多い。

ガンタイプバーナは，暖房用ボイラー，その他小容量ボイラーに多く用いられている。

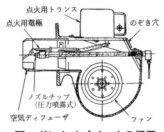

図　ガンタイプバーナの概要

したがって，正しい組合せは問の(2)である。
　　A：ファン
　　B：圧力噴霧
　　C：狭く

〔答〕　(2)

〔ポイント〕　油バーナの種類と特徴について理解すること「最短合格3.2.2 ⑤」，「教本3.2.2 (4) (b) (ii)」。

問7 ボイラーの燃料の燃焼により発生する大気汚染物質について。誤っているものは次のうちどれか。

(1) 排ガス中のSOxは，大部分がSO₃である。
(2) 排ガス中のNOxは，大部分がNOである。
(3) 燃焼により発生するNOxには，サーマルNOxとフューエルNOxがある。
(4) フューエルNOxは，燃料中の窒素化合物の酸化によって生じる。
(5) ダストは，灰分が主体で，これに若干の未燃分が含まれたものである。

〔解説〕 大気汚染防止法においては硫黄酸化物（SOx），窒素酸化物（NOx），ばいじん等を包括して，ばい煙と称している。

(a) 硫黄酸化物（SOx）

ボイラーの煙突から排出される硫黄の酸化物は二酸化硫黄（SO_2）が主で，数％の三酸化硫黄（SO_3）があり，このほかに硫黄の酸化物としては数種類のものが微量に含まれており，これらを総称して硫黄酸化物（SOx）という。

SOxは，人の呼吸器の障害を起こすほか，酸性雨の原因となる。

(b) 窒素酸化物（NOx）

一般に窒素化合物で大気汚染物質として問題視されるのは，一酸化窒素（NO）と二酸化窒素（NO_2）である。このほかに数種類の化合物があり，これらを総称して窒素酸化物（NOx）という。

燃料を空気中で燃焼した場合は主としてNOが発生し，NO_2は少量発生するにすぎない。燃焼室で発生したNOの中には，煙突から排出されて，大気中に拡散する間に，酸化されてNO_2になるのもある。

燃焼により生ずるNOxには，燃焼に使用された空気中の窒素が高温条件下で酸素と反応して生成するサーマルNOxと燃料中の窒素化合物から酸化して生ずるフューエルNOxの二種類がある。

NOxは，酸性雨の原因となる。

(c) ばいじん

ボイラーにおいて，燃料を燃焼させる際に発生する固体微粒子には，すすとダストがある。ダストは，灰分が主体で，これに若干の未燃分が含まれたものである。すすは，燃料の燃焼により分解した炭素が遊離炭素として残存したものである。すなわち，燃料中の炭化水素は燃焼により分解し，H（水素原子）はH_2O（水）に，C（炭素）はCO_2（二酸化炭素）になるが，その際，冷却などにより反応が中断されたり，酸素が十分に供給されなかったりすると分解した炭素がそのまま遊離炭素として残存する。

ばいじんは，人体の呼吸器の障害となる。

問の(2)，(3)，(4)，(5)の記述は正しい。
問の(1)の記述は誤りである。正しくは，排ガス中のSOxの大部分はSO_2である。

〔答〕 (1)

〔ポイント〕 大気汚染物質（SOx，NOx，ばいじん）の生成について理解すること「最短合格3.2.5」，「教本3.2.5」。

問8 石炭について，誤っているものは次のうちどれか。

(1) 石炭に含まれる固定炭素は，石炭化度の進んだものほど多い。
(2) 石炭に含まれる揮発分は，石炭化度の進んだものほど多い。
(3) 石炭に含まれる灰分が多くなると，石炭の発熱量が減少する。
(4) 石炭の燃料比は，石炭化度の進んだものほど大きい。
(5) 石炭の単位質量当たりの発熱量は，一般に石炭化度の進んだものほど大きい。

〔解説〕
　　石炭は，一般に炭化度の進行の度合いにより，褐炭，歴青炭及び無煙炭に分類され，主な性状を次の表に示す。無煙炭になると，水素，酸素はともに減少し，ほとんど炭素になる。これを石炭化作用（炭化作用ともいう）といい，石炭化度（炭化度ともいう）はその進行の度合いをいう。

表　固体燃料の種類と性状

		褐炭	歴青炭	無煙炭（石炭化度が最も進んだもの）
固定炭素	質量%	30 ～ 40	45 ～ 80	70 ～ 85
灰分	質量%	2 ～ 25	2 ～ 20	2 ～ 20
揮発分	質量%	30 ～ 50	20 ～ 45	5 ～ 15
燃料比		1 以下	1.0 ～ 4.0	4.5 ～ 17
高発熱量	MJ/kg	20 ～ 29	25 ～ 35	27 ～ 35
酸素	質量%	15 ～ 30	5 ～ 15	1 ～ 5

$$※燃料比 = \frac{固定炭素}{揮発分}$$

　問の(1)，(3)，(4)，(5)の記述は正しい。
　問の(2)において，揮発分は，石炭化度の進んだものほど多いという記述は誤りである。正しくは，少ないである。

〔答〕　(2)

〔ポイント〕　石炭の種類と性状について理解すること「最短合格3.1.4」，「教本3.1.4」。

問9 ボイラーの燃料の燃焼により発生するNOxの抑制方法として，誤っているものは次のうちどれか。

(1) 排ガス再循環法によって燃焼させる。
(2) 濃淡燃焼法によって燃焼させる。
(3) 高温燃焼域における燃焼ガスの滞留時間を短くする。
(4) 排煙脱硝装置を設置する。
(5) 硫黄分の少ない燃料を使用する。

〔解説〕 窒素酸化物（NOx）の発生抑制方法に関する問題である。
　　窒素酸化物の発生抑制方法の基本は，次のとおりである。
① 炉内燃焼ガス中の酸素濃度を低くする。
② 燃焼温度を低くし，特に局所的高温域が生じないようにする。
　　燃焼によって生ずるNOxは，燃焼に使用された空気中の窒素が高温条件下で酸素と反応して生成するので，燃焼温度を低くすることでNOxの発生が抑制される。
③ 高温燃焼域における燃焼ガスの滞留時間を短くする。
④ 窒素化合物の少ない燃料を使用する。

　以上を達成するためには，次の方法がある。
① 運転条件による方法
　(ｱ) 低空気比燃焼
　(ｲ) 燃焼室熱負荷の低減
　(ｳ) 空気予熱温度の低下
② 燃焼方式改善による方法
　(ｱ) 二段燃焼
　(ｲ) 濃淡燃焼
　(ｳ) 排ガスの再循環
　(ｴ) 低NOxバーナ使用等
③ 燃焼ガス中からNOxを除去する方法
　　排煙脱硝装置の設置

　問の(1)，(2)，(3)，(4)の記述は正しい。
　問の(5)の記述は誤りである。硫黄分の少ない燃料を使用するのは，硫黄酸化物を抑制する方法である。

〔答〕 (5)

〔ポイント〕 大気汚染物質の窒素酸化物（NOx）発生の抑制について理解すること「最短合格3.2.5 ②」，「教本3.2.5 (2)」。

令4前 令3後 令3前 令2後 令2前 令1後

ボイラーの構造

令4前 令3後 令3前 令2後 令2前 令1後

ボイラーの取扱い

令4前 令3後 令3前 令2後 令2前 令1後

燃料及び燃焼

令1後

関係法令

令4前 令3後 令3前 令2後 令2前 令1後

問10　次の文中の　　　　内に入れるAからCまでの語句の組合せとして，正しいもの
は(1)～(5)のうちどれか。
　「　A　燃焼における　B　は，燃焼装置にて燃料の周辺に供給され，初期燃焼
を安定させる。また，　C　は，旋回又は交差流によって燃料と空気の混合を良好
に保ち，燃焼を完結させる。」

	A	B	C
(1)	流動層	一次空気	二次空気
(2)	流動層	二次空気	一次空気
(3)	油・ガスだき	一次空気	二次空気
(4)	油・ガスだき	二次空気	一次空気
(5)	火格子	一次空気	二次空気

〔解説〕　油・ガスだき燃焼における一次空気と二次空気の問題である。
　　　油・ガスだき燃焼の一次空気は，噴射された燃料の周辺に供給され，初期燃焼
（着火，油の場合は気化を含む）を安定させ
る。
　　　二次空気は，旋回又は交差流によって燃料
と空気の混合を良好に保ち，低空気比で燃焼
を完結させる（図）。

A：油・ガスだき
B：一次空気
C：二次空気

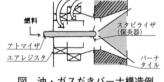

図　油・ガスだきバーナ構造例

　　したがって，問の(3)が正しい組合せである。

〔答〕　(3)

〔ポイント〕　油・ガスだき燃焼の一次と二次空気について理解すること「最短合格
3.3.1 ④」，「教本3.3.1 (4)(a)」。

■ 令和4年前期：関係法令 ■

問1 鋼製蒸気ボイラー（小型ボイラーを除く。）の蒸気部に取り付ける圧力計について講ずる措置として，法令に定められていないものは次のうちどれか。

(1) 蒸気が直接圧力計に入らないようにすること。
(2) コック又は弁の開閉状況を容易に知ることができること。
(3) 圧力計への連絡管は，容易に閉そくしない構造であること。
(4) 圧力計の目盛盤の最大指度は，最高使用圧力の1.5倍以上2倍以下の圧力を示す指度とすること。
(5) 圧力計の目盛盤の径は，目盛りを確実に確認できるものであること。

〔解説〕 圧力計やその取り付け方法などについては，（ボ構規）第1編 鋼製ボイラー 第4章 附属品　第2節 圧力計，水高計及び温度計　に規定されている。
（圧力計）66条
1　蒸気ボイラーの蒸気部，水柱管又は水柱管に至る蒸気側連絡管には，次の各号に定めるところにより，圧力計を取り付けなければならない。
① 蒸気が直接圧力計に入らないようにすること。
② コック又は弁の開閉状況を容易に知ることができること。
③ 圧力計への連絡管は，容易に閉そくしない構造であること。
④ 圧力計の目盛盤の最大指度は，最高使用圧力の1.5倍以上3倍以下の圧力を示す指度とすること。
⑤ 圧力計の目盛盤の径は，目盛りを確実に確認できるものであること。

　本問の各記述を（ボ構規）66条と照合する。
(1) は，①号　に，
(2) は，②号　に，
(3) は，③号　に定められている。
(4) は，④号　に規定があるが，目盛盤の最大指度は，最高使用圧力の1.5倍以上3倍以下とあり，1.5倍以上2倍以下とは，定められていない。
(5) は，⑤号　に定められている。

〔答〕 (4)

〔ポイント〕　本問は66条の④号からの出題であるが他の各号も大事なので把握すること「わかりやすい12.1.3 (1)」「最短合格4.5.2 ①」。

187

問2　次の文中の　　　内に入れるA及びBの語句の組合せとして，法令に定められているものは(1)〜(5)のうちどれか。

「蒸気ボイラー（小型ボイラーを除く。）の　A　は，ガラス水面計又はこれに接近した位置に，　B　と比較することができるように表示しなければならない。」

	A	B
(1)	最低水位	常用水位
(2)	最低水位	現在水位
(3)	常用水位	現在水位
(4)	常用水位	最低水位
(5)	現在水位	常用水位

〔解説〕　A及びBの各種の水位の語句と，附属品のガラス水面計という語句から，水面計に関する設問と判断できる。これは，（ボ則）28条（附属品の管理）の8項目の中に規定されている。該当項目をあげ検討する。

（附属品の管理）28条
1　事業者は，ボイラーの安全弁その他の附属品の管理について，次の事項を行わなければならない。
　⑥　蒸気ボイラーの常用水位は，ガラス水面計又はこれに接近した位置に，現在水位と比較することができるように表示すること。

設問は，この規定であるから，
　A　には常用水位
　B　には現在水位
が入り，この組合わせは　(3)　である。

〔答〕　(3)

〔ポイント〕　附属品の管理8項目は出題頻度が高い。8項目を把握すること「わかりやすい2.7.5⑥」「最短合格4.4.4」。

問3　ボイラー（小型ボイラーを除く。）の定期自主検査について，法令に定められていないものは次のうちどれか。

(1)　定期自主検査は，1か月をこえる期間使用しない場合を除き，1か月以内ごとに1回，定期に，行わなければならない。
(2)　定期自主検査は，大きく分けて，「ボイラー本体」，「通風装置」，「自動制御装置」及び「附属装置及び附属品」の4項目について行わなければならない。
(3)　「自動制御装置」の電気配線については，端子の異常の有無について点検しなければならない。
(4)　「附属装置及び附属品」の給水装置については，損傷の有無及び作動の状態について点検しなければならない。
(5)　定期自主検査を行ったときは，その結果を記録し，これを3年間保存しなければばならない。

〔解説〕　ボイラーの定期自主検査については，（ボ則）32条に規定されている。
（定期自主検査）32条
1　ボイラーについて，その使用を開始した後，1月以内ごとに1回，定期に次の表の上欄の項目について下欄の点検事項について自主検査を行なうこと。ただし，1月をこえる期間使用しない場合，その期間については，この限りではない。
3　前2項の自主検査を行ったときは，その結果を記録し，これを3年間保存しなければならない。

項　　目		点　検　事　項
ボイラー本体		損傷の有無
燃焼装置	油加熱器及び燃料送給装置	損傷の有無
	バーナ	汚れ又は損傷の有無
	ストレーナ	つまり又は損傷の有無
	バーナタイル及び炉壁	汚れ又は損傷の有無
	ストーカ及び火格子	損傷の有無
	煙道	漏れその他の損傷の有無及び通風圧の異常の有無
自動制御装置	起動及び停止の装置，火炎検出装置，燃料しゃ断装置，水位調節装置並びに圧力調節装置	機能の異常の有無
	電気配線	端子の異常の有無
附属装置及び附属品	給水装置	損傷の有無及び作動の状態
	蒸気管及びこれに附属する弁	損傷の有無及び保温の状態
	空気予熱器	損傷の有無
	水処理装置	機能の異常の有無

　設問の各項目をこの規定に照合すると，(1)は，1項のとおり。(2)は，表の大項目のうち「通風装置」は，定められていない。(3)，(4)の点検事項は表のとおりである。(5)の記録の保存は3年間と3項に定められている。

〔答〕　(2)

〔ポイント〕　点検項目表の4つの大項目，点検部位の発生しやすい損傷から点検事項を把握し，点検記録保存3年を記憶すること「わかりやすい2.7.9」「最短合格4.4.5」。

(1)　管寄せ
(2)　煙管
(3)　水管
(4)　蒸気ドラム
(5)　炉筒

〔解説〕　火気，燃焼ガスその他の高温ガスの熱をボイラー水や熱媒などに伝える部分を伝熱面というが，その面積算出の対象となる伝熱面は（ボ則）2条に規定されている。

　2条のなかで本問に関する条項をあげると，

（伝熱面積）2条

1　伝熱面積の算定方法は，次の各号に掲げるボイラーについて，当該各号に定める面積をもつて算定するものとする。

①　水管ボイラー及び電気ボイラー以外のボイラー（注：炉筒煙管ボイラーなどの丸ボイラーや鋳鉄製ボイラーなどが該当）：
　　火気，燃焼ガスその他の高温ガス（以下「燃焼ガス等」という。）に触れる本体の面で，その裏側が水又は熱媒に触れるものの面積（カッコ内，略）

②　水管ボイラー（貫流ボイラー以外の）：
　　水管及び管寄せの次の面積を合計した面積
　イ　水管（カッコ内，略）又は管寄せでその全部又は一部が燃焼ガス等に触れる面の面積
　　（ロ～チ，略）

　設問の各記述を見てみると，

(1)　の管寄せは，②号　に規定され，算入する。
(2)　の煙管は，①号　に該当し，算入する。
(3)　の水管は，②号　に規定され，算入する。
(4)　の蒸気ドラムは，規定がなく，算入しない。
(5)　の炉筒は，①号　に該当し，算入する。

〔答〕　(4)

〔ポイント〕　伝熱面積に算入しないものには，水管ボイラーの水ドラム，過熱器やエコノマイザーなどもあるので注意すること「わかりやすい1.3」，「最短合格4.1.3 ①」。

問5　法令上，原則としてボイラー技士でなければ取り扱うことができないボイラーは，次のうちどれか。

(1)　伝熱面積が10 m²の温水ボイラー

(2)　伝熱面積が4 m²の蒸気ボイラーで，胴の内径が850 mm，かつ，その長さが1500 mmのもの

(3)　伝熱面積が30 m²の気水分離器を有しない貫流ボイラー

(4)　内径が400 mmで，かつ，その内容積が0.2 m³の気水分離器を有する伝熱面積が25 m²の貫流ボイラー

(5)　最大電力設備容量が60 kWの電気ボイラー

〔解説〕　ボイラーについての就業制限は，（ボ則）の23条の1項及び2項に，

1　事業者は，令第20第3号の業務（ボイラー（小型ボイラーを除く。）の取扱いの業務）については，特級，一級又は二級ボイラー技士免許を受けた者(以下「ボイラー技士」という。)でなければ，当該業務につかせてはならない。

2　事業者は，前項本文の規定にかかわらず，令第20条第5号イからニまでに掲げるボイラーの取扱いの業務については，ボイラー取扱技能講習を修了した者（以下，講習修了者という。）を当該業務につかせることができる。

とあり，令第20条第5号イからニは，

イ　胴の内径が750 mm以下で，かつ，その長さが1,300 mm以下の蒸気ボイラー

ロ　伝熱面積が3 m²以下の蒸気ボイラー

ハ　伝熱面積が14 m²以下の温水ボイラー

ニ　伝熱面積が30 m²以下の貫流ボイラー（気水分離器を有するものにあっては，当該気水分離器の内径が400 mm以下で，かつ，その内容積が0.4 m³以下のものに限る。）

と，規定されている（「令」とは，労働安全衛生法施行令のことである。）。

ここで，設問の各記述をみて判断すると，

(1)　は，ハ　に該当，ボイラー技士でなくても講習修了者が取り扱える。

(2)　は，ロ　の伝熱面積，及び，イの内径，長さが規定値をともに超えるのでボイラー技士でなければ取り扱うことができない。

(3)　は，ニ　に該当，講習修了者が取り扱える。

(4)　は，ニ　に該当，伝熱面積も気水分離器の内径，内容積とも規定値以下で，講習修了者が取り扱える。

(5)　の電気ボイラーは，（ボ則）2条の規定から20 kWを1 m²の伝熱面積とみなす規定て換算すると3 m²となり，これが蒸気用であってもロに該当し，講習修了者でも取り扱うことがでる。

〔答〕　(2)

〔ポイント〕　（ボ則）に関連する（令）第20条第5号イ～ニは通称「小規模ボイラー」と呼び規制が緩和されている「わかりやすい1.1.3 (3) 1.3.4」「最短合格4.4.1」。

〔問6〕 ボイラー取扱作業主任者の職務として，法令に定められていないものは次のうちどれか。

(1) 圧力，水位及び燃焼状態を監視すること。
(2) 急激な負荷の変動を与えないように努めること。
(3) ボイラーについて異状を認めたときは，直ちに必要な措置を講ずること。
(4) 排出されるばい煙の測定濃度及びボイラー取扱い中における異常の有無を記録すること。
(5) 1日に1回以上水処理装置の機能を点検すること。

〔解説〕 ボイラー取扱作業主任者の職務は，（ボ則）25条1項に次の10項目が規定されている。これに設問各項を照合する。
（ボイラー取扱作業主任者の職務）25条
1 事業者は，ボイラー取扱作業主任者に次の事項を行わせなければならない。
 ① 圧力，水位及び燃焼状態を監視すること。
 ② 急激な負荷の変動を与えないように努めること。
 ③ 最高使用圧力をこえて圧力を上昇させないこと。
 ④ 安全弁の機能の保持に努めること。
 ⑤ 1日1回以上水面測定装置の機能を点検すること。
 ⑥ 適宜，吹出しを行い，ボイラー水の濃縮を防ぐこと。
 ⑦ 給水装置の機能の保持に努めること。
 ⑧ 低水位燃焼しゃ断装置，火炎検出装置その他の自動制御装置を点検し，及び調整すること。
 ⑨ ボイラーについて異状を認めたときは，直ちに必要な措置を講じること。
 ⑩ 排出されるばい煙の測定濃度及びボイラー取扱い中における異常の有無を記録すること。
2 （略）

 以上から，
(1) は，1項①号 のとおり，定められている。
(2) は，1項②号 のとおり，定められている。
(3) は，1項⑨号 のとおり，定められている。
(4) は，1項⑩号 のとおり，定められている。
(5) の，水処理装置の点検については，定められていない。
 「1日に1回以上」の規定は，1項⑤号 の水面測定装置である。

〔答〕 (5)

〔ポイント〕 本条は項目を変えて出題されることが多いので，10項目を把握すること
      「わかりやすい 2.7.2 (3)」，「最短合格4.4.3」。

問7　次の文中の　　　　内に入れるAからCまでの語句及び数値の組合せとして，法令上，正しいものは(1)～(5)のうちどれか。

　　「設置されたボイラー（小型ボイラーを除く。）に関し，事業者に変更があったときは，変更後の事業者は，その変更後　A　日以内に，ボイラー検査証　B　申請書にボイラー検査証を添えて，所轄労働基準監督署長に提出し，その　C　を受けなければならない。」

	A	B	C
(1)	10	再交付	再交付
(2)	10	書替	書替え
(3)	14	書替	書替え
(4)	30	書替	再交付
(5)	30	再交付	再交付

〔解説〕　事業者に変更があったときの届け出については，（ボ則）44条に規定されている。

（事業者等の変更）44条

1　設置されたボイラーに関し，事業者に変更があったときは，変更後の事業者は，その変更後10日以内に，ボイラー検査証書替申請書にボイラー検査証を添えて所轄労働基準監督署長に提出し，その書替えを受けなければならない。

　　この規定により，本問の
A　には，10
B　には，書替
C　には，書替え
　が入り，この組合せは，(2)　である。

〔答〕　(2)

〔ポイント〕　各種届け出については，その期限（日数），提出書類及び提出先についても把握すること「わかりやすい2.4.2」「最短合格4.2.4 ②」。

問8　ボイラー室に設置されている胴の内径が600 mmで，その長さが1000 mmの立てボイラー（小型ボイラーを除く。）の場合，その外壁から壁，配管その他のボイラーの側部にある構造物（検査及びそうじに支障のない物を除く。）までの距離として，法令上，許容される最小の数値は次のうちどれか。

(1)　0.15 m
(2)　0.30 m
(3)　0.45 m
(4)　1.20 m
(5)　2.00 m

〔解説〕　ボイラーを設置するボイラー室に関しては，（ボ則）第2章の第3節ボイラー室に定められ，本問については20条2項に規定されている。
（ボイラーの据付位置）20条
　2　本体を被覆していないボイラー又は立てボイラーについては，（中略）ボイラーの外壁から壁，配管その他の側部にある構造物（検査及びそうじに支障のないものを除く。）までの距離を0.45 m以上としなければならない。ただし，胴の内径が500 mm以下で，かつ，その長さが1000 mm以下のボイラーについては，この距離は，0.3 m以上とする。

　本問で，設置されている立てボイラーは内径が600 mmとあるので，本規定のただし書き（内径が500 mm以下かつ長さ1000 mm以下）は適用できず，ボイラーと構造物の距離は0.45 mが必要であり，答えは　(3)　となる。

〔答〕　(3)

〔ポイント〕　（ボ則）18条〜21条に規定の各数値を覚えること「わかりやすい2.6.3(2)」「最短合格4.3 ③」。

問9 ボイラー（小型ボイラーを除く。）の検査及び検査証について，法令上，誤っているものは次のうちどれか。

(1) ボイラー（移動式ボイラーを除く。）を設置した者は，所轄労働基準監督署長が検査の必要がないと認めたボイラーを除き，落成検査を受けなければならない。

(2) ボイラー検査証の有効期間の更新を受けようとする者は，性能検査を受けなければならない。

(3) ボイラーを輸入した者は，原則として使用検査を受けなければならない。

(4) ボイラーの給水装置に変更を加えた者は，変更検査を受けなければならない。

(5) 使用を廃止したボイラーを再び設置しようとする者は，使用検査を受けなければならない。

〔解説〕　設問は，ボイラーの落成検査，変更検査，使用検査と検査証に関するものである。これらは（ボ則）にそれぞれ規定されている。設問各項に該当する規定をあげて判断する。なお，条文中に「法」とあるのは「労働安全衛生法」のことである。

(1) の落成検査は，14条1項に，
「ボイラーを設置した者は，法の規定により，（中略）所轄労働基準監督署長（以下，「所轄労基署長」と略す。）の検査を受けなければならない。ただし，所轄労基署長が当該検査の必要がないと認めたボイラーについては，この限りでない。」との規定があり，正しい。

(2) の検査証の有効期間の更新については，38条1項に，
「ボイラー検査証の有効期間の更新を受けようとする者は，（中略）法第41条第2項の性能検査を受けなければならない。」との規定があり，正しい。

(3) のボイラーを輸入した者については，12条1項に，
「使用検査を受けなければならない者」の①号にあげられており，正しい。

(4) の変更検査については，41条1項に，
「事業者は，ボイラーについて，次の各号のいずれかに掲げる部分又は設備を変更しようとするときは，法の規定により，ボイラー変更届（中略）を所轄労基署長に提出しなければならない。」との規定があるが，対象設備を指定する1項に「給水装置」は規定されていないので，誤りである。

(5) 廃止ボイラーの再設置への使用検査については，12条1項に，
「使用検査を受けなければならない者」の③号にあげられており，正しい。

〔答〕（4）

〔ポイント〕　各種検査の対象となる行為，設備，また，事前の措置などを把握すること「わかりやすい2.2.3 2.2.5 2.3.1 2.4.1 (1)」「最短合格4.2.1 4 4.2.2 3 4.2.3 4.2.4 1」。

問10　給水が水道その他圧力を有する水源から供給される場合に，法令上，当該水源に係る管を返り管に取り付けなければならないボイラー（小型ボイラーを除く。）は，次のうちどれか。

(1)　立てボイラー
(2)　鋳鉄製ボイラー
(3)　炉筒煙管ボイラー
(4)　水管ボイラー
(5)　貫流ボイラー

〔解説〕　（ボ構規）第2編 鋳鉄製ボイラー に，設問の規定がある。
　（圧力を有する水源からの給水）100条
　1　給水が水道その他の圧力を有する水源から供給される場合には，当該水源に係る管を返り管に取り付けなければならない。

とあり，これにより　(2)　鋳鉄製ボイラーが該当する。

〔答〕　(2)

〔ポイント〕　条文のみでは何ボイラーかが不明であるが，規定されているのが，第2編鋳鉄製ボイラーであることから判る「わかりやすい12.2.6」「最短合格4.5.7 ③ E」。

問1 ボイラー（移動式ボイラー及び小型ボイラーを除く。）に関する次の中の
　　　　　内に入れるAからCまでの語句の組合せとして，法令に定められているも
のは(1)〜(5)のうちどれか。

　　「ボイラーを設置した者は，所轄労働基準監督署長が検査の必要がないと認め
　たものを除き，①ボイラー，②ボイラー室，③ボイラー及びその　A　の配置
　状況，④ボイラーの　B　並びに燃焼室及び煙道の構造について，　C　検査
　を受けなければならない。」

	A	B	C
(1)	自動制御装置	通風装置	落成
(2)	自動制御装置	据付基礎	使用
(3)	配管	据付基礎	落成
(4)	配管	附属設備	落成
(5)	配管	据付基礎	使用

〔解説〕　設問の「ボイラーを設置した者は…」の文章から，設置してすぐの検査であ
る落成検査についての問いであることが判る。落成検査について規定した（ボ則）
14条を略記すると，次のとおりである。
（落成検査）14条
　1　ボイラーを設置した者は，法第38条により，当該ボイラーとこれに係る次の事
　　項について，所轄労働基準監督署長の検査を受けなければならない。（以下，略。）
　　①　第18条（ボイラーの設置場所）のボイラー室
　　②　ボイラー及びその配管の配置状況
　　③　ボイラーの据付基礎並びに燃焼室及び煙道の構造
　2　前項の規定による検査（以下，この章において「落成検査」という。）は，構
　　造検査又は使用検査に合格した後でなければ，受けることはできない。
　　（注：1項の法とは，労働安全衛生法のことである。）

これにより，本問の
　A　には，1項②号　から，配管
　B　には，1項③号　から，据付基礎
　C　には，2項　から，落成
が入り，その組合せは，(3)　である。

〔答〕　(3)

〔ポイント〕　ボイラーを設置した者がまず受けなければならないのは落成検査であ
　　　　　　　る。落成検査では当該ボイラーと①号から③号の事項について受検する
　　　　　　　「わかりやすい2.2.3」「最短合格4.2.2 ③」。

問2 次の文中の □ 内に入れるA及びBの数値の組合せとして，法令に定められているものは(1)〜(5)のうちどれか。

　　「鋳鉄製温水ボイラー（小型ボイラーを除く。）で圧力が □ A □ MPaを超えるものには，温水温度が □ B □ ℃を超えないように温水温度自動制御装置を設けなければならない。」

	A	B
(1)	0.1	100
(2)	0.1	120
(3)	0.3	120
(4)	0.5	130
(5)	0.5	150

〔解説〕　設問文章から，鋳鉄製ボイラーの温水温度自動制御装置に関する問題であることが判る。
　　　これは，（ボ構規）第2編 鋳鉄製ボイラー の第98条（温水温度自動制御装置）に規定されている。

（温水温度自動制御装置）98条
　　温水ボイラーで圧力が0.3 MPaを超えるものには，温水温度が120 ℃を超えないように温水温度自動制御装置を設けなければならない。

これにより，本問の
　　A　には，0.3
　　B　には，120
が入り，この組合わせは，(3) である。

〔答〕　(3)

〔ポイント〕　温水ボイラーで圧力が0.3 MPaを超えるものには，温水が120 ℃を超えないように温水温度自動制御装置を設けなければならない「わかりやすい12.2.4 (3)」「最短合格4.5.7 ③」

問3 ボイラー（移動式ボイラー，屋外式ボイラー及び小型ボイラーを除く。）を設置するボイラー室について，法令に定められていない内容のものは次のうちどれか。

(1) 伝熱面積が4m²の蒸気ボイラーは，ボイラー室に設置しなければならない。
(2) ボイラーの最上部から天井，配管その他のボイラーの上部にある構造物までの距離は，原則として，2m以上としなければならない。
(3) ボイラー室には，必要がある場合のほか，引火しやすいものを持ち込ませてはならない。
(4) 立てボイラーは，ボイラーの外壁から壁，配管その他のボイラーの側部にある構造物（検査及びそうじに支障のない物を除く。）までの距離を，原則として，0.45m以上としなければならない。
(5) ボイラー室に燃料の石炭を貯蔵するときは，原則として，これをボイラーの外側から1.2m以上離しておかなければならない。

〔解説〕 ボイラーを設置するボイラー室に関しては（ボ則）の18条～22条や29条に規定されている。設問に該当する条項をあげ，照合して判断する。
（ボイラーの設置場所）18条
　　ボイラーは専用の建物又は建物の中の障壁で区画された場所（ボイラー室という。）に設置しなければならない。ただし，伝熱面積が3m²以下のボイラーについては，この限りではない。
（ボイラーの据付位置）20条
1　ボイラーの最上部から天井，配管その他のボイラーの上部にある構造物までの距離を，1.2m以上としなければならない。（以下，略。）
2　本体を被覆していないボイラー又は立てボイラーについては，前項の規定によるほか，ボイラーの外壁から壁，配管その他のボイラーの側部にある構造物（検査及びそうじに支障のない物を除く。）までの距離を0.45m以上としなければならない。
（ボイラーと可燃物の距離）21条
2　ボイラー室，その他のボイラー設置場所に燃料を貯蔵するときは，これをボイラーの外側から2m（固体燃料にあっては1.2m）以上離しておかなければならない。
（ボイラー室の管理）29条
②ボイラー室には必要がある場合の他，引火しやすい物を持ち込ませないこと。

　以上から，設問各項をみてみると，
(1) は，18条　に，定められている。
(2) は，20条1項　に，ボイラー最上部からその上部にある構造物までの距離を1.2m以上と規定し，2m以上とは，定められていない。
(3) は，29条②号　に，定められている。
(4) は，20条2項　に，定められている。
(5) は，21条2項　に，固体燃料（石炭）は1.2mと，定められている。

〔答〕 (2)

〔ポイント〕 ボイラー室周りについての各規定の数値を把握すること「わかりやすい2.6.1 2.6.3 2.6.4(2) 2.7.6 ②」「最短合格4.3 ① ③ ④ ⑤」。

問4　ボイラーの伝熱面積の算定方法に関するAからDまでの記述で，法令上，正しいもののみを全て挙げた組合せは，次のうちどれか。

　A　水管ボイラーの耐火れんがでおおわれた水管の面積は，伝熱面積に算入しない。
　B　貫流ボイラーの過熱管は，伝熱面積に算入しない。
　C　立てボイラー（横管式）の横管の伝熱面積は，横管の外径側で算定する。
　D　炉筒煙管ボイラーの煙管の伝熱面積は，煙管の内径側で算定する。

　(1)　A，B
　(2)　A，B，C
　(3)　A，D
　(4)　B，C，D
　(5)　C，D

〔解説〕　ボイラーの伝熱面積の算定方法については，（ボ則）2条に規定されている。本問に関する条項をあげ各記述の正誤を確認する。
（伝熱面積）2条
　　　厚生労働省令で定める伝熱面積の算定方法は，次の各号に掲げるボイラーについて，当該各号に定める面積をもって算定するものとする。
　①　水管ボイラー及び電気ボイラー以外のボイラー（注：炉筒煙管ボイラーなどの丸ボイラーや鋳鉄製ボイラーなどが該当）：
　　　火気，燃焼ガスその他の高温ガス（以下「燃焼ガス等」という。）に触れる本体の面で，その裏側が水又は熱媒に触れるものの面積（カッコ内，略）
　②　水管ボイラー（貫流ボイラー以外の）：
　　　水管及び管寄せの次の面積を合計した面積
　ホ　耐火れんがによっておおわれた水管にあっては，管の外側の壁面に対する投影面積
　③　貫流ボイラー：
　　　燃焼室入口から過熱器入口までの水管の燃焼ガス等に触れる面の面積

以上から各記述の正誤をみてみる。
　A　は，②号ホ　に該当し，耐火れんがにおおわれた水管も伝熱面積を算定する。誤りである。
　B　は，③号　の規定のとおりで過熱器管は算定しない。正しい。
　C　は，①号　に該当し，立てボイラーの横管は管外が燃焼ガス等であり，横管は外径側で算定する。正しい。
　D　は，①号　に該当し，炉筒煙管ボイラーの煙管は管内が燃焼ガス等であり，煙管の内径側で算定する。正しい。

したがって，正しい記述B，C，Dの組合わせは　(4)　である。

〔答〕　(4)

〔ポイント〕　伝熱面積は電気ボイラーを除き，水や熱媒などを加熱する燃焼ガス等の面で算定する「わかりやすい1.3」，「最短合格4.1.3」。

問5 次のボイラーを取り扱う場合，法令上，算定される伝熱面積が最も大きいものはどれか。

ただし，他にボイラーはないものとする。

(1) 伝熱面積が15 m²の鋳鉄製温水ボイラー
(2) 伝熱面積が20 m²の炉筒煙管ボイラー
(3) 最大電力設備容量が450 kWの電気ボイラー
(4) 伝熱面積が240 m²の貫流ボイラー
(5) 伝熱面積が50 m²の廃熱ボイラー

〔解説〕 ボイラーを取り扱う場合の伝熱面積の算定は，（ボ則） 2 条の規定で算出された面積（出題されている面積）に24条 2 項の算定法を適用して算出する。
（ボイラー取扱作業主任者の選任）24条
1 （省略）
2 前項第 1 号から第 3 号までの伝熱面積の合計は，次の定めにより算定する。
　① 貫流ボイラーについては，その伝熱面積の合計に $1/10$ を乗じて得た値を当該貫流ボイラーの伝熱面積とすること。
　② 火気以外の高温ガスを加熱に利用するボイラーについては，その伝熱面積に $1/2$ を乗じて得た値を当該ボイラーの伝熱面積とすること。

以上の規定から各記述の法令上算定される伝熱面積は，
(1) 鋳鉄製ボイラーには換算規定はなく，算定面積は，15 m²
(2) 炉筒煙管ボイラーにも換算規定はなく算定面積は，20 m²
(3) 電気ボイラーについては（ボ則） 2 条④号の規定，「電気設備容量20 kWを 1 m²とみなしてその最大電力設備容量を換算した面積」から，$450 \div 20$ m²/kW ＝ 22.5 となり，算定面積は，22.5 m²
(4) 貫流ボイラーは，24条 2 項①号で，$240 \times 1/10 ＝ 24$ となり，算定面積は24 m²
(5) 廃熱ボイラーは，24条 2 項②号で，$50 \times 1/2 ＝ 25$ となり，算定面積は，25 m²

したがって，(1)〜(5)で最も大きいものは (5) である。

〔答〕 (5)

〔ポイント〕 主任者選任時の伝熱面積算定は，実伝熱面積の，貫流ボイラーでは $1/10$，廃熱ボイラーは $1/2$ とし，算定することに留意すること「わかりやすい1.3.4 2.7.2」「最短合格4.1.3 ① 4.4.1 4.4.2」。

令4前 令3後 令3前 令2後 令2前 令1前

ボイラーの構造

令4前 令3後 令3前 令2後 令2前 令1後

ボイラーの取扱い

令4前 令3後 令3前 令2後 令2前 令1前

燃料及び燃焼

令4前 令3後 令3前 令2後 令2前 令1後

令4前 令3後 令3前 令2後 令2前 令1後

関係法令

問6　鋳鉄製ボイラー（小型ボイラーを除く。）の附属品について，次の文中の□□□内に入れるAからCまでの語句の組合せとして，法令に定められているものは(1)～(5)のうちどれか。

「　A　ボイラーには，ボイラーの　B　付近における　A　の　C　を表示する　C　計を取り付けなければならない。」

	A	B	C
(1)	蒸気	入口	温度
(2)	蒸気	出口	流量
(3)	温水	入口	温度
(4)	温水	出口	温度
(5)	温水	出口	流量

〔解説〕　鋳鉄製ボイラーの附属品に関しては（ボ構規）に規定があるが，設問中のC欄の語群の温度計，流量計のうち流量計に関する規定はない。温度計については，（圧力計，水高計及び温度計）96条の3項に

　3　第66条（第5号を除く。）の規定は蒸気ボイラーの圧力計について，第67条の規定は温水ボイラーの水高計について，第68条第2項の規定は温水ボイラーの温度計について準用する。

と，規定され，準用する68条2項は，

（温度計）68条2項

　2　温水ボイラーには，ボイラーの出口付近における温水の温度を表示する温度計を取り付けなければならない。

である。

この68条2項　により，本問の
　　A　には，温水
　　B　には，出口
　　C　には，温度
が入り，その組合わせは，(4)　である。

〔答〕　(4)

〔ポイント〕　鋳鉄製温水ボイラーの温度計の規定など，蒸気ボイラーの規定を準用することもあるので留意すること「わかりやすい12.1.3 12.2.3 (3)」「最短合格4.5.2 ③」。

問 7　ボイラー（小型ボイラーを除く。）の次の部分又は設備を変更しようとするとき、法令上、ボイラー変更届を所轄労働基準監督署長に提出する必要のないものはどれか。

　　　ただし、計画届の免除認定を受けていない場合とする。

(1)　管板
(2)　ステー
(3)　水管
(4)　燃焼装置
(5)　据付基礎

〔解説〕　ボイラーの変更検査の対象となる部分又は設備については、（ボ則）41条（変更届）に規定されている。同条を略文化して掲げる。

（変更届）41条
1　事業者は、ボイラーについて、次の各号のいずれかに掲げる部分又は設備を変更しようとするときは、ボイラー変更届にボイラー検査証及び変更の内容を示す書面を添えて、所轄労働基準監督署長に提出しなければならない。

　①　胴、ドーム、炉筒、火室、鏡板、天井板、管板、管寄せ又はステー
　②　附属設備（注：（ボ則）7条により、過熱器、節炭器が該当する。）
　③　燃焼装置
　④　据付基礎

　以上から、設問各項目について変更届提出の要否をみてみると、
(1)、(2) の管板、ステーは、41条①号　に規定され、変更届の提出が必要である。
(3)　の水管は、41条　に規定がなく、変更届の必要がない。
(4)、(5)　の燃焼装置、据付基礎は、41条の③号と④号　にそれぞれ規定されているので、変更届の提出が、必要である。
これにより、変更届の提出の必要のないものは、(3)　の水管である。

〔答〕　(3)

〔ポイント〕　変更届の対象となる部分、設備について把握すること「わかりやすい2.4.1 (1)」、「最短合格4.2.4 ①」。

問8 鋼製ボイラー（小型ボイラーを除く。）の安全弁について，法令に定められていない内容のものは次のうちどれか。

(1) 伝熱面積が50 m²を超える蒸気ボイラーには，安全弁を2個以上備えなければならない。
(2) 貫流ボイラー以外の蒸気ボイラーの安全弁は，ボイラー本体の容易に検査できる位置に直接取り付け，かつ，弁軸を鉛直にしなければならない。
(3) 過熱器には，過熱器の出口付近に過熱器の温度を設計温度以下に保持することができる安全弁を備えなければならない。
(4) 貫流ボイラーに備える安全弁については，ボイラー本体の安全弁より先に吹き出すように調整するため，当該ボイラーの最大蒸発量以上の吹出し量のものを，過熱器の入口付近に取り付けることができる。
(5) 水の温度が120 ℃を超える温水ボイラーには，安全弁を備えなければならない。

〔解説〕 本問は，安全弁に関し（ボ構規）から（(4)は（ボ則）28条1項②号から）の出題である。設問各項に関係する条項を略記してあげ，判断する。
（ボ構規）（安全弁）62条
1 蒸気ボイラーには，内圧を最高使用圧力以下に保持することができる安全弁を2個以上備えなければならない。ただし，（以下，略）
2 安全弁は，ボイラー本体の容易に検査できる位置に直接取り付け，かつ，弁軸を鉛直にしなければならない。
（ボ構規）（過熱器の安全弁）63条
1 過熱器には，過熱器の出口付近に過熱器の温度を設計温度以下に保持することができる安全弁を備えなければならない。
2 貫流ボイラーにあっては，62条2項の規定にかかわらず，当該ボイラーの最大蒸発量以上の吹出し量の安全弁を過熱器の出口付近に取り付けることができる。
（ボ構規）（温水ボイラーの逃がし弁又は安全弁）65条
2 水の温度が120 ℃を超える温水ボイラーには，内部の圧力を最高使用圧力以下に保持することができる安全弁を備えなければならない。
（ボ則）（附属品の管理）28条1項②号
② 過熱器用安全弁は，胴の安全弁より先に作動するよう調整すること。

以上の規定から，設問の各記述をみてみる。
(1) は，62条1項 に，(2) は，62条2項 に，(3) は，63条1項 に定められている。
(4) は，（ボ則）28条1項②号 により，過熱器の安全弁は本体より先に作動するように調整するが，63条2項 には，安全弁の取り付けは過熱器の出口付近とし，入口付近に取り付けることができるとは，定められていない。
(5) は，65条2項 に，定められている。

〔答〕 (4)

〔ポイント〕 安全弁の必要個数，取付位置，所要能力などを把握すること「わかりやすい2.7.5 ② 12.1.1 (1)～(3) (5) 12.1.2 (1) ②」，「最短合格4.4.4 4.5.1」。

問9　ボイラー（移動式ボイラー及び小型ボイラーを除く。）について，次の文中の□□□内に入れるA及びBの語句の組合せとして，法令上，正しいものは(1)〜(5)のうちどれか。

「　A　並びにボイラー取扱作業主任者の　B　及び氏名をボイラー室その他のボイラー設置場所の見やすい箇所に掲示しなければならない。」

	A	B
(1)	最高使用圧力	資格
(2)	最大蒸発量	資格
(3)	最大蒸発量	所属
(4)	ボイラー検査証	所属
(5)	ボイラー検査証	資格

〔解説〕　本問は，設問の後半の文章「…氏名をボイラー室その他のボイラー設置場所の見やすい箇所に掲示…」から，ボイラー室への掲示の問題であることが判る。これは（ボ則）に（ボイラー室の管理等）として定められている。
（ボイラー室の管理等）29条
　1　事業者は，ボイラー室の管理等について，次の事項を行わなければならない。
　　④　ボイラー検査証並びにボイラー取扱作業主任者の資格及び氏名をボイラー室その他のボイラー設置場所の見やすい箇所に掲示すること。

これにより，本問の
　　A　には，ボイラー検査証
　　B　には，資格
が入り，この組合せは，(5)　である。

〔答〕　(5)

〔ポイント〕　29条の①号〜⑥号を把握すること「わかりやすい2.7.6」「最短合格4.3⑤」。

問10 ボイラー（小型ボイラーを除く。）の附属品の管理のため行わなければならない事項に関するAからDまでの記述で，法令に定められているもののみを全て挙げた組合せは，次のうちどれか。

A　圧力計の目もりには，ボイラーの最高使用圧力を示す位置に，見やすい表示をすること。

B　蒸気ボイラーの水高計の目もりには，常用水位を示す位置に，見やすい表示をすること。

C　燃焼ガスに触れる給水管，吹出管及び水面測定装置の連絡管は，不燃性材料により保温その他の措置を講ずること。

D　圧力計は，使用中その機能を害するような振動を受けることがないようにし，かつ，その内部が凍結し，又は80℃以上の温度にならない措置を講ずること。

(1)　A，B，D
(2)　A，C，D
(3)　A，D
(4)　B，C
(5)　C，D

〔解説〕　ボイラー附属品の管理については，（ボ則）28条に8項目が規定されている。本問のA〜Dに関連する規定をあげ，A〜Dの法定の有無を判断する。

（附属品の管理）28条1項

④　圧力計又は水高計は，使用中その機能を害するような振動を受けることがないようにし，かつ，その内部が凍結し，又は80℃以上の温度にならない措置を講ずること。

⑤　圧力計又は水高計の目もりには，当該ボイラーの最高使用圧力を示す位置に，見やすい表示をすること。

⑥　蒸気ボイラーの常用水位は，ガラス水面計又はこれに接近した位置に，現在水位と比較することができるように表示すること。

⑦　燃焼ガスに触れる給水管，吹出管及び水面測定装置の連絡管は，耐熱材料で防護すること。

以上の規定からA〜Dの規定の有無を判断すると，

A　は，⑤号　に定められている。

B　は，⑤号　により，見やすい表示をするのは最高使用圧力を示す位置であり，常用水位とは，定められていない。常用水位の表示は⑥号を参照。

C　は，⑦号　に燃焼ガスからの防護は耐熱材料であり，不燃性材料とは，定められていない。

D　は，④号　の規定のとおりであり，定められている。

となり，定められている記述A，Dの組合せは　(3)　である。

〔答〕　(3)

〔ポイント〕　水高計は圧力計の一種，水面計ではない「わかりやすい2.7.5」「最短合格4.4.4」。

問1 次の文中の　　　内に入れるA及びBの語句の組合せとして，法令上，正しいものは(1)～(5)のうちどれか。

「溶接によるボイラー（小型ボイラーを除く。）については，　A　検査に合格した後でなければ，　B　検査を受けることができない。」

	A	B
(1)	溶接	使用
(2)	溶接	構造
(3)	使用	構造
(4)	使用	溶接
(5)	構造	溶接

〔解説〕　設問の文章とA，Bの語群から，（ボ則）の溶接検査(7条)，使用検査(12条)，構造検査（5条）に関わる設問であることが判る。この3つの検査の規定をみてみると，構造検査の5条2項（略記する）に，

「溶接によるボイラーについては，第7条第1項（注：溶接検査）の規定による検査に合格した後でなければ，構造検査を受けることができない。」とある。

これにより，本問の
　A　には，溶接
　B　には，構造
が入り，この組合せは　(2)　である。

〔答〕　(2)

〔ポイント〕　溶接を用いたボイラーは構造検査の前に溶接検査を受けることを覚えること「わかりやすい 2.1.2 (1)」「最短合格 4.2.1 ③」。

問2 鋼製ボイラー（小型ボイラーを除く。）の安全弁について，法令に定められていないものは次のうちどれか。

(1) 貫流ボイラーに備える安全弁については，当該ボイラーの最大蒸発量以上の吹出し量のものを過熱器の出口付近に取り付けることができる。
(2) 貫流ボイラー以外の蒸気ボイラーの安全弁は，ボイラー本体の容易に検査できる位置に直接取り付け，かつ，弁軸を鉛直にしなければならない。
(3) 水の温度が120℃を超える温水ボイラーには，逃がし弁を備えなければならない。
(4) 過熱器には，過熱器の出口付近に過熱器の温度を設計温度以下に保持することができる安全弁を備えなければならない。
(5) 伝熱面積が50 m²を超える蒸気ボイラーには，安全弁を2個以上備えなければならない。

〔解説〕 本問は，安全弁に関し（ボ構規）からの出題である。設問各項に関係する条項をあげ，判断する。
（安全弁）62条
1 蒸気ボイラーには，内圧を最高使用圧力以下に保持することができる安全弁を2個以上備えなければならない。ただし，伝熱面積50 m²以下の蒸気ボイラーにあっては，安全弁を1個とすることができる。
2 安全弁は，ボイラー本体の容易に検査できる位置に直接取り付け，かつ，弁軸を鉛直にしなければならない。
（過熱器の安全弁）63条
1 過熱器には，過熱器の出口付近に過熱器の温度を設計温度以下に保持することができる安全弁を備えなければならない。
2 貫流ボイラーにあっては，前条第2項の規定にかかわらず，当該ボイラーの最大蒸発量以上の吹出し量の安全弁を過熱器の出口付近に取り付けることができる。
（温水ボイラーの逃がし弁又は安全弁）65条2項
2 水の温度が120℃を超える温水ボイラーには，内部の圧力を最高使用圧力以下に保持することができる安全弁を備えなければならない。

以上の規定から，設問の各記述をみてみる。
(1) は，63条2項 に定められている。
(2) は，62条2項 に定められている。
(3) は，65条2項 に，120℃を超える温水ボイラーには，安全弁と定め，逃がし弁とは定められていない。
(4) は，63条1項 に定められている。
(5) は，62条1項 に定められている。

〔答〕 (3)

〔ポイント〕 温水ボイラーは，120℃を超えると逃し弁ではなく安全弁である「わかりやすい12.1.1 (1)~(3)(5) 12.1.2 (1) ②」，「最短合格 4.5.1」。

令和1年後期と同様の問題です。（P.239参照）

問3 ボイラー（小型ボイラーを除く。）の検査及び検査証について、法令上、誤っているものは次のうちどれか。

(1) ボイラー（移動式ボイラーを除く。）を設置した者は、所轄労働基準監督署長が検査の必要がないと認めたボイラーを除き、落成検査を受けなければならない。

(2) ボイラー検査証の有効期間の更新を受けようとする者は、性能検査を受けなければならない。

(3) ボイラー検査証の有効期間は、原則として2年である。

(4) ボイラーの燃焼装置に変更を加えた者は、所轄労働基準監督署長が検査の必要がないと認めたボイラーを除き、変更検査を受けなければならない。

(5) 使用を廃止したボイラーを再び設置しようとする者は、使用検査を受けなければならない。

〔解説〕　設問は、ボイラーの落成検査、変更検査、使用検査と検査証に関するものである。これらは（ボ則）にそれぞれ規定されている。設問各項に該当する規定をあげて判断する。なお、条文中に「法」とあるのは「労働安全衛生法」のことである。

(1) の落成検査は、14条1項に、
「ボイラーを設置したものは、法第38条第3項の規定により、（中略）所轄労働基準監督署長の検査を受けなければならない。ただし、所轄労働基準監督署長が当該検査の必要がないと認めたボイラーについては、この限りでない。」との規定があり、正しい。

(2) の検査証の有効期間の更新については、38条1項に、
「ボイラー検査証の有効期間の更新を受けようとする者は、（中略）法第41条第2項の性能検査を受けなければならない。」との規定があり、正しい。

(3) の検査証の有効期間については、37条1項に、
「ボイラー検査証の有効期間は、1年とする。」と規定され、2年ではないので、誤りである。

(4) の変更検査については、41条1項に、
「事業者は、ボイラーについて、次の各号のいずれかに掲げる部分又は設備を変更しようとするときは、法第88条第1項の規定により、ボイラー変更届にボイラー検査証及びその変更の内容を示す書面を添えて、所轄労働基準監督署長に提出しなければならない。」と規定し、対象となる設備として③号に「燃焼装置」があげられているので、正しい。

(5) の使用検査については、12条1項に、
「次の者は、法第38条第1項の規定により、登録製造時等検査機関の検査を受けなければならない。」と規定し、次の者として、③号に「使用を廃止したボイラーを再び設置し、又は使用しようとする者」とあるので、正しい。

〔答〕　(3)

〔ポイント〕　各種検査の対象となる行為、設備、また、事前の措置などを把握すること。検査証については有効期間やその更新について記憶すること「わかりやすい 2.2.3 2.2.4(2) 2.2.5 (1) 2.3.1 2.4.1 (1) ①」「最短合格4.2.1 ④ 4.2.2 ③ 4.2.3 4.2.4 ①」。

問4 次の文中の☐☐☐内に入れるA及びBの数値の組合せとして，法令に定められているものは(1)〜(5)のうちどれか。

「鋳鉄製温水ボイラー（小型ボイラーを除く。）で圧力が☐☐A☐☐MPaを超えるものには，温水温度が☐B☐℃を超えないように温水温度自動制御装置を設けなければならない。」

	A	B
(1)	0.1	100
(2)	0.1	120
(3)	0.3	100
(4)	0.3	120
(5)	1.6	130

〔解説〕　設問文章から，鋳鉄製ボイラーの温水温度自動制御装置に関する問題であることが判る。

　　　これは，（ボ構規）第2編 鋳鉄製ボイラーの第98条（温水温度自動制御装置）に規定されている。

（温水温度自動制御装置）98条

　　　温水ボイラーで圧力が0.3 MPaを超えるものには，温水温度が120 ℃を超えないように温水温度自動制御装置を設けなければならない。

　　これにより，本問の
　　　A　には，0.3
　　　B　には，120
　　が入り，この組合わせは，(4)　である。

〔答〕　(4)

〔ポイント〕　鋳鉄製（温水・蒸気）ボイラーの各種規定数値を把握すること「わかりやすい12.2.4 (3)」「最短合格4.5.7 ③」。

問 5 ボイラー（小型ボイラーを除く。）の附属品の管理のため行わなければならない事項として，法令に定められていないものは次のうちどれか。

(1) 圧力計の目もりには，ボイラーの常用圧力を示す位置に，見やすい表示をすること。

(2) 蒸気ボイラーの常用水位は，ガラス水面計又はこれに接近した位置に，現在水位と比較することができるように表示すること。

(3) 圧力計は，使用中その機能を害するような振動を受けることがないようにし，かつ，その内部が凍結し，又は80℃以上の温度にならない措置を講ずること。

(4) 燃焼ガスに触れる給水管，吹出管及び水面測定装置の連絡管は，耐熱材料で防護すること。

(5) 温水ボイラーの返り管については，凍結しないように保温その他の措置を講ずること。

〔解説〕 ボイラー附属品の管理については，（ボ則）28条に8項目が規定されている。本問の5つの記述について関連する項目をあげる。

（附属品の管理）28条1項

④ 圧力計又は水高計は，使用中その機能を害するような振動を受けることがないようにし，かつ，その内部が凍結し，又は80℃以上の温度にならない措置を講ずること。

⑤ 圧力計又は水高計の目もりには，当該ボイラーの最高使用圧力を示す位置に，見やすい表示をすること。

⑥ 蒸気ボイラーの常用水位は，ガラス水面計又はこれに接近した位置に，現在水位と比較することができるように表示すること。

⑦ 燃焼ガスに触れる給水管，吹出管及び水面測定装置の連絡管は，耐熱材料で防護すること。

⑧ 温水ボイラーの返り管については，凍結しないように保温その他の措置を講ずること。

以上の規定から，

(1) は，⑤号 の規定で「圧力計（水高計）の目もりには，最高使用圧力を示す位置に，見やすい表示をすること」とあり，「常用圧力を示す位置」とは，定められていない。

(2) は，⑥号 のとおり，定められている。

(3) は，④号 のとおり，定められている。

(4) は，⑦号 のとおり，定められている。

(5) は，⑧号 のとおり，定められている。

〔答〕 (1)

〔ポイント〕 附属品の管理は出題頻度が高いので，全項目を正しく把握すること「わかりやすい 2.7.5」，「最短合格 4.4.4」。

問6 鋼製ボイラー（小型ボイラーを除く。）の水面測定装置について，次の文中の［　　　］内に入れるAからCまでの語句の組合せとして，法令に定められているものは(1)～(5)のうちどれか。

「［　A　］側連絡管は，管の途中に中高又は中低のない構造とし，かつ，これを水柱管又はボイラーに取り付ける口は，水面計で見ることができる［　B　］水位より［　C　］であってはならない。」

	A	B	C
(1)	水	最高	下
(2)	水	最低	上
(3)	水	最低	下
(4)	蒸気	最高	上
(5)	蒸気	最低	上

〔解説〕　鋼製ボイラーの水面測定装置は，（ボ構規）第1編の第3節に規定され，本問についてはその71条2項の規定である。
（水柱管との連絡管）71条2項
　2　水側連絡管は，管の途中に中高又は中低のない構造とし，かつ，これを水柱管又はボイラーに取り付ける口は，水面計で見ることができる最低水位より上であってはならない。

　したがって，本問の
　　A　には，水
　　B　には，最低
　　C　には，上
　が入り，その組合せは，(2)　である。

〔答〕　(2)

〔ポイント〕　本問は水側連絡管であるが，蒸気側連絡管はどうであろうか，水側は空気だまり，蒸気側はドレンだまりができない構造を考えよう「わかりやすい 12.1.4 (3)」，「最短合格 4.5.3 ②」。

問7 ボイラー取扱作業主任者の職務として，法令に定められていないものは次のうちどれか。

(1) 圧力，水位及び燃焼状態を監視すること。
(2) 低水位燃焼しゃ断装置，火炎検出装置その他の自動制御装置を点検し，及び調整すること。
(3) 1日に1回以上水処理装置の機能を点検すること。
(4) 適宜，吹出しを行い，ボイラー水の濃縮を防ぐこと。
(5) ボイラーについて異状を認めたときは，直ちに必要な措置を講ずること。

〔解説〕 ボイラー取扱作業主任者の職務は，（ボ則）25条1項に次の10項目が規定されている。これに設問各項を照合する。
（ボイラー取扱作業主任者の職務）25条
1 事業者は，ボイラー取扱作業主任者に次の事項を行わせなければならない。
① 圧力，水位及び燃焼状態を監視すること。
② 急激な負荷の変動を与えないように努めること。
③ 最高使用圧力をこえて圧力を上昇させないこと。
④ 安全弁の機能の保持に努めること。
⑤ 1日1回以上水面測定装置の機能を点検すること。
⑥ 適宜，吹出しを行い，ボイラー水の濃縮を防ぐこと。
⑦ 給水装置の機能の保持に努めること。
⑧ 低水位燃焼しゃ断装置，火炎検出装置その他の自動制御装置を点検し，及び調整すること。
⑨ ボイラーについて異状を認めたときは，直ちに必要な措置を講じること。
⑩ 排出されるばい煙の測定濃度及びボイラー取扱い中における異常の有無を記録すること。
2 （略）

以上から，
(1) は，1項①号 のとおり，定められている。
(2) は，1項⑧号 のとおり，定められている。
(3) の，水処理装置の点検については，定められていない。
「1日に1回以上」の規定は，1項⑤号 の水面測定装置である。
(4) は，1項⑥号 のとおり，定められている。
(5) は，1項⑨号 のとおり，定められている。

〔答〕 (3)

〔ポイント〕 本条は項目を変えて出題されることが多いので，10項目を把握すること「わかりやすい 2.7.2 (3)」，「最短合格 4.4.3」。

問8　法令上，原則としてボイラー技士でなければ取り扱うことができないボイラーは，次のうちどれか。

(1)　伝熱面積が14 m^{2}の温水ボイラー
(2)　伝熱面積が 4 m^{2}の蒸気ボイラーで，胴の内径が800 mm，かつ，その長さが1500 mmのもの
(3)　伝熱面積が30 m^{2}の気水分離器を有しない貫流ボイラー
(4)　伝熱面積が 3 m^{2}の蒸気ボイラー
(5)　最大電力設備容量が60 kWの電気ボイラー

〔解説〕
　ボイラーについての就業制限は，（ボ則）の23条の 1 項及び 2 項に，
　1　事業者は，令第20第 3 号の業務（ボイラー（小型ボイラーを除く。）の取扱いの業務）については，特級，一級又は二級ボイラー技士免許を受けた者（以下「ボイラー技士」という。）でなければ，当該業務につかせてはならない。
　2　事業者は，前項本文の規定にかかわらず，令第20条第 5 号イからニまでに掲げるボイラーの取扱いの業務については，ボイラー取扱技能講習を修了した者を当該業務につかせることができる。
とあり，令第20条第 5 号イからニは，
　イ　胴の内径が750 mm以下で，かつ，その長さが1,300 mm以下の蒸気ボイラー
　ロ　伝熱面積が 3 m^{2}以下の蒸気ボイラー
　ハ　伝熱面積が14 m^{2}以下の温水ボイラー
　ニ　伝熱面積が30 m^{2}以下の貫流ボイラー（気水分離器を有するものにあっては，当該気水分離器の内径が400 mm以下で，かつ，その内容積が0.4 m^{3}以下のものに限る。）

　と，規定されている（「令」とは，労働安全衛生法施行令のことである。）。
　ここで，設問の各記述をみてみると，
(1)　は，ハ　に該当，ボイラー技士でなくてもボイラー取扱技能修了者が取り扱える。
(2)　は，ロ　の 3 m^2，イ　の内径，長さをともに超えるのでボイラー技士でなければ取り扱うことができない。
(3)　は，ニ　に該当，ボイラー取扱技能講習修了者が取り扱える。
(4)　は，ロ　に該当，ボイラー取扱技能講習修了者が取り扱える。
(5)　の電気ボイラーは，（ボ則）2 条の規定から20 kWを 1 m^{2}の伝熱面積とみなして換算すると 3 m^{2}となり，ボイラー取扱技能講習修了者でも取り扱うことができる。

〔答〕　(2)

〔ポイント〕　（ボ則）に関連する（令）第20条第 5 号イ〜ニは通称「小規模ボイラー」と呼び規制が緩和されている「わかりやすい1.1.3 (3) 1.3.4」「最短合格4.4.1」。

問9 ボイラー（小型ボイラーを除く。）の定期自主検査における項目と点検事項との組合せとして，法令に定められていないものは次のうちどれか。

	項目	点検事項
(1)	バーナ	汚れ又は損傷の有無
(2)	燃料しゃ断装置	機能の異常の有無
(3)	給水装置	損傷の有無及び作動の状態
(4)	水処理装置	機能の異常の有無
(5)	ボイラー本体	水圧試験による漏れの有無

ボイラーの定期自主検査は、（ボ則）の32条に下の表が規定されている。

項 目		点 検 事 項
ボイラー本体		損傷の有無
燃焼装置	油加熱器及び燃料送給装置	損傷の有無
	バーナ	汚れ又は損傷の有無
	ストレーナ	つまり又は損傷の有無
	バーナタイル及び炉壁	汚れ又は損傷の有無
	ストーカ及び火格子	損傷の有無
	煙道	漏れその他の損傷の有無及び通風圧の異常の有無
自動制御装置	起動及び停止の装置，火炎検出装置，燃料しゃ断装置，水位調節装置並びに圧力調整装置	機能の異常の有無
	電気配線	端子の異常の有無
附属装置及び附属品	給水装置	損傷の有無及び作動の状態
	蒸気管及びこれに附属する弁	損傷の有無及び保温の状態
	空気予熱器	損傷の有無
	水処理装置	機能の異常の有無

設問の各項目をこの表に照合すると，(5)ボイラー本体の点検事項は，「損傷の有無」であり，「水圧試験による漏れの有無」とは，定められていない。

〔答〕 (5)

〔ポイント〕 ボイラーやその周辺機器に発生する不具合は何かを認識し，点検事項を把握すること「わかりやすい 2.7.9 (2)」「最短合格4.4.5」。

問10 ボイラー室に設置されている胴の内径が750 mmで，その長さが1300 mmの立てボイラー（小型ボイラーを除く。）の場合，その外壁から壁，配管その他のボイラーの側部にある構造物（検査及びそうじに支障のない物を除く。）までの距離として，法令上，許容される最小の数値は次のうちどれか。

(1)　0.30 m
(2)　0.45 m
(3)　0.80 m
(4)　1.20 m
(5)　2.00 m

〔解説〕　ボイラーを設置するボイラー室に関しては，（ボ則）第2章の第3節ボイラー室に定められ，本問については20条2項に規定されている。
（ボイラーの据付位置）20条
2　本体を被覆していないボイラー又は立てボイラーについては，（中略）ボイラーの外壁から壁，配管その他の側部にある構造物（検査及びそうじに支障のないものを除く。）までの距離を0.45 m以上としなければならない。ただし，胴の内径が500 mm以下で，かつ，その長さが1000 mm以下のボイラーについては，この距離は，0.3 m以上とする。

本問で，設置されている立てボイラーは内径が750 mmとあるので，本規定のただし書き（内径が500 mm以下かつ長さ1000 mm以下）は適用できず，ボイラーと構造物の距離は0.45 mが必要であり，答えは　(2)　となる。

〔答〕　(2)

〔ポイント〕　（ボ則）　18条〜21条に規定の各数値を覚えること「わかりやすい2.6.3 (2)」「最短合格4.3 ③」。

問1 ボイラー（移動式ボイラー及び小型ボイラーを除く。）に関する次の文中の
[　　]内に入れるAからCまでの語句の組合せとして，法令に定められているもの
は(1)～(5)のうちどれか。
　「ボイラーを設置した者は，所轄労働基準監督署長が検査の必要がないと認めた
ものを除き，①ボイラー，②ボイラー室，③ボイラー及びその[　A　]の配置状況，
④ボイラーの[　B　]並びに燃焼室及び煙道の構造について，[　C　]検査を受けなけ
ればならない。」

	A	B	C
(1)	自動制御装置	通風装置	落成
(2)	自動制御装置	据付基礎	使用
(3)	配管	据付基礎	性能
(4)	配管	通風装置	使用
(5)	配管	据付基礎	落成

〔解説〕　設問の「ボイラーを設置した者は…」の文章から，設置してすぐの検査であ
る落成検査についての問いであることが判る。落成検査について規定した（ボ則）
14条を略記すると，次のとおりである。
（落成検査）14条
1　ボイラーを設置した者は，（法）第38条により，当該ボイラーとこれに係る次
　の事項について，所轄労働基準監督署長の検査を受けなければならない。
　（以下，略。）
　　①　第18条（ボイラーの設置場所）のボイラー室
　　②　ボイラー及びその配管の配置状況
　　③　ボイラーの据付基礎並びに燃焼室及び煙道の構造
2　前項の規定による検査（以下，この章において「落成検査」という。）は，構
　造検査又は使用検査に合格した後でなければ，受けることはできない。
　（注：1項の（法）とは，労働安全衛生法のことである。）

これにより，本問の
　A　には，1項②号　から，配管
　B　には，1項③号　から，据付基礎
　C　には，2項　から，落成
が入り，その組合せは，(5)　である。

〔答〕　(5)

〔ポイント〕　ボイラーを設置した者がまず受けなければならないのは落成検査であ
　　　　　　る。落成検査では①号から③号の事項について受検する「わかりやすい
　　　　　　2.2.3」「最短合格4.2.2 ③」。

令4前 令3後 令3前 令2前 令1後

ボイラーの構造

令4前 令3後 令3前 令2後 令2前 令1後

ボイラーの取扱い

令4前 令3後 令3前 令2後 令2前 令1後

燃料及び燃焼

令4前 令3後 令3前 令2後 令2前 令1後

関係法令

問2 次の文中の　　　内に入れるA及びBの数値の組合せとして，法令に定められているものは(1)〜(5)のうちどれか。

「鋳鉄製温水ボイラー（小型ボイラーを除く。）で圧力が　A　MPaを超えるものには，温水温度が　B　℃を超えないように温水温度自動制御装置を設けなければならない。」

	A	B
(1)	0.1	100
(2)	0.1	120
(3)	0.3	100
(4)	0.3	120
(5)	0.5	120

〔解説〕　設問文章から，鋳鉄製ボイラーの温水温度自動制御装置に関する問題であることが判る。

これは，（ボ構規）第2編　鋳鉄製ボイラーの第98条（温水温度自動制御装置）に規定されている。

（温水温度自動制御装置）98条

温水ボイラーで圧力が0.3 MPaを超えるものには，温水温度が120 ℃を超えないように温水温度自動制御装置を設けなければならない。

これにより，本問の

A　には，0.3

B　には，120

が入り，その組合わせは，(4)　である。

〔答〕　(4)

〔ポイント〕　鋳鉄製ボイラーの構造規格（88 〜 100条）を把握すること「わかりやすい12.2.4 (3)」「最短合格4.5.7 ③」。

問3　ボイラー（移動式ボイラー，屋外式ボイラー及び小型ボイラーを除く。）を設置するボイラー室について，法令上，誤っているものは次のうちどれか。

(1)　伝熱面積が 3 m² の蒸気ボイラーは，ボイラー室に設置しなければならない。

(2)　ボイラーの最上部から天井，配管その他のボイラーの上部にある構造物までの距離は，原則として，1.2 m 以上としなければならない。

(3)　ボイラー室には，必要がある場合のほか，引火しやすいものを持ち込ませてはならない。

(4)　立てボイラーは，ボイラーの外壁から壁，配管その他のボイラーの側部にある構造物（検査及びそうじに支障のない物を除く。）までの距離を，原則として，0.45 m 以上としなければならない。

(5)　ボイラー室に固体燃料を貯蔵するときは，原則として，これをボイラーの外側から1.2 m 以上離しておかなければならない。

〔解説〕　ボイラーを設置するボイラー室に関する問題である。ボイラー室の要件は（ボ則）に規定されている。設問項目を（ボ則）条項と照合し判断する。

(1)　は，18条　に，「ボイラーは専用の建物又は建物の中の障壁で区画された場所（ボイラー室という。）に設置しなければならない。ただし，伝熱面積が 3 m² 以下のボイラーについては，この限りではない。」とあり，伝熱面積 3 m² の蒸気ボイラーは，ただし書きによりボイラー室内に設置とは規定されていないので，誤りである。

(2)　は，20条1項　に，「ボイラーの最上部から天井，配管その他のボイラーの上部にある構造物までの距離を，1.2 m 以上とすること。（以下，略。）」とあり，原則として1.2 m 以上とする必要があるので，正しい。

(3)　は，29条1項②号　に，「ボイラー室には必要がある場合の他，引火しやすい物を持ち込ませないこと」とあり，正しい。

(4)　は，20条2項　に，「本体を被覆していないボイラー又は立てボイラーから壁，配管その他のボイラーの側部にある構造物（検査及びそうじに支障のない物を除く。）までの距離を0.45 m 以上としなければならない。」とあり，正しい。

(5)　は，21条2項　に，「ボイラー室，その他のボイラー設置場所に燃料を貯蔵するときは，これをボイラーの外側から 2 m（固体燃料にあっては1.2 m）以上離しておかなければならない。」とあり，正しい。

〔答〕　(1)

〔ポイント〕　本問は，18条の 3 m² 以下が 3 m² も含むため(1)は誤り。以下，以上，超える，未満などの言葉を正しく把握すること「わかりやすい 2.6.1, 2.6.3, 2.6.4 (2) 2.7.6 ②」「最短合格4.3 ① ③ ④ ⑤」。

問4　ボイラーの伝熱面積の算定方法として，法令上，誤っているものは次のうちどれか。

(1)　水管ボイラーの水管（ひれ，スタッド等がなく，耐火れんが等でおおわれた部分がないものに限る。）の伝熱面積は，水管の外径側で算定する。
(2)　貫流ボイラーの伝熱面積は，燃焼室入口から過熱器入口までの水管の燃焼ガス等に触れる面の面積で算定する。
(3)　立てボイラー（横管式）の横管の伝熱面積は，横管の外径側で算定する。
(4)　炉筒煙管ボイラーの煙管の伝熱面積は，煙管の外径側で算定する。
(5)　電気ボイラーの伝熱面積は，電力設備容量20 kWを 1 m^{2}とみなして，その最大電力設備容量を換算した面積で算定する。

〔解説〕　火気，燃焼ガスその他の高温ガスの熱をボイラー水や熱媒などに伝える部分を伝熱面というが，その面積算出の対象となる伝熱面は（ボ則）2条に規定されている。本問に関する条項をあげて検討する。
（伝熱面積）2条
　　①　水管ボイラー及び電気ボイラー以外のボイラー：
　　　　火気，燃焼ガスその他の高温ガス（以下「燃焼ガス等」という。）に触れる本体の面で，その裏側が水又は熱媒に触れるものの面積（カッコ内，略）
　　②　貫流ボイラー以外の水管ボイラー：
　　　　水管及び管寄せの次の面積を合計した面積
　　イ　水管（カッコ内，略）又は管寄せでその全部又は一部が燃焼ガス等に触れるものにあっては，燃焼ガス等に触れる面の面積
　　③　貫流ボイラー：
　　　　燃焼室入口から過熱器入口までの水管の燃焼ガス等に触れる面の面積
　　④　電気ボイラー：
　　　　電力設備容量20 kWを 1 m^{2}とみなしてその最大電力設備容量を換算した面積
　　ここで，①号の「水管ボイラー及び電気ボイラー以外のボイラー」とは，立て・煙管・炉筒煙管ボイラーや鋳鉄製ボイラーなどが該当する。また，②号(ロ)～(ト)には，水管のひれ，スタッドの規定があるが，省略する。

　　以上から各記述をみてみる。

(1)　は，②号イ　に該当し，水管は外面側で伝熱面積を算定する。正しい。
(2)　は，③号　の規定のとおりである。正しい。
(3)　は，①号　に該当し，立てボイラーの横管は管外が燃焼ガス等であり，横管は外径側で算定する。正しい。
(4)　は，①号　に該当し，炉筒煙管ボイラーの煙管は管内が燃焼ガス等であり，煙管の外径側で算定するというのは，誤りである。
(5)　は，④号　に該当。規定のとおりである。正しい。

〔答〕　(4)

〔ポイント〕　伝熱面積は電気ボイラーを除き，水や熱媒などを加熱する燃焼ガス等の面で算定することを記憶しておくこと「わかりやすい 1.3」，「最短合格4.1.3」。

問5　ボイラーの取扱いの作業について，法令上，ボイラー取扱作業主任者として二級ボイラー技士を選任できるボイラーは，次のうちどれか。

　　　ただし，他にボイラーはないものとする。

(1)　最大電力設備容量が 400 kW の電気ボイラー
(2)　伝熱面積が 30 m^2 の鋳鉄製蒸気ボイラー
(3)　伝熱面積が 30 m^2 の炉筒煙管ボイラー
(4)　伝熱面積が 25 m^2 の煙管ボイラー
(5)　伝熱面積が 60 m^2 の廃熱ボイラー

〔解説〕　ボイラー取扱作業主任者の選任は，取り扱うボイラーの合計した伝熱面積により，要求される資格が異なる。（ボ則）24条の1項では，伝熱面積による必要資格を規定し，24条2項ではその算定について規定している。また，（ボ則）2条では伝熱面積算定対象と算出方法について規定している。これを略文化して掲げる。

（ボイラー取扱作業主任者の選任）　24条

1　ボイラーの取り扱い作業の区分に応じて，各号に掲げる者のうちからボイラー取扱作業主任者を選任しなければならない。

　①　伝熱面積 500 m^2 以上　　　　　　　は，特級ボイラー技士
　②　伝熱面積 25 m^2 以上～ 500 m^2 未満　は，特級，一級ボイラー技士
　③　伝熱面積 25 m^2 未満　　　　　　　は，特級，一級，二級ボイラー技士

2　前項①～③号の伝熱面積の合計は，次の定めにより算定する。

　②　火気以外の高温ガスを加熱に利用するボイラーについては，その伝熱面積に 1/2 を乗じて得た値を当該ボイラーの伝熱面積とすること。

（伝熱面積）　2条

　④　電気ボイラー：電力設備容量 20 kW を 1 m^2 として最大電力設備容量を換算した面積

　　　設問の，二級ボイラー技士は，24条1項③号により，伝熱面積 25 m^2 未満のものについて選任ができる。設問の各項をみてみると，

(1)　の電気ボイラーは，2条④号で，最大電力設備容量 20 kW を 1 m^2 とする規定により換算すると，$400 \div 20 = 20$ m^2 となり，25 m^2 未満なので，選任できる。

(2)(3)(4)　は，いずれも 25 m^2 以上なので，選任できない。

(5)　の廃熱ボイラーは，24条2項②号を適用し，その伝熱面積を 1/2 とした伝熱面積は，60 m$^2 \div 2 = 30$ m^2 となり，25 m^2 以上なので，選任できない。

〔答〕　(1)

〔ポイント〕　主任者選任時の伝熱面積算定は，実伝熱面積の，貫流ボイラーでは 1/10，廃熱ボイラーは 1/2 とし，小規模ボイラーは算入しないことに留意すること「わかりやすい 1.3.4　2.7.2」「最短合格 4.1.3 ①　4.4.1　4.4.2」。

問6　鋳鉄製ボイラー（小型ボイラーを除く。）の附属品について，次の文中の　　　内に入れるAからCまでの語句の組合せとして，法令に定められているものは(1)～(5)のうちどれか。

「　A　ボイラーには，ボイラーの　B　付近における　A　の　C　を表示する　C　計を取り付けなければならない。」

	A	B	C
(1)	蒸気	入口	温度
(2)	蒸気	出口	流量
(3)	温水	出口	流量
(4)	温水	入口	温度
(5)	温水	出口	温度

〔解説〕　鋳鉄製ボイラーの附属品に関しては（ボ構規）に規定があるが，設問中のC欄の語群の温度計，流量計のうち流量計に関する規定はない。温度計については，（ボ構規）96条（圧力計，水高計及び温度計）の3項に
　3　第66条（第5号を除く。）の規定は蒸気ボイラーの圧力計について，第67条の規定は温水ボイラーの水高計について，第68条第2項の規定は温水ボイラーの温度計について準用する。

と，規定され，準用する68条2項は，
　2　温水ボイラーには，ボイラーの出口付近における温水の温度を表示する温度計を取り付けなければならない。
である。

これにより，本問の
　A　には，温水
　B　には，出口
　C　には，温度
が入り，その組合せは，(5)　である。

〔答〕　(5)

〔ポイント〕　鋳鉄製温水ボイラーの温度計の規定など，鋼製ボイラーの規定を準用することもあるので留意すること「わかりやすい12.1.3　12.2.3(3)」「最短合格4.5.2　③　」。

問7 ボイラー（小型ボイラーを除く。）の次の部分又は設備を変更しようとするとき，法令上，ボイラー変更届を所轄労働基準監督署長に提出する必要のないものはどれか。
ただし，計画届の免除認定を受けていない場合とする。

(1) 空気予熱器
(2) 過熱器
(3) 節炭器
(4) 管板
(5) 管寄せ

〔解説〕 ボイラーの変更検査の対象となる部分又は設備については，（ボ則）41条（変更届）に規定されている。同条を略文化して掲げる。
（変更届） 41条
事業者は，ボイラーについて，次の各号のいずれかに掲げる部分又は設備を変更しようとするときは，ボイラー変更届にボイラー検査証及び変更の内容を示す書面を添えて，所轄労働基準監督署長に提出しなければならない。
① 胴，ドーム，炉筒，火室，鏡板，天井板，管板，管寄せ又はステー
② 附属設備（注：（ボ則）7条により，過熱器，節炭器が該当する。）
③ 燃焼装置
④ 据付基礎

以上から，設問各項目について変更届提出の要否をみてみると，
(1) の，空気予熱器は附属設備の1つであるが，（ボ則）7条で本規則における附属設備は過熱器，節炭器と規定し，空気予熱器は規定されていないので，変更届の提出は，必要がない。
(2)(3) は，41条②号に該当（上記のとおり），変更届の提出が，必要である。
(4)(5) は，41条①号に規定されているので，変更届の提出が，必要である。

〔答〕 (1)

〔ポイント〕 変更届の対象となる部分，設備について把握すること「わかりやすい 2.4.1 (1)」，「最短合格4.2.4 ①」。

問8　鋼製ボイラー（貫流ボイラー及び小型ボイラーを除く。）の安全弁について，法令に定められていないものは次のうちどれか。

(1)　安全弁は，ボイラー本体の容易に検査できる位置に直接取り付け，かつ，弁軸を鉛直にしなければならない。
(2)　伝熱面積が50 m²を超える蒸気ボイラーには，安全弁を2個以上備えなければならない。
(3)　水の温度が100 ℃を超える温水ボイラーには，安全弁を備えなければならない。
(4)　過熱器には，過熱器の出口付近に過熱器の温度を設計温度以下に保持することができる安全弁を備えなければならない。
(5)　過熱器用安全弁は，胴の安全弁より先に作動するように調整しなければならない。

〔解説〕　本問は，安全弁の取り付けや能力等に関し（ボ構規），（ボ則）からの出題である。設問各項に関係する条項をあげ，判断する。
（ボ構規）（安全弁）　62条
1　蒸気ボイラーには，内圧を最高使用圧力以下に保持することができる安全弁を2個以上備えなければならない。ただし，伝熱面積50 m²以下の蒸気ボイラーにあっては，安全弁を1個とすることができる。
2　安全弁は，ボイラー本体の容易に検査できる位置に直接取り付け，かつ，弁軸を鉛直にしなければならない。
（ボ構規）（過熱器の安全弁）　63条
1　過熱器には，過熱器の出口付近に過熱器の温度を設計温度以下に保持することができる安全弁を備えなければならない。
（ボ構規）（温水ボイラーの逃がし弁又は安全弁）　65条2項
2　水の温度が120 ℃を超える温水ボイラーには，内部の圧力を最高使用圧力以下に保持することができる安全弁を備えなければならない。
（ボ則）（附属品の管理）　28条1項②号
②　過熱器用安全弁は，胴の安全弁より先に作動するよう調整すること。

　　　以上の規定から，設問の各記述をみてみる。(1)～(4)は（ボ構規）規定に該当。
(1)　は，62条2項　に定められている。
(2)　は，62条1項　に定められている。
(3)　は，65条2項　に，120 ℃を超える温水ボイラーと定め，100 ℃を超えるとは，定められていない。
(4)　は，63条1項　に定められている。
(5)　は，（ボ則）28条1項②号　に，定められている。

〔答〕　(3)

〔ポイント〕　安全弁の必要個数，取付位置，所要能力などを把握すること「わかりやすい2.7.5 ② 12.1.1 (1)～(3)(5) 12.1.2 (1) ②」，「最短合格 4.4.4　4.5.1」。

問9 ボイラー（移動式ボイラー及び小型ボイラーを除く。）について，次の文中の □内に入れるAからCまでの語句の組合せとして，法令上，正しいものは(1)～(5)のうちどれか。

「　A　並びにボイラー　B　の　C　及び氏名をボイラー室その他のボイラー設置場所の見やすい箇所に掲示しなければならない。」

	A	B	C
(1)	ボイラー明細書	管理責任者	職名
(2)	ボイラー明細書	取扱作業主任者	所属
(3)	ボイラー検査証	管理責任者	職名
(4)	ボイラー検査証	取扱作業主任者	資格
(5)	最高使用圧力	取扱作業主任者	所属

〔解説〕　設問の後半の文章「・・・氏名をボイラー室その他のボイラー設置場所の見やすい箇所に掲示・・・」から，ボイラー室への掲示の問題であることが判る。
　これは（ボ則）に（ボイラー室の管理）として定められている。
（ボイラー室の管理等）　29条1項④号
1　事業者は，ボイラー室の管理等について，次の事項を行わなければならない。
　④　ボイラー検査証並びにボイラー取扱作業主任者の資格及び氏名をボイラー室その他のボイラー設置場所の見やすい箇所に掲示すること。

これにより，本問の
　A　には，ボイラー検査証
　B　には，取扱作業主任者
　C　には，資格
が入り，この組合せは，(4)　である。

〔答〕　(4)

〔ポイント〕　29条の①号～⑥号は把握しておくこと「わかりやすい 2.7.6」「最短合格 4.3 ⑤」。

225

問10　ボイラー（小型ボイラーを除く。）の附属品の管理のため行わなければならない事項に関するAからDまでの記述で，法令に定められているもののみを全て挙げた組合せは，次のうちどれか。

　　A　圧力計の目もりには，ボイラーの常用圧力を示す位置に，見やすい表示をすること。
　　B　蒸気ボイラーの最高水位は，ガラス水面計又はこれに接近した位置に，現在水位と比較することができるように表示すること。
　　C　燃焼ガスに触れる給水管，吹出管及び水面測定装置の連絡管は，耐熱材料で防護すること。
　　D　温水ボイラーの返り管については，凍結しないように保温その他の措置を講ずること。

　(1)　A，B
　(2)　A，C，D
　(3)　A，D
　(4)　B，C，D
　(5)　C，D

〔解説〕　ボイラー附属品の管理については，（ボ則）28条に8項目が規定されている。本問のA〜Dに関連する項目をあげ，A〜Dの法定の有無を判断する。
（附属品の管理）　28条1項
　　⑤　圧力計又は水高計の目もりには，当該ボイラーの最高使用圧力を示す位置に，見やすい表示をすること。
　　⑥　蒸気ボイラーの常用水位は，ガラス水面計又はこれに接近した位置に，現在水位と比較することができるように表示すること。
　　⑦　燃焼ガスに触れる給水管，吹出管及び水面測定装置の連絡管は，耐熱材料で防護すること。
　　⑧　温水ボイラーの返り管については，凍結しないように保温その他の措置を講ずること。

以上の規定からA〜Dの規定の有無を判断すると，
　　A　は，⑤号　の規定で，圧力計への表示は最高使用圧力であり，常用圧力とは定められていない。
　　B　は，⑥号　の規定で，現在水位と比較するのは常用水位であり，最高水位とは定められていない。
　　C　は，⑦号　の規定のとおりであり，定められている。
　　D　は，⑧号　の規定のとおりであり，定められている。
となり，定められている記述C，Dの組合せは　(5)　である。

〔答〕　(5)

〔ポイント〕　附属品の管理は出題頻度が高いので，全8項目を正しく把握すること「わかりやすい 2.7.5」，「最短合格 4.4.4」。

問1 ボイラー室に設置されている胴の内径が900 mmで、その長さが1500 mmの立てボイラー（小型ボイラーを除く。）の場合、その外壁から壁、配管その他のボイラーの側部にある構造物（検査及びそうじに支障のない物を除く。）までの距離として、法令上、許容される最小の数値は次のうちどれか。

(1) 0.15 m
(2) 0.30 m
(3) 0.45 m
(4) 1.20 m
(5) 2.00 m

〔解説〕 ボイラーを設置するボイラー室に関しては、（ボ則）第2章の第3節ボイラー室に定められ、本問については20条2項に規定されている。
（ボイラーの据付位置）20条
2 本体を被覆していないボイラー又は立てボイラーについては、（中略）ボイラーの外壁から壁、配管その他の側部にある構造物（検査及びそうじに支障のないものを除く。）までの距離を0.45 m以上としなければならない。ただし、胴の内径が500 mm以下で、かつ、その長さが1000 mm以下のボイラーについては、この距離は0.3 m以上とする。

本設問で、立てボイラーは内径が900 mmとあるので、本規定のただし書き（内径が500 mm以下）は適用できず、ボイラーと構造物の距離は0.45 mが必要であり、答は (3) となる。

〔答〕 (3)

〔ポイント〕 本問での適用はないが、ただし書きの規定にも留意すること「わかりやすい2.6.3 (2)」、「最短合格4.3 ③」。

227

問2 ボイラー（小型ボイラーを除く。）の定期自主検査について，法令に定められていないものは次のうちどれか。

(1) 定期自主検査は，1か月をこえる期間使用しない場合を除き，1か月以内ごとに1回，定期に，行わなければならない。
(2) 定期自主検査は，大きく分けて，「ボイラー本体」，「燃焼装置」，「自動制御装置」及び「附属装置及び附属品」の4項目について行わなければならない。
(3) 「自動制御装置」の電気配線については，端子の異常の有無について点検しなければならない。
(4) 「附属装置及び附属品」の水処理装置については，機能の異常の有無について点検しなければならない。
(5) 定期自主検査を行ったときは，その結果を記録し，これを5年間保存しなければならない。

〔解説〕　ボイラーの定期自主検査については，（ボ則）32条に規定されている。
（定期自主検査）32条
1　ボイラーについて，その使用を開始した後，1月以内ごとに1回，定期に次の表の左欄の項目ごとに右欄の点検事項について自主検査を行うこと。ただし，1月をこえる期間使用しない場合，その期間については，この限りではない。
3　前2項の自主検査を行ったときは，その結果を記録し，これを3年間保存しなければならない。

項　　　　目		点　検　事　項
ボイラー本体		損傷の有無
燃焼装置	油加熱器及び燃料送給装置	損傷の有無
	バーナ	汚れ又は損傷の有無
	ストレーナ	つまり又は損傷の有無
	バーナタイル及び炉壁	汚れ又は損傷の有無
	ストーカ及び火格子	損傷の有無
	煙道	漏れその他の損傷の有無及び通風圧の異常の有無
自動制御装置	起動及び停止の装置、火炎検出装置、燃料しゃ断装置、水位調節装置並びに圧力調節装置	機能の異常の有無
	電気配線	端子の異常の有無
附属装置及び附属品	給水装置	損傷の有無及び作動の状態
	蒸気管及びこれに附属する弁	損傷の有無及び保温の状態
	空気予熱器	損傷の有無
	水処理装置	機能の異常の有無

　設問の各項目をこの規定に照合すると，(1)は，1項のとおり。(2)は，表に大項目4つを規定，(3)，(4)は，表に規定されているが，(5)の記録の保存は，3項に3年間と規定しており，5年間とは，定められていない。

〔答〕　(5)
〔ポイント〕　表の大項目4つと，点検結果記録保存の3年，点検部位ごとの発生損傷内容を把握すること「わかりやすい2.7.9」，「最短合格4.4.5」。

問3 ボイラー（小型ボイラーを除く。）に関する次の文中の 内に入れるＡ及びＢの語句の組合せとして，法令上，正しいものは(1)～(5)のうちどれか。

「所轄労働基準監督署長は， Ａ に合格したボイラー又は当該検査の必要がないと認めたボイラーについて，ボイラー検査証を交付する。

ボイラー検査証の有効期間の更新を受けようとする者は， Ｂ を受けなければならない。」

	Ａ	Ｂ
(1)	落成検査	使用検査
(2)	落成検査	性能検査
(3)	構造検査	使用検査
(4)	構造検査	性能検査
(5)	使用検査	性能検査

〔解説〕 設問は，ボイラー検査証の交付と有効期間の更新についてである。これについては，（ボ則）15条に「交付」と，38条に「有効期間更新」が規定されている。
（ボイラー検査証）15条
1 所轄労働基準監督署長は，落成検査に合格したボイラー（中略）について，ボイラー検査証を交付する。
（性能検査等）38条
1 ボイラー検査証の有効期間の更新を受けようとする者は，（中略）当該ボイラーの性能検査を受けなければならない。
2 登録性能検査機関は，性能検査に合格したボイラーについて，検査証の有効期間を更新する。（以下，略）

これらの規定により，本問の
Ａ には，15条1項 から落成検査
Ｂ には，38条2項 から性能検査
が入り，その組合せは，(2) である。

〔答〕 (2)

〔ポイント〕 ボイラーは，落成検査の合格で有効期間1年の検査証が交付され，その後，毎年性能検査を受検し，合格により有効期間が更新される「わかりやすい2.2.4(1)，2.3.1 ⑥」，「最短合格4.2.2 ④，4.2.3」。

問4 法令上，ボイラー（小型ボイラーを除く。）の変更検査を受けなければならない場合は，次のうちどれか。

ただし，所轄労働基準監督署長が当該検査の必要がないと認めたボイラーではないものとする。

(1) ボイラーの給水装置に変更を加えたとき。
(2) ボイラーの安全弁に変更を加えたとき。
(3) ボイラーの燃焼装置に変更を加えたとき。
(4) 使用を廃止したボイラーを再び設置しようとするとき。
(5) 構造検査を受けた後，1年以上設置されなかったボイラーを設置しようとするとき。

〔解説〕 ボイラーの変更検査の対象となる部分又は設備については，(ボ則) 41条（変更届）に規定され，使用廃止や構造検査後未設置のボイラーについては，(ボ則) 12条（使用検査）に規定されている。

（変更届）41条

1 ボイラーについて，次の各号のいずれかに掲げる部分又は設備を変更しようとするときは，ボイラー変更届にボイラー検査証及び変更の内容を示す書面を添えて，所轄労働基準監督署長に提出しなければならない。

① 胴，ドーム，炉筒，火室，鏡板，天井板，管板，管寄せ又はステー
② 附属設備（注：(ボ則) 7条により，過熱器，節炭器が該当する。）
③ 燃焼装置
④ 据付基礎

（使用検査）12条

1 次の者は，(法) 38条により，登録製造時等検査機関の検査を受けなければならない。

② 構造検査又は使用検査を受けた後1年以上（カッコ内，略）設置されなかったボイラーを設置しようとする者
③ 使用を廃止したボイラーを再び設置し，又は使用しようとする者

以上から，設問各項目について変更検査を受けなければならないのは，

(1) 給水装置は，41条に規定されていないので，受けなくてよい。
(2) 安全弁は，41条に規定されていないので。受けなくてよい。
(3) 燃焼装置は，41条③号 に規定されているので，受けなければならない。
(4) 使用を廃止したボイラーは，使用検査（12条1項③号）を受ける。
(5) 構造検査後，1年以上未設置のボイラーは，使用検査（12条1項②号）を受ける。

〔答〕 (3)

〔ポイント〕 変更届の対象となる部分，設備について把握すること「わかりやすい 2.4.1 (1)，2.2.5 (1)」，「最短合格4.2.4 ①，4.2.1 ④」。

問 5　次の文中の|　　　|内に入れるAからCまでの語句又は数値の組合せとして, 法令上, 正しいものは(1)〜(5)のうちどれか。

「鋼製蒸気ボイラー(小型ボイラーを除く。)の圧力計の目盛盤の最大指度は, |　A　|の|　B　|倍以上|　C　|倍以下の圧力を示す指度としなければならない。」

	A	B	C
(1)	最高使用圧力	1.2	2
(2)	常用圧力	1.2	2
(3)	最高使用圧力	1.2	3
(4)	常用圧力	1.5	3
(5)	最高使用圧力	1.5	3

〔解説〕　圧力計やその取り付け方法などについては, (ボ構規) 第1編 鋼製ボイラー 第4章 附属品 第2節 圧力計, 水高計及び温度計　に規定されている。
(圧力計) 66条
　　蒸気ボイラーの蒸気部, 水柱管又は水柱管に至る蒸気側連絡管には, 次の各号に定めるところにより, 圧力計を取り付けなければならない。
① 蒸気が直接圧力計に入らないようにすること。
② コック又は弁の開閉状況を容易に知ることができること。
③ 圧力計への連絡管は, 容易に閉そくしない構造であること。
④ 圧力計の目盛盤の最大指度は, 最高使用圧力の1.5倍以上3倍以下の圧力を示す指度とすること。
⑤ 圧力計の目盛盤の径は, 目盛りを確実に確認できるものであること。

本問は, ④号　を適用し
A　には, 最高使用圧力
B　には, 1.5
C　には, 3
が入り, その組合わせは, (5)　である。

〔答〕　(5)

〔ポイント〕　本問では66条の④号を参照したが, 他の各号も大事である。把握すること「わかりやすい12.1.3(1)」, 「最短合格4.5.2 ①」。

問6　ボイラー（移動式ボイラー及び小型ボイラーを除く。）について，次の文中の
　　　　内に入れるA及びBの語句の組合せとして，法令に定められているものは(1)
　〜(5)のうちどれか。

　　「　A　並びにボイラー取扱主任者の　B　及び氏名をボイラー室その他のボ
　イラー設置場所の見やすい箇所に掲示しなければならない。」

```
            A                    B
(1)  ボイラー明細書            資格
(2)  ボイラー明細書            所属
(3)  ボイラー検査証            所属
(4)  ボイラー検査証            資格
(5)  最高使用圧力及び伝熱面積   所属
```

〔解説〕　ボイラー室内への掲示の問題であるが，（ボイラー室の管理等）として，（ボ
則）29条の①号から⑥号に規定され，その④号に本問の条文がある。
（ボイラー室の管理等）29条
　　　事業者は，ボイラー室の管理等について，次の事項を行わなければならない。
　④　ボイラー検査証並びにボイラー取扱作業主任者の資格及び氏名をボイラー室
　　その他のボイラー設置場所の見やすい箇所に掲示すること。

　これにより，本問の
　Aには，ボイラー検査証
　Bには，資格
　が入り，この組合せは，(4)　である。

〔答〕　(4)

〔ポイント〕　29条の他の号（項目）も把握すること「わかりやすい2.7.6」，「最短合格
　　　　　　4.3 ⑤」。

問7 使用を廃止したボイラー（移動式ボイラー及び小型ボイラーを除く。）を再び設置する場合の手続きの順序として，法令上，正しいものは次のうちどれか。
ただし，計画届の免除認定を受けていない場合とする。

(1) 使用検査 → 構造検査 → 設置届
(2) 使用検査 → 設置届　 → 落成検査
(3) 設置届　 → 落成検査 → 使用検査
(4) 溶接検査 → 使用検査 → 落成検査
(5) 溶接検査 → 落成検査 → 設置届

〔解説〕　本問に関わる各種検査等は（ボ則）に規定されている。それらの各検査や設置届の規定からその順序を確定する。

使用を廃止したボイラーを再び設置するためには，ボイラーを製造した者が受ける構造検査の要件を具備する12条（使用検査）を受けることが規定され，これに合格すると，ボイラー設置申請に添付するボイラー明細書が交付される。

このボイラー明細書を添えて10条（設置届）を行い，14条（落成検査）を受検する。

（＊注意：以下の（法）とは、労働安全衛生法のことです。）

（使用検査）12条
1　次の者は，（法）38条により，登録製造時等検査機関の検査を受けなければならない。
　③　使用を廃止したボイラーを再び設置し，又は使用しようとする者
5　登録製造等検査機関は，使用検査に合格したボイラーに刻印を押し，かつ，そのボイラー明細書に使用検査済みの印を押して申請者に交付する。
（設置届）10条
1　ボイラーを設置しようとするときは，（法）88条の規定により，ボイラー設置届にボイラー明細書（中略）を添えて所轄労働基準監督署長に提出しなければならない。
（落成検査）14条
1　ボイラーを設置した者は，（法）38条により，当該ボイラーとこれに係る次の事項について，所轄労働基準監督署長の検査を受けなければならない。
2　この落成検査は，構造検査又は使用検査に合格した後でなければ，受けることができない。

これにより，本問の組合せは，(2) である。

〔答〕　(2)

〔ポイント〕　廃止ボイラーの再使用には使用検査を受検する。使用検査は構造検査に代わるものと考えよう「わかりやすい2.2.1, 2.2.3, 2.2.5」，「最短合格4.2.1, 4.2.2 ①, ③」。

令4前 令3後 令3前 令2後 令2前 令1後
ボイラーの構造
令4前 令3後 令3前 令2後 令2前 令1後
ボイラーの取扱い
令4前 令3後 令3前 令2後 令2前 令1後
燃料及び燃焼
令4前 令3後 令3前 令2後 令2前 令1後
令4前 令3後 令3前 令2後 令2前 令1後
関係法令
令2前 令2後

〔解説〕　火気，燃焼ガスその他の高温ガスの熱をボイラー水や熱媒などに伝える部分を伝熱面というが，その面積算出の対象となる伝熱面積は（ボ則）2条に規定されている。
　　本問に関する条項をあげると，
（伝熱面積）2条
　①　水管ボイラー及び電気ボイラー以外のボイラー：
　　　火気，燃焼ガスその他の高温ガス（以下「燃焼ガス等」という。）に触れる本体の面で，その裏側が水又は熱媒に触れるものの面積（カッコ内，略）
　②　貫流ボイラー以外の水管ボイラー：
　　　水管及び管寄せの次の面積を合計した面積
　　イ　水管（カッコ内，略）又は管寄せでその全部又は一部が燃焼ガス等に触れるものにあっては，燃焼ガス等に触れる面の面積
　　ホ　耐火れんがにおおわれた水管にあっては，管の外側の壁面に対する投影面積
　③　貫流ボイラー：
　　　燃焼室入口から過熱器入口までの水管の燃焼ガス等に触れる面の面積
　④　電気ボイラー：
　　　電力設備容量20 kWを1 m^{2}とみなしてその最大電力設備容量を換算した面積

　　とある。ここで，①号の「水管ボイラー及び電気ボイラー以外のボイラー」とは，丸ボイラー（煙管ボイラーを含む）や鋳鉄製ボイラーなどが該当する。

　　各記述を見てみると，

(1)　は，②号のホ　に該当し，れんがにおおわれた水管の面積の算入も規定されているので，誤りである。
(2)　は，③号　に該当し，過熱器部分は算入しないので，正しい。
(3)　は，①号　に該当し，横管は外面が燃焼ガスなので，外側径で算定する。正しい。
(4)　は，①号　に該当し，煙管は内面が燃焼ガスなので，内径側で算定する。正しい。
(5)　は，④号　に該当。記述のとおりであるので。正しい。

〔答〕　(1)
〔ポイント〕　水管は耐火れんがに覆われた部分も算入し，また，水管のひれも規定の係数を乗じ算入する「わかりやすい1.3」，「最短合格4.1.3」。

問9 貫流ボイラー（小型ボイラーを除く。）の附属品について，法令に定められていない内容のものは次のうちどれか。

(1) 過熱器には，ドレン抜きを備えなければならない。
(2) ボイラーの最大蒸発量以上の吹出し量の安全弁を，ボイラー本体ではなく過熱器の出口付近に取り付けることができる。
(3) 給水装置の給水管には，逆止め弁を取り付けなければならないが，給水弁は取り付けなくてもよい。
(4) 起動時にボイラー水が不足している場合及び運転時にボイラー水が不足した場合に，自動的に燃料の供給を遮断する装置又はこれに代わる安全装置を設けなければならない。
(5) 吹出し管は，設けなくてもよい。

〔解説〕 貫流ボイラーの附属品に関しては，（ボ構規）に規定されているが，その中にはボイラー共通の規定と貫流ボイラーに限定して規定されているものがある。
　　設問の各項目を規定に照合し，定められていないものを確かめる。

(1) は，77条（蒸気止め弁）の3項 に，「過熱器には，ドレン抜きを備えなければならない」とあり，定められている。
(2) は，63条（過熱器の安全弁）の2項，に，「貫流ボイラーにあっては（中略），当該ボイラーの最大蒸発量以上の吹出し量の安全弁を過熱器の出口附近に取り付けることができる。」とあり，定められている。
(3) は，75条（給水管と逆止め弁）に，「給水管には，蒸気ボイラーに近接した位置に給水弁と逆止め弁を取り付けなければならない。ただし，貫流ボイラー及び最高使用圧力0.1 MPa未満の蒸気ボイラーにあっては，給水弁のみとすることができる。」とあり，給水弁を取り付けなくてもよいとは，定められていない。
(4) は，84条（自動給水調整装置等）3項 に，「貫流ボイラーには，起動時にボイラー水が不足している場合及び運転時にボイラー水が不足した場合に，自動的に燃料の供給を遮断する装置又はこれに代わる安全装置を設けなければならない。」とあり，定められている。
(5) は，78条（吹出し管及び吹出し弁の大きさと数）1項 に，「蒸気ボイラー（貫流ボイラーを除く。）には，スケールその他の沈殿物を排出することができる吹出し管であって吹出し弁又は吹出しコックを取り付けたものを備えなければならない。」との規定があるが，カッコ書きで貫流ボイラーは除くとあり，定められている。

〔答〕 (3)

〔ポイント〕 規定には，カッコ書きなどで規制の対象を限定するものもあるので注意すること「わかりやすい12.1.1 (5)②，12.1.5 (2)，12.1.6 (1)③，12.1.6 (2)，12.1.8 (3)」，「最短合格4.5.1 ②，4.5.4 ②，4.5.5 ① ②，4.5.6 ①」。

令4前 令3後 令3後 令2前 令2後 令1後
ボイラーの構造
令4前 令3後 令3前 令2前 令2前 令1後
ボイラーの取扱い
令4前 令3後 令3前 令2前 令2前 令1後
燃料及び燃焼
令4前 令3後 令3前 令2前 令2前 令1後
関係法令
令2前 令1後

問10 給水が水道その他圧力を有する水源から供給される場合に，法令上，当該水源に係る管を返り管に取り付けなければならないボイラー（小型ボイラーを除く。）は，次のうちどれか。

(1) 多管式立て煙管ボイラー
(2) 鋳鉄製ボイラー
(3) 炉筒煙管ボイラー
(4) 水管ボイラー
(5) 貫流ボイラー

〔解説〕 （ボ構規）第2編 鋳鉄製ボイラーに，設問の規定がある。
（圧力を有する水源からの給水）100条
　　給水が水道その他の圧力を有する水源から供給される場合には，当該水源に係る管を返り管に取り付けなければならない。

　　この規定は，（ボ構規）第1編鋼製ボイラー　にはなく，第2編鋳鉄製ボイラーに規定されているので，(2) 鋳鉄製ボイラー　が該当する。

〔答〕 (2)

〔ポイント〕 温度の低い給水がボイラーに熱ショックなどを与えない規定です「わかりやすい12.2.6」，「最短合格4.5.7 ③」。

問1 ボイラー（小型ボイラーを除く。）の附属品の管理について，次の文中の □ 内に入れるA及びBの語句の組合せとして，法令上，正しいものは(1)～(5)のうちどれか。

「温水ボイラーの A 及び B については，凍結しないように保温その他の措置を講じなければならない。」

	A	B
(1)	吹出し管	給水管
(2)	あふれ管	逃がし弁
(3)	給水管	返り管
(4)	返り管	逃がし管
(5)	安全弁	あふれ管

〔解説〕 ボイラー附属品の管理については，（ボ則）28条1項に①～⑧号が規定されている。そのうち，本問に関する2つの号をあげる。
（附属品の管理）28条1項
　③ 逃がし管は，凍結しないように保温その他の措置を講ずること。
　⑧ 温水ボイラーの返り管については，凍結しないように保温その他の措置を講ずること。

　以上の規定から，
　　A，Bには，逃がし管と返り管の2つがどちらかに入り，この2つを取り上げた組合せは，(4) である。

〔答〕 (4)

〔ポイント〕 附属品の管理は出題頻度が高いので，全8項目を正しく把握すること「わかりやすい2.7.5」，「最短合格4.4.4」。

令4前 令3後 令3前 令2後 令2前 令1後
ボイラーの構造

令4前 令3後 令3前 令2後 令2前 令1後
ボイラーの取扱い

令4前 令3後 令3前 令2後 令2前 令1後
燃料及び燃焼

令4前 令3後 令3前 令2後 令2前 令1後
関係法令

問2 法令上，ボイラーの伝熱面積に算入しない部分は，次のうちどれか。

(1) 管寄せ
(2) 煙管
(3) 水管
(4) 炉筒
(5) 蒸気ドラム

〔解説〕 火気，燃焼ガスその他の高温ガスの熱をボイラー水や熱媒などに伝える部分を伝熱面というが，その面積算出の対象となる伝熱面は（ボ則）2条に規定されている。

2条のなかで本問に関する条項をあげると，

（伝熱面積）2条

伝熱面積の算定方法は，次の各号に掲げるボイラーについて，当該各号に定める面積をもって算定するものとする。

① 水管ボイラー及び電気ボイラー以外のボイラー：
火気，燃焼ガスその他の高温ガス（以下「燃焼ガス等」という。）に触れる本体の面で，その裏側が水又は熱媒に触れるものの面積（カッコ内，略）

② 貫流ボイラー以外の水管ボイラー：
水管及び管寄せの次の面積を合計した面積
イ．水管（カッコ内，略）又は管寄せでその全部又は一部が燃焼ガス等に触れる面の面積
（ロ〜チ，略）

である。ここで，①号の「水管ボイラー及び電気ボイラー以外のボイラー」とは，炉筒煙管ボイラーなどの丸ボイラーや鋳鉄製ボイラーなどが該当する。

各記述を見てみると，

(1) の管寄せは，②号 に規定され，算入する。
(2) の煙管は，①号 に該当し，算入する。
(3) の水管は，②号 に規定され，算入する。
(4) の炉筒は，①号 に該当し，算入する。
(5) 蒸気ドラムは，規定がなく，算入しない。

〔答〕 (5)

〔ポイント〕 伝熱面積に算入しないものには，水管ボイラーの水ドラム，過熱器やエコノマイザーなどもあるので注意すること「わかりやすい1.3」，「最短合格4.1.3 ①」。

令4前 令3後 令3前 令2後 令2前 令1前

ボイラーの構造

ボイラーの取扱い

燃料及び燃焼

令4前 令3後 令3前 令2後 令2前 令1後

関係法令

問3 ボイラー（小型ボイラーを除く。）の検査及び検査証について，法令上，誤っているものは次のうちどれか。

(1) ボイラー（移動式ボイラーを除く。）を設置した者は，所轄労働基準監督署長が検査の必要がないと認めたボイラーを除き，落成検査を受けなければならない。
(2) ボイラー検査証の有効期間の更新を受けようとする者は，性能検査を受けなければならない。
(3) ボイラー検査証の有効期間は，原則として2年である。
(4) ボイラーの燃焼装置に変更を加えた者は，所轄労働基準監督署長が検査の必要がないと認めたボイラーを除き，変更検査を受けなければならない。
(5) 使用を廃止したボイラーを再び設置しようとする者は，使用検査を受けなければならない。

〔解説〕 設問は，ボイラーの落成検査，変更検査，使用検査と検査証に関するものである。これらは（ボ則）にそれぞれ規定されている。設問各項に該当する規定をあげて判断する。なお，条文中に「法」とあるのは「労働安全衛生法」のことである。
(1) の落成検査は，14条1項に，
　「ボイラーを設置したものは，法第38条第3項の規定により，（中略）所轄労働基準監督署長の検査を受けなければならない。ただし，所轄労働基準監督署長が当該検査の必要がないと認めたボイラーについては，この限りでない。」，との規定があり，正しい。
(2) の検査証の有効期間の更新については，38条1項に，
　「ボイラー検査証の有効期間の更新を受けようとする者は，（中略）法第41条第2項の性能検査を受けなければならない。」，との規定があり，正しい。
(3) の検査証の有効期間については，37条1項に，
　「ボイラー検査証の有効期間は，1年とする。」，と規定され，2年ではないので，誤りである。
(4) の変更検査については，41条1項に，
　「事業者は，ボイラーについて，次の各号のいずれかに掲げる部分又は設備を変更しようとするときは，法第88条第1項の規定により，ボイラー変更届にボイラー検査証及びその変更の内容を示す書面を添えて，所轄労働基準監督署長に提出しなければならない。」と規定し，対象となる設備として③号に「燃焼装置」があげられている（問5の解説参照）ので，正しい。
(5) の使用検査については，12条1項に，
　「次の者は，法第38条第1項の規定により，登録製造時等検査機関の検査を受けなければならない。」と規定し，次の者として，③号に「使用を廃止したボイラーを再び設置し，又は使用しようとする者」，とあるので，正しい。

〔答〕 (3)
〔ポイント〕 各種検査の対象となる行為，設備，また，事前の措置などを把握すること。検査証については有効期間やその更新について記憶すること「わかりやすい2.2.3，2.2.4 (2)，2.2.5 (1)，2.3.1，2.4.1 (1) ①」，「最短合格4.2.1 ④，4.2.2 ③，4.2.3，4.2.4 ①」。

問4 法令で定められたボイラー取扱作業主任者の職務として，誤っているものは次のうちどれか。

(1) 適宜，吹出しを行い，ボイラー水の濃縮を防ぐこと。
(2) 低水位燃焼しゃ断装置，火炎検出装置その他の自動制御装置を点検し，及び調整すること。
(3) 1週間に1回以上水面測定装置の機能を点検すること。
(4) 最高使用圧力をこえて圧力を上昇させないこと。
(5) 給水装置の機能の保持に努めること。

〔解説〕 ボイラー取扱作業主任者の職務は，（ボ則）25条1項に次の10項目が規定されている。これに設問各項を照合する。また，本条2項には，所定の機能を備え所轄労働基準監督署長が認定したものは，水面測定装置の機能点検への緩和を規定している。

（ボイラー取扱作業主任者の職務）25条
1 事業者は，ボイラー取扱作業主任者に次の事項を行わせなければならない。
  ① 圧力，水位及び燃焼状態を監視すること。
  ② 急激な負荷の変動を与えないように努めること。
  ③ 最高使用圧力をこえて圧力を上昇させないこと。
  ④ 安全弁の機能の保持に努めること。
  ⑤ 1日1回以上水面測定装置の機能を点検すること。
  ⑥ 適宜，吹出しを行い，ボイラー水の濃縮を防ぐこと。
  ⑦ 給水装置の機能の保持に努めること。
  ⑧ 低水位燃焼しゃ断装置，火炎検出装置その他の自動制御装置を点検し，及び調整すること。
  ⑨ ボイラーについて異状を認めたときは，直ちに必要な措置を講じること。
  ⑩ 排出されるばい煙の測定濃度及びボイラー取扱い中における異常の有無を記録すること。
2 ボイラーの運転状態に異常があった場合にボイラーを安全に停止させる機能等を有する自動制御装置で，所轄労働基準監督署長の認定を受けたものを備えたボイラーについては，前項第5号の水位測定装置の機能の点検を3日に1回以上とすることができる。（略記。）

以上から，
(1) は，1項⑥号 のとおりで，正しい。
(2) は，1項⑧号 のとおりで，正しい。
(3) の，水面測定装置の点検については，1項⑤号に「1日に1回以上」と規定。2項の認定を受けても「3日に1回以上」であり，1週間に1回以上という規定はなく，誤りである。
(4) は，③号 のとおりで，正しい。
(5) は，⑦号 のとおりで，正しい。

〔答〕 (3)
〔ポイント〕 本条は項目を変えて出題されることが多いので，10項目を把握すること「わかりやすい2.7.2(3)」，「最短合格4.4.3」。

問5 ボイラー（小型ボイラーを除く。）の次の部分又は設備を変更しようとするとき，法令上，ボイラー変更届を所轄労働基準監督署長に提出する必要のないものは次のうちどれか。

ただし，計画届の免除認定を受けていない場合とする。

(1) 給水ポンプ
(2) 節炭器（エコノマイザ）
(3) 過熱器
(4) ステー
(5) 据付基礎

〔解説〕 ボイラーの変更検査の対象となる部分又は設備については（ボ則）41条（変更届）に規定されている。同条を略文化して掲げる。

（変更届）41条

事業者は，ボイラーについて，次の各号のいずれかに掲げる部分又は設備を変更しようとするときは，ボイラー変更届にボイラー検査証及び変更の内容を示す書面を添えて，所轄労働基準監督署長に提出しなければならない。

① 胴，ドーム，炉筒，火室，鏡板，天井板，管板，管寄せ又はステー
② 附属設備
③ 燃焼装置
④ 据付基礎

（注：②号の附属設備は（ボ則）7条により，過熱器，節炭器が該当する。）

以上から，設問各項目について変更届提出の要否をみてみると，

(1) 給水ポンプは，規定がなく，変更届の提出は，必要ではない。
(2) 節炭器（エコノマイザ）は，②号　に規定されているので，必要である。
(3) 過熱器は，②号　に規定されているので，必要である。
　　なお，(2)と(3)は，上に注記したように，②号の附属設備に該当する。
(4) ステーは，①号　に規定されているので，必要である。
(5) 据付基礎は，④号　に規定されているので，必要である。

〔答〕 (1)

〔ポイント〕 水管や煙管は対象となっていない。変更届の対象となる部分，設備について把握すること「わかりやすい2.4.1 (1)」，「最短合格4.2.4 ①」。

問6 次の文中の   内に入れるA及びBの数値の組み合せとして，法令に定められているものは(1)〜(5)のうちどれか。

「鋳鉄製温水ボイラー（小型ボイラーを除く。）で圧力が   A   MPaを超えるものには，温水温度が   B   ℃を超えないように温水温度自動制御装置を設けなければならない。」

	A	B
(1)	0.1	80
(2)	0.2	100
(3)	0.2	120
(4)	0.3	120
(5)	0.4	120

〔解説〕 設問文章から，鋳鉄製ボイラーの温水温度自動制御装置に関する問題であることが判る。

これは，（ボ構規）第2編 鋳鉄製ボイラーの第98条（温水温度自動制御装置）に規定されている。

（温水温度自動制御装置）98条

温水ボイラーで圧力が0.3 MPaを超えるものには，温水温度が120度を超えないように温水温度自動制御装置を設けなければならない。

これにより，本問の

A には，0.3

B には，120

が入り，この組合わせは，(4) である。

〔答〕 (4)

〔ポイント〕 （ボ構規）第2編 鋳鉄製ボイラーの規定も覚えよう「わかりやすい12.2.4 (3)」，「最短合格4.5.7 ③」。

問7 鋳鉄製温水ボイラー（小型ボイラーを除く。）に取り付けなければならない法令に定められている附属品は，次のうちどれか。

(1)　験水コック
(2)　ガラス水面計
(3)　温度計
(4)　吹出し管
(5)　水柱管

〔解説〕　鋳鉄製温水ボイラーの附属品に関しては（ボ構規）に規定があるが，満水で運転する温水ボイラーには，水位測定に関する附属品の規定はない。

　　また，吹出し管の規定もボイラー水の濃縮などが発生する蒸気ボイラーへのものは定められているが，温水ボイラーに対する規定はない。

　　よって，水位測定に関連する　(1)，(2)，(5)　と，スケールなどの不純物を排出する　(4)　は，（ボ構規）に定められていない。

　　(3)　の，温度計については，96条3項　に規定がある。

（圧力計，水高計及び温度計）96条3項

3　第66条（第5号を除く。）の規定は蒸気ボイラーの圧力計について，第67条の規定は温水ボイラーの水高計について，第68条第2項の規定は温水ボイラーの温度計について準用する。

準用する（温度計）68条2項は，

2　温水ボイラーには，ボイラーの出口付近における温水の温度を表示する温度計を取り付けなければならない。

　　以上より，法令に定められている設問の附属品は，(3)　温度計，である。

〔答〕　(3)

〔ポイント〕　温水ボイラーに水面計や吹出し管の規定なしなど，ボイラー種類による附属品の要否も考えよう「わかりやすい12.2.3(3)」，「最短合格4.5.7 ②」。

問8 鋼製ボイラー（小型ボイラーを除く。）の安全弁について，法令に定められていないものは次のうちどれか。

(1) 伝熱面積が50 m²を超える蒸気ボイラーには，安全弁を2個以上備えなければならない。
(2) 貫流ボイラー以外の蒸気ボイラーの安全弁は，ボイラー本体の容易に検査できる位置に直接取り付け，かつ，弁軸を鉛直にしなければならない。
(3) 貫流ボイラーに備える安全弁については，当該ボイラーの最大蒸発量以上の吹出し量のものを過熱器の出口付近に取り付けることができる。
(4) 過熱器には，過熱器の出口付近に過熱器の温度を設計温度以下に保持することができる安全弁を備えなければならない。
(5) 水の温度が100℃を超える温水ボイラーには，安全弁を備えなければならない。

〔解説〕　本問は，安全弁の取り付けや能力等に関して（ボ構規）からの出題である。設問各項に関係する（ボ構規）の該当規定をあげ，その正誤を検討する。
（安全弁）62条
1　蒸気ボイラーには，内圧を最高使用圧力以下に保持することができる安全弁を2個以上備えなければならない。ただし，伝熱面積50 m²以下の蒸気ボイラーにあっては，安全弁を1個とすることができる。
2　安全弁は，ボイラー本体の容易に検査できる位置に直接取り付け，かつ，弁軸を鉛直にしなければならない。
（過熱器の安全弁）63条
1　過熱器には，過熱器の出口付近に過熱器の温度を設計温度以下に保持することができる安全弁を備えなければならない。
2　貫流ボイラーにあっては，62条2項の規定にかかわらず，当該ボイラーの最大蒸発量以上の吹出し量の安全弁を過熱器の出口附近に取り付けることができる。
（温水ボイラーの逃がし弁又は安全弁）65条2項
2　水の温度が120℃を超える温水ボイラーには，内部の圧力を最高使用圧力以下に保持することができる安全弁を備えなければならない。

　　以上の規定から，設問の各記述をみてみる。
(1) は，62条1項　に定められている。
(2) は，62条2項　に定められている。
(3) は，63条2項　に定められている。
(4) は，63条1項　に定められている。
(5) は，65条2項　に，120℃を超える温水ボイラーと規定し，100℃を超える温水ボイラーに安全弁を備えること，とは定められていない。

〔答〕　(5)

〔ポイント〕　安全弁の必要個数，取付位置，所要能力などを把握すること「わかりやすい12.1.1 (1)〜(3)(5)，12.1.2 (1) ②」，「最短合格4.5.1」。

令4前 令3後 令3前 令2後 令2前 令後
ボイラーの構造

令4前 令3後 令3前 令2後 令2前 令後
ボイラーの取扱い

令4前 令3後 令3前 令2後 令2前 令後
燃料及び燃焼

令4前 令3後 令3前 令2後 令2前 令後
関係法令

問9 法令上，原則としてボイラー技士でなければ取り扱うことができないボイラーは，次のうちどれか。

(1) 伝熱面積が10 m²の温水ボイラー
(2) 胴の内径が720 mmで，その長さが1,200 mmの蒸気ボイラー
(3) 内径が500 mmで，かつ，その内容積が0.5 m³の気水分離器を有する伝熱面積が30 m²の貫流ボイラー
(4) 伝熱面積が2.5 m²の蒸気ボイラー
(5) 最大電力設備容量が60kWの電気ボイラー

〔解説〕　ボイラー（小型，簡易ボイラーを除く。）はボイラー技士（特級，一級又は二級ボイラー技士）でなければ取り扱えないが，小規模なボイラーについては，ボイラー取扱技能講習を修了した者（以下「技能講習修了者」という。）も取り扱うことができる。
　　本問は，各項のボイラーがこの小規模なボイラーに該当するかを問うものである。
（ボ則）の23条（就業制限）を略記して，検討する。
1　事業者は，令第20第3号の業務（注：ボイラーの取扱いの業務）については，特級，一級，又は二級ボイラー技士免許を受けた者（以下「ボイラー技士」という。）でなければ，当該業務につかせてはならない。
2　事業者は，前項本文の規定にかかわらず，令第20条第5号イからニまでに掲げるボイラーの取扱いの業務については，技能講習修了者を当該業務につかせることができる。
とあり，令第20条第5号イからニは，
　イ　胴の内径が750 mm以下で，かつ，その長さが1,300 mm以下の蒸気ボイラー
　ロ　伝熱面積が3 m²以下の蒸気ボイラー
　ハ　伝熱面積が14 m²以下の温水ボイラー
　ニ　伝熱面積が30 m²以下の貫流ボイラー（気水分離器を有するものにあっては，当該気水分離器の内径が400 mm以下で，かつ，その内容積が0.4 m³以下のものに限る。）
　　　　　　　　　　　　　（注：「令」とは，労働安全衛生法施行令のことである。）
　と，規定されている。
　　ここで，設問各項のボイラー区分と伝熱面積やサイズをみてみると，
(1)　は，ハ　に該当，14 m²以下であり，技能講習修了者が取り扱える。
(2)　は，イ　に該当，内径，長さとも規定内であり，技能講習修了者が取り扱える。
(3)　は，ニ　の規定において，気水分離器の内径，内容積が，ともに規定値以上であるので，ボイラー技士でなければ取り扱うことができない。
(4)　は，ロ　に該当，3 m²以下であり，技能講習修了者が取り扱える。
(5)　の電気ボイラーは，（ボ則）2条の規定から20kWを1 m²の伝熱面積とみなして換算すると3 m²となり，技能講習修了者が取り扱える。

〔答〕　(3)
〔ポイント〕　（令）第20条第5号イ～ニは「小規模ボイラー」と通称。ボイラーの区分とその規定数値を把握すること「わかりやすい1.1.3 (3)，1.3.4」，「最短合格4.1.3 ①，4.4.1」。

問10 ボイラー（小型ボイラーを除く。）について，そうじ，修繕等のためボイラー（燃焼室を含む。）の内部に入るときに行わなければならない措置として，ボイラー及び圧力容器安全規則に定められていないものは次のうちどれか。

(1) ボイラーを冷却すること。
(2) ボイラーの内部の換気を行うこと。
(3) ボイラーの内部で使用する移動電灯は，ガードを有するものを使用させること。
(4) 監視人を配置すること。
(5) 使用中の他のボイラーとの管連絡を確実にしゃ断すること。

〔解説〕 ボイラーのそうじ，修繕等のためボイラー又は煙道の内部に入る時に必要な措置については，（ボ則）34条に規定がある。
（ボイラー又は煙道の内部に入るときの措置）34条
　　事業者は，労働者がそうじ，修繕等のためボイラー（燃焼室を含む）又は煙道の内部に入るときは，次の事項を行わなければならない。
　① ボイラー又は煙道を冷却すること。
　② ボイラー又は煙道の内部の換気を行うこと。
　③ ボイラー又は煙道の内部で使用する移動電線は，キャブタイヤケーブル又はこれと同等以上の絶縁効力及び強度を有するものを使用させ，かつ，移動電灯は，ガードを有するものを使用させること。
　④ 使用中の他のボイラーとの管連絡を確実にしゃ断すること。

　ボイラー内部に入るときの措置として，設問各項を規定と照合すると，
(1) の，ボイラー冷却は，①号　の規定のとおり，定められている。
(2) の，ボイラー内部換気は，②号　の規定のとおり，定められている。
(3) の，移動電灯は，③号　の規定のとおり，定められている。
(4) の，監視人の配置については，定められていない。
(5) の，連絡管しゃ断は，④号　の規定のとおり，定められている。

〔答〕 (4)

〔ポイント〕 内部作業は，冷却，換気，キャブタイヤケーブル・ガード付き電灯を使用，連絡管を確実に遮断して行う「わかりやすい2.7.10 (1)」，「最短合格4.4.6」。

日本ボイラ協会支部が開催する主な講習会

◇ 二級ボイラー技士免許試験受験準備講習

　二級ボイラー技士を目指す方のために，合格のポイントをわかりやすく解説し，全員合格を目指して行われる受験準備のための講習です。
　二級だけでなく，一級，特級のボイラー技士やボイラー溶接士免許試験の受験者向けの講習会も開催しています。

◇ ボイラー実技講習

　二級ボイラー技士免許を取得するには，学科試験に合格するほか，一定の実務経験などが必要になります。
　本講習会は，この実務経験などの一つに位置付けられており，ボイラー取扱いなどの経験を得る機会のない方に向けた講習です。

ボイラー実技講習

　このほか，当協会の各支部では，ボイラー取扱技能講習，小型ボイラー取扱業務特別教育などの講習会を開催しています。詳しくは，P.248の「一般社団法人 日本ボイラ協会　支部所在地一覧」をご覧の上，最寄りの支部へ直接お尋ねいただくか，各支部ホームページをご覧ください。

一般社団法人 日本ボイラ協会　支部所在地一覧

支部名	〒	住　　　　所	TEL
北海道	060-0807	札幌市北区北7条西2-20　NCO札幌駅北口8階	011-717-8636
宮　城	980-0011	仙台市青葉区上杉3-3-48　同心ビル2階	022-224-2245
福　島	960-8041	福島市大町4-4　東邦スクエアビル3階	024-522-6718
茨　城	310-0022	水戸市梅香1-5-5　茨城県JA会館分館3階	029-225-6185
栃　木	321-0962	宇都宮市今泉町847-22　利一ビル3階	028-621-3431
群　馬	371-0805	前橋市南町4-30-3　勢多会館1階	027-243-3178
埼　玉	330-0062	さいたま市浦和区仲町3-8-10　エクセレンスビル501	048-833-0011
千　葉	260-0031	千葉市中央区新千葉3-2-1　新千葉プラザ308号	043-246-4753
東　京	105-0004	港区新橋5-3-1　JBAビル2階	03-5425-7770
神奈川	221-0835	横浜市神奈川区鶴屋町2-21-1　ダイヤビル6階	045-311-6325
新　潟	951-8067	新潟市中央区本町通7-1153　新潟本町通ビル8階	025-224-5561
長　野	380-0813	長野市鶴賀緑町1403　大通り昭和ビル2階	026-235-3755
富　山	930-0018	富山市千歳町2-12-11	076-432-8174
石　川	920-0901	金沢市彦三町2-5-27　名鉄北陸開発ビル9階	076-263-9277
福　井	910-0065	福井市八ツ島町31-406-2　ルート第一ビル201	0776-26-4581
岐　阜	500-8152	岐阜市入舟町三丁目10番地　サンケンビル2階	058-201-1176
静　岡	422-8067	静岡市駿河区南町14-25　エスパティオ7階702号室	054-285-1086
愛　知	465-0064	名古屋市名東区大針1-23	052-784-8111
三　重	514-0006	津市広明町112-5　第3いけだビル3階	059-226-4895
京　滋	604-8261	京都市中京区御池通油小路東入　ジョイ御池ビル2階	075-255-2358
大　阪	540-0001	大阪市中央区城見1-4-70　住友生命OBPプラザビル10階	06-6942-0721
兵　庫	650-0015	神戸市中央区多聞通3-3-16　甲南第1ビル1005号室	078-351-2118
和歌山	640-8262	和歌山市湊通り丁北1丁目1-8　和歌山県建設会館2階	073-433-0343
岡　山	700-0986	岡山市北区新屋敷町1-1-18　山陽新聞新屋敷町ビル7階	086-239-9077
広　島	730-0017	広島市中区鉄砲町7-8　NEXT鉄砲町ビル3階	082-228-4660
山　口	745-0034	周南市御幸通り1-5　徳山御幸通ビル3階	0834-32-2942
徳　島	770-0854	徳島市徳島本町3-13　大西ビル4階	088-625-1158
(講習) 香川 検査事務所	760-0017	高松市番町3-3-17　第1讃機ビル4階	087-831-9398
愛　媛	790-0012	松山市湊町8-111-1　愛建ビル4階	089-947-0384
福　岡	812-0038	福岡市博多区祇園町1-28　いちご博多ビル4階　D室	092-710-5255
熊　本	862-0971	熊本市中央区大江6-24-13　天神コーポラス2階	096-362-7775
大　分	870-0023	大分市長浜町3-15-19　大分商工会議所ビル3階	097-532-5749
鹿児島	892-0816	鹿児島市山下町9-31　第一ボクエイビル205号	099-223-1544
沖　縄	901-2131	浦添市牧港5-6-8　沖縄県建設会館5階	098-878-2441
本　部	105-0004	港区新橋5-3-1　JBAビル	03-5473-4500

（2023年1月現在）

日本ボイラ協会発行の二級ボイラー技士受験関係書籍

ボイラーの技術的なことをオリジナルの多数の
イラストとそれに対応したわかりやすい解説！

受験対策だけでなく、取扱い業務に従
事している方にも必携の座右の一冊！

（新版）最短合格
2級ボイラー技士試験
A5判・405頁

2級ボイラー技士教本
A5判・294頁

法令が苦手という方に説明図を多く
加え、わかりやすく解説！

（新版）わかりやすいボイラー
及び圧力容器安全規則
A5判・130頁

各種ボイラー・附属品・附属装置な
どをカラーによる図や写真で説明！

（新版）ボイラー図鑑
A5判・92頁

これらの書籍のご注文は、当協会支部
（P.248参照）までお問い合わせください。

●本書の正誤表等の発行に関しては，下記の当協会ホームページで適宜お知らせしています。
　一般社団法人日本ボイラ協会　図書オンラインショップ
　https://ec.jbanet.or.jp/onlineshop/

●お問い合わせについて
　本書に関するご質問は，FAXまたは書面でお願いします。電話での直接のお問い合わせにはお答えできませんので，あらかじめご了承ください。
　ご質問の際には，書名と該当ページ，返信先を明記してください。お送りいただいた質問は，場合によっては回答にお時間をいただくこともございます。なお，ご質問は本書に記載されているもののみとさせていただきます。
●お問い合わせ先
〒105-0004　東京都港区新橋5-3-1　JBAビル
一般社団法人 日本ボイラ協会　技術普及部技術担当
FAX：03-5473-4522
●本書の一部の複写複製を希望される場合は，本書扉裏を参照してください。

2級ボイラー技士試験　公表問題解答解説　2023年版
【令和1年後期～令和4年前期】

2023年1月26日　　第1版発行

編集・発行　　　一般社団法人 日本ボイラ協会
　　　　　　　　郵便番号　105-0004
　　　　　　　　東京都港区新橋5-3-1
　　　　　　　　電話 03-5473-4510 (代)
　　　　　　　　URL https://www.jbanet.or.jp/

印刷／製本　　株式会社サンニチ印刷
ISBN 978-4-907619-27-5
ⒸJapan Boiler Association
2023 Printed in Japan